Laser in Technik und Forschung

*Herausgegeben von
G. Herziger und H. Weber*

Jürgen Eichler
Theo Seiler

Lasertechnik in der Medizin

Grundlagen · Systeme · Anwendungen

Mit 146 Abbildungen

Springer-Verlag Berlin Heidelberg GmbH

Prof. Dr. Jürgen Eichler
Fachbereich 2
Technische Fachhochschule Berlin
Luxemburger Straße 10
1000 Berlin 65

Prof. Dr. med. Dr. rer. nat. Theo Seiler
Universitätsaugenklinik
FU Berlin
Fürstenbrunnerweg
1000 Berlin 19

Herausgeber der Reihe:

Prof. Dr.-Ing. Gerd Herziger
Fraunhofer Institut für Lasertechnik Aachen
5100 Aachen

Prof. Dr.-Ing. Horst Weber
Festkörper-Laser-Institut Berlin GmbH
1000 Berlin 12

ISBN 978-3-540-52675-9   ISBN 978-3-662-08272-0 (eBook)
DOI 10.1007/978-3-662-08272-0

CIP-Titelaufnahme der Deutschen Bibliothek
Eichler, Jurgen
Lasertechnik in der Medizin
Grundlagen, System, Anwendungen / Jurgen Eichler, Theo Seiler -
Berlin, Heidelberg, NewYork, London, Paris, Tokyo, HongKong,
Barcelona, Budapest Springer, 1991
 (Laser in Technik und Forschung)

Dieses Werk ist urheberrechtlich geschutzt Die dadurch begrundeten Rechte, insbesondere die der Ubersetzung, des Nachdrucks, des Vortrags, der Entnahme von Abbildungen und Tabellen, der Funksendung, der Mikroverfilmung oder der Vervielfältigung auf anderen Wegen und der Speicherung in Datenverarbeitungsanlagen, bleiben, auch bei nur auszugsweiser Verwertung, vorbehalten Eine Vervielfältigung dieses Werkes oder von Teilen dieses Werkes ist auch im Einzelfall nur in den Grenzen der gesetzlichen Bestimmungen des Urheberrechtsgesetzes der Bundesrepublik Deutschland vom 9 September 1965 in der jeweils geltenden Fassung zulassig Sie ist grundsatzlich vergutungspflichtig Zuwiderhandlungen unterliegen den Strafbestimmungen des Urheberrechtsgesetzes

© 1991 Springer-Verlag Berlin Heidelberg
Ursprünglich erschienen bei Springer-Verlag New York Berlin Heidelberg New York 1991

Die Wiedergabe von Gebrauchsnamen, Handelsnamen, Warenbezeichnungen usw in diesem Buch berechtigt auch ohne besondere Kennzeichnung nicht zu der Annahme, daß solche Namen im Sinne der Warenzeichen- und Markenschutz-Gesetzgebung als frei zu betrachten waren und daher von jedermann benutzt werden durften

Sollte in diesem Werk direkt oder indirekt auf Gesetze, Vorschriften oder Richtlinien (z B DIN, VDI, VDE) Bezug genommen oder aus ihnen zitiert worden sein, so kann der Verlag keine Gewahr für Richtigkeit, Vollstandigkeit oder Aktualitat ubernehmen Es empfiehlt sich, gegebenenfalls für die eigenen Arbeiten die vollstandigen Vorschriften oder Richtlinien in der jeweils gultigen Fassung hinzuzuziehen

61/3020/543210 - Gedruckt auf saurefreiem Papier

Dieses Buch ist unseren Kindern gewidmet

Geleitwort der Herausgeber zur Reihe

Die Bedeutung des Lasers sowohl in seinen Anwendungen als auch im wissenschaftlichen Bereich erkennt man am besten daran, daß die Lasertechnik sich von der Laserphysik getrennt hat und dabei ist, sich zu einer eigenständigen Disziplin zu entwickeln, so wie viele andere Bereiche der Ingenieurwissenschaften. Das führt auch zu einer eigenen Sprache, zu anderen pragmatischen Definitionen und Begriffen. Anwender interessieren weniger die fundamentalen, physikalischen Herleitungen, sie möchten handliche Formeln, Zahlenwerte und Anwendungsvorschriften.

In diesem Sinne wendet sich die vorliegende Buchreihe an den Ingenieur und Physiker, die den Laser in der Praxis einsetzen wollen, wobei der Schwerpunkt z.Z. im Bereich der Materialbearbeitung liegt.

In einer Reihe von Monographien werden die verschiedenen Anwendungsbereiche behandelt. Der Reihe vorangestellt sind einführende Bände, die die Grundlagen der Laserphysik, der Resonatoren und der Laserelemente behandeln. Dem schließen sich zwei Bände an, die die beiden z.Z. wichtigsten Lasersysteme, Festkörper-Laser mit Schwerpunkt Neodym-Laser und CO_2- Laser, als industrielle Systeme beschreiben. Jeder Band ist in sich abgeschlossen und verständlich, d.h. die wichtigsten Begriffe die benutzt werden, sind jeweils dargestellt.

Die Reihe wird fortgesetzt mit Monographien zu allen Bereichen der Laseranwendungen. Die Auflagen sind begrenzt, um möglichst schnell aktuelle Ergebnisse in Neuauflagen berücksichtigen zu können.

Aachen und Berlin, im April 1991   Prof. Dr. G. Herziger

                                                Fraunhofer Institut für Laser-Technik
                                                Lehrstuhl für Laser-Technik
                                                der RWTH Aachen

                                                Prof. Dr. H. Weber

                                                Festkörper-Laser Institut Berlin GmbH
                                                Optisches Institut der TU Berlin

Vorwort

Seit der Realisierung des Lasers im Jahre 1960 hat der Einsatz dieser neuen Strahlenquelle in der Medizin einen weltweiten Aufschwung erfahren, der verstärkt anhält. Nachdem in den ersten Jahren im wesentlichen nur Laser zur Verfügung standen, die für die physikalische Grundlagenforschung entwickelt wurden, hat sich die Industrie auf die medizinische Lasertechnik eingestellt. Es wurden eine Reihe von kompletten Geräten entwickelt, die der Mediziner ohne größeres Fachwissen handhaben kann. Dabei handelt es sich insbesondere um den CO_2-, Nd:YAG-, Farbstoff- und Argonlaser. Neben diesen klassischen Typen werden zunehmend neue Laser in die Medizin eingeführt, wie der Er:YAG-, Holmium-, Metalldampf- oder Excimerlaser.

Die Laser werden mit einer Reihe von medizinisch-optischen Bauelementen und Geräten gekoppelt, um die Strahlung optimal an den Einsatzort zu bringen. Daher kommt der Entwicklung von Strahlführungssystemen, Laserendoskopen und -mikroskopen eine große Bedeutung zu; auch Schutzeinrichtungen, wie Laserbrillen, und spezielle Operationsbestecke sind Teil dieser neuen Technologie.

Im Laufe der Jahre wurden eine Reihe bekannter und neuer Mechanismen der Wirkung von Laserstrahlung auf Gewebe untersucht, die zu neuen Anwendungen in der Medizin geführt haben. Man kann zwischen thermischen Effekten, Photoablation, Photodisruption, Photosensibilisierung und anderen photochemischen Wirkungen unterscheiden.

Licht wird in der Medizin seit langem eingesetzt, insbesondere in der Ophthalmologie und Dermatologie. Der Gebrauch des Lasers eröffnet neue Behandlungsfelder in nahezu allen medizinische Disziplinen, deren Aufzählung dem Inhaltsverzeichnis zu entnehmen ist. Ohne Zweifel bleibt aber die Augenheilkunde, in der einer der Autoren tätig ist, das wichtigste Anwendungsgebiet.

Dank gebührt Frau Seifert für die Übertragung des Manuskriptes in den Rechner. Herzlich danken wir Rebekka Orlowsky, M.A., für die sprachliche Überarbeitung und mehrfache Korrektur des Buches. Das Laser-Medizin-Zentrum, Berlin, stellte uns einige Abbildungen zur Verfügung. Wir danken dem Springer-Verlag für die Anregung zu diesem Buch und für seine fördernde Betreuung.

Berlin, Mai 1991   Prof.Dr. J. Eichler   Prof.Dr.Dr. T. Seiler

Inhaltsverzeichnis

1 Grundlagen medizinischer Lasergeräte ... 1

1.1 Prinzipien des Lasers ... 1

- 1.1.1 Eigenschaften von Licht ... 2
- 1.1.2 Verstärkung von Licht ... 5
- 1.1.3 Erzeugung der Inversion ... 9
- 1.1.4 Entstehung von Laserstrahlung ... 11

1.2 Innere Bauelemente des Lasers ... 14

- 1.2.1 Optik von Resonatoren ... 14
- 1.2.2 Beeinflussung der Wellenlänge ... 19
- 1.2.3 Veränderung der Pulsbreite ... 24

1.3 Äußere Optische Bauelemente ... 28

- 1.3.1 Linsen und Prismen ... 28
- 1.4.2 Optische Materialien ... 30
- 1.3.3 Schichten und Filter ... 31
- 1.3.4 Modulatoren ... 34
- 1.3.5 Optische Fasern ... 36

1.4 Optische Medizinische Geräte ... 42

- 1.4.1 Operationsmikroskope ... 42
- 1.4.2 Starre Endoskope ... 45
- 1.4.3 Flexible Endoskope ... 49
- 1.4.4 Ophthalmologische Geräte ... 50

2 Eigenschaften verschiedener Lasertypen ... 55

2.1 Gaslaser ... 55

2.1.1 CO_2-Moleküllaser ... 55
2.1.2 He-Ne-Laser ... 62
2.1.3 Edelgas-Ionenlaser ... 66
2.1.4 Excimerlaser ... 70
2.1.5 Metalldampf-Laser ... 75
2.1.6 Chemische Laser ... 78
2.1.7 Stickstofflaser ... 80

2.2 Festkörper- und Farbstofflaser ... 81

2.2.1 Neodymlaser ... 81
2.2.2 Frequenzvervielfachter Nd:YAG ... 86
2.2.3 Erbiumlaser ... 88
2.2.4 Andere Festkörperlaser ... 89
2.2.5 Farbstofflaser ... 91
2.2.6 Diodenlaser ... 96

3 Lasergeräte für medizinische Anwendungen ... 101

3.1. Laser in der Ophthalmologie ... 101

3.1.1 Ophthalmologischer Argonlaser ... 101
3.1.2 Alternativen zum Argonlaser ... 103
3.1.3 Gepulster Nd:YAG-Laser ... 105
3.1.4 Neuere Entwicklungen - Excimerlaser, cw-Nd:YAG-Laser ... 107

3.2 Chirurgische Laser ... 108

3.2.1 Chirurgischer CO_2-Laser ... 108
3.2.2 Neodym-Koagulationslaser ... 113
3.2.3 Medizinischer Ar-Laser ... 119

3.3 Lasergeräte zur Biostimulation ... **121**

    3.3.1 Medizinische Bestrahlungslaser ... 121
    3.3.2 Bestrahlungs-Scanner ... 124
    3.3.3 Reiztherapie-Laser ... 126

3.4 Laser-Endoskope und -Mikroskope ... **129**

    3.4.1 Laser-Endoskope ... 129
    3.4.2 Laser-Mikroskope ... 135
    3.4.3 Geräte für die Angioplastie ... 137
    3.4.4 Geräte für die Lithotripsie ... 140

3.5 Medizinisches Zubehör ... **141**

    3.5.1 Laser-Handstücke ... 141
    3.5.2 Spiegelgelenkarme ... 143
    3.5.3 Absaugung und Spülung ... 144
    3.5.4 Chirurgisches Zubehör ... 146
    3.5.5 Narkose-Zubehör ... 147
    3.5.6 Strahlungsdetektoren ... 148

3.6 Schutz vor Laserstrahlung ... **150**

    3.6.1 Gefährdung des Auges ... 151
    3.6.2 Grenzwerte ... 154
    3.6.3 Laserklassen ... 156
    3.6.4 Schutzbrillen ... 161
    3.6.5 Strahlenschutz im OP ... 166

4 Wirkung von Laserstrahlung auf Gewebe ... **171**

4.1 Optische Eigenschaften von Gewebe ... **171**

    4.1.1 Modelle zur Lichtausbreitung ... 171
    4.1.2 Optische Daten von Gewebe ... 180
    4.1.3 Zur Optik der Haut ... 186

4.1.4 Daten biologischer Substanzen 192
4.1.5 Optische Dosimetrie 195

4.2 Thermische Eigenschaften von Gewebe **197**

4.2.1 Thermische Daten 198
4.2.2 Lösungen der Wärmeleitungsgleichung 200
4.2.3 Praktische Temperatur-Beispiele 204

4.3 Wirkung von Strahlung auf Gewebe **210**

4.3.1 Übersicht über die Wechselwirkungen 210

4.4 Thermische Effekte von Strahlung **213**

4.4.1. Thermische Nekrosezone 214
4.4.2 Verdampfen und Karbonisierung 217
4.4.3 Schneiden von Gewebe 222

4.5 Photoablation von Gewebe **224**

4.5.1 Mechanismen der Photoablation 225
4.5.2 Verhalten einzelner Lasertypen 230

4.6 Photodisruption **233**

4.6.1 Laserinduzierter Durchbruch 233
4.6.2 Stoßwellen zur Lithotripsie 235

4.7 Photosensibilisierung von Tumoren **237**

4.7.1 Optische Eigenschaften von HpD 237
4.7.2 Einsatz verschiedener Laser 242
4.7.3 Fluoreszenzdiagnose 244

4.8 Photochemische Wirkungen - Biostimulation **245**

4.8.1 Laserakupunktur 245
4.8.2 Untersuchungen zur Biostimulation 246

4.9 Lasereffekte in der Ophthalmologie 248

    4.9.1 Optische Eigenschaften okulärer Gewebe 249
    4.9.2 Koagulationseffekte des Netzhaut/ Aderhautkomplexes 254
    4.9.3 Photodisruptive Effekte 256

5 Klinischer Einsatz des Lasers 267

5.1 Ophthalmologie 268

    5.1.1 Hintere Abschnitte des Auges 269
    5.1.2 Vordere Abschnitte des Auges 280

5.2 Gynäkologie 286

    5.2.1 Bereich der Vulva 287
    5.2.2 Vaginalbereich 288
    5.2.3 Cervix uteri 288
    5.2.4 Intrauteriner Lasereinsatz 290
    5.2.5 Intraabdominale Laseroperationen 291
    5.2.6 Laseroperationen an der weiblichen Brust 291

5.3 Urologie 292

    5.3.1 Äußere Genitale 293
    5.3.2 Blasentumore 294
    5.3.3 Laserlithotripsie von Harnsteinen 296

5.4 Neurochirurgie 296

5.5 Dermatologie 299

5.6 Gastroenterologie 302

    5.6.1 Blutstillung 302

5.6.2 Rekanalisierung 303
 5.6.3 Andere Anwendungen 304

5.7 Hals-Nasen-Ohrenheilkunde 305

 5.7.1 Larynx 305
 5.7.2 Nase, Nasopharynx, Mundhöhle 307
 5.7.3 Ohr 308

5.8 Biostimulation 308

5.9 Gefäßchirurgie 310

 5.9.1 Rekanalisierung 311
 5.9.2 Gefäßwandverschweißung 313
 5.9.3 Revaskularisierung des Myocards 313

5.10 Andere Laseranwendungen 314

 5.10.1 Orthopädie 314
 5.10.2 Abdominalchirurgie 315
 5.10.3 Pulmologie 316
 5.10.4 Dentologie 317

Stichwortverzeichnis **325**

1 Grundlagen medizinischer Lasergeräte

1.1 Prinzipien des Lasers

Der Laser ist eine spezielle Lichtquelle, deren Strahlung im Sichtbaren, Infraroten oder Ultravioletten liegen kann. Laserstrahlung ist eine sehr gleichmäßige, d.h. kohärente Lichtwelle, die sich gut bündeln läßt. So können hohe Energiedichten erzeugt werden, die in zahlreichen medizinischen und technischen Bereichen Anwendung finden. Das Wort 'Laser' steht für '**L**ight **A**mplification by **S**timulated **E**mission of **R**adiation'. Übersetzt bedeutet dies: Lichtverstärkung durch stimulierte Emission von Strahlung.

Das Prinzip der stimulierten Emission wurde bereits Anfang des 20. Jahrhunderts von Einstein erklärt. Erst 1953/54 gelang es jedoch, im Bereich der Mikrowellen auf diesem Prinzip eine Strahlungsquelle zu entwickeln, die man 'Maser' nennt. Folgerichtig wurde als nächstes überlegt, ob man die stimulierte Emission auch im Bereich kürzerer Lichtwellen einsetzen könnte. Nach umfangreichen theoretischen Studien gelang es erstmalig Maiman (Hughes Research Laboratories) im Jahre 1960, einen Rubin-Laser in Betrieb zu nehmen. Im gleichen Jahr brachte Javan (Bell Telephone Laboratories) den ersten Helium-Neon-Laser zum Funktionieren. Seit jener Zeit hat die Laser-Physik einen starken Aufschwung erfahren und viele Bereiche der Technik und Medizin revolutioniert.

Bereits wenige Monate nach der Entdeckung des Lasers begannen Mediziner, sich für die Möglichkeiten dieser neuen Lichtquelle zu interessieren. Licht zählte als Therapieform schon seit langem zu den anerkannten Behandlungsverfahren, insbesondere in der Ophthalmologie und Dermatologie. Heute wird der Laser in nahezu allen medizinischen Disziplinen routinemäßig oder im Versuchsstadium eingesetzt.

1.1.1 Eigenschaften von Licht

Lichtwellen

Laser senden kohärente elektromagnetische Strahlung aus, die vom Infraroten bis ins Ultraviolette reicht. Eine Übersicht über das gesamte elektromagnetische Spektrum zeigt Bild 1.1. Es umspannt einen sehr großen Bereich der Wellenlängen von 21 Zehnerpotenzen. Nach Bild 1.2 liegt der sichtbare Teil des Spektrums, d.h. das Licht, zwischen 400 und 750 nm. Zur kurzwelligen Seite schließt sich die ultraviolette Strahlung, zur langwelligen die infrarote Strahlung an. Die Klassifizierung der UV-Strahlung ist in Bild 1.3 dargestellt. Medizinisch einsetzbare Laser strahlen bei Wellenlängen von 200 nm bis zu 10 µm (1 µm = 1000 nm = 10^{-6} m). Die Strahlung breitet sich im Vakuum mit der Lichtgeschwindigkeit c = 300.000 km/s = $3 \cdot 10^8$ m/s aus. Die Lichtgeschwindigkeit ist mit der Wellenlänge λ und der Frequenz f wie folgt verknüpft:

$$c = \lambda \, f. \tag{1.1}$$

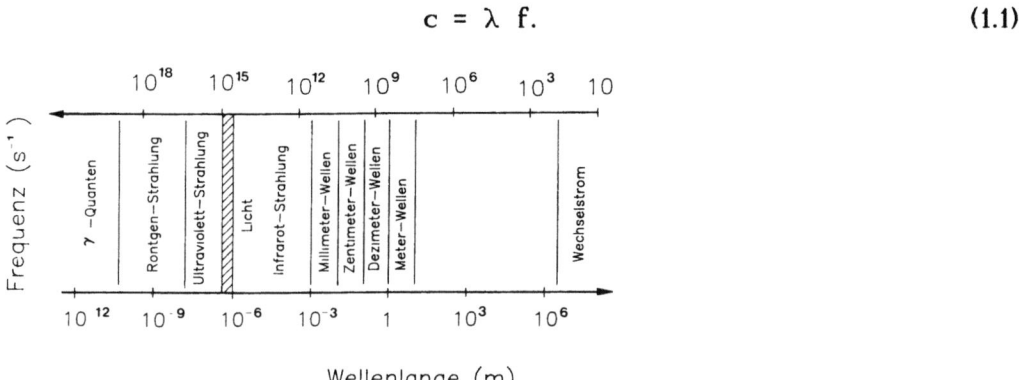

Bild 1.1. Einteilung des Lichtes, der ultravioletten und infraroten Strahlung im elektromagnetischen Spektrum

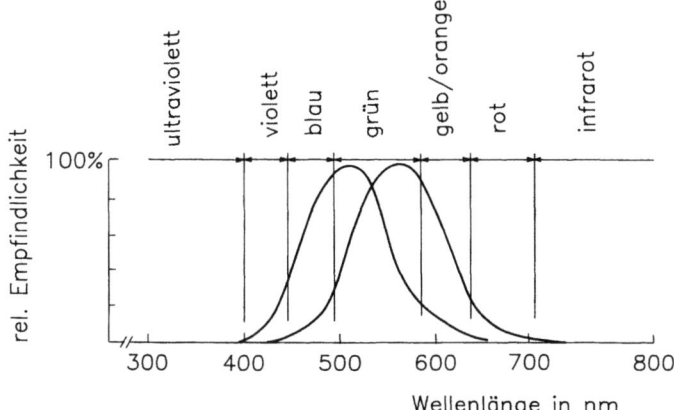

Bild 1.2. Zusammenhang zwischen Spektralfarben und Wellenlänge des Lichtes. Die Empfindlichkeitskurve des Auges für Tagsehen liegt bei höheren Wellenlängen als beim Nachtsehen

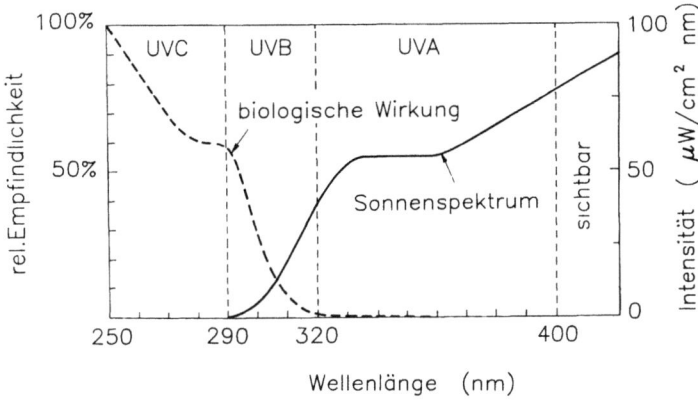

Bild 1.3. Klassifizierung der UV-Strahlung

Lichtquanten

Durch den Wellencharakter des Lichtes können eine Reihe von Erscheinungen erklärt werden. Dazu zählen beispielsweise die Ausbreitung in optischen Instrumenten, Erscheinungen der Beugung und Interferenz sowie eine Reihe von medizinisch-biologischen Wirkungen. Für andere Effekte, wie Emission und Absorption von Licht, muß der

Teilchencharakter des Lichtes mit herangezogen werden. Dies gilt auch für biologisch-photochemische Effekte, insbesondere im ultravioletten Spektralbereich. Die Energie E eines Lichteilchens oder Photons kann aus der Frequenz des Lichtes f errechnet werden:

$$E = h\,f, \qquad (1.2)$$

wobei $h = 6{,}63\ 10^{-34}$ Js das 'Plancksche Wirkungsquantum' genannt wird. Man erkennt, daß die Photonenenergie für ultraviolette Strahlung höher ist als für sichtbares oder infrarotes Licht, wodurch sich dessen stärkere biologische Wirkung erklärt.

Polarisation

In der Lichtwelle schwingt die elektrische Feldstärke und senkrecht dazu die magnetische. Für viele biologisch-medizinische Anwendungen reicht es aus, die elektrische Feldstärke des Lichtes zu betrachten. Die Schwingungsrichtung verläuft quer zur Ausbreitung. Liegt die Schwingung in einer Ebene, so ist das Licht linear polarisiert. Bei unpolarisiertem Licht kommen statistisch alle Schwingungsrichtungen vor.

Brechungsindex

In Materie wird die Ausbreitungsgeschwindigkeit der Strahlung langsamer. Man kennzeichnet diesen Effekt durch eine Materialkonstante, den Brechungsindex n. Dieser gibt das Verhältnis der Lichtgeschwindigkeit im Vakuum c und der Geschwindigkeit in Materie c_M an:

$$n = c/c_M. \qquad (1.3)$$

Der Brechungsindex hängt von der Wellenlänge der Strahlung ab; die Abhängigkeit wird als 'Dispersion' bezeichnet.

1.1.2 Verstärkung von Licht

Licht entsteht in Atomen. Sie bestehen aus dem Atomkern und der Elektronenhülle. Die Elektronen bewegen sich auf ganz bestimmten Bahnen um den Kern, wobei (nach dem Pauli-Prinzip) jeder Bahnzustand von nur einem Elektron besetzt ist. Im Grundzustand des Atoms befinden sich die Elektronen auf den niedrigsten Bahnen, und die Energie des Systems hat ein Minimum. Führt man dem Atom Energie zu, so können einzelne Elektronen in höhere Bahnen gehoben werden. Es ist üblich, die Elektronenbahnen durch den Begriff 'Energiezustand' zu kennzeichnen.

Für jedes Atom gibt es eine Anzahl von stationären Zuständen. Das Atom kann seine Energie nur dadurch ändern, daß es von einem stationären Zustand in einen anderen übergeht (Bild 1.4). Zwischenzustände existieren nicht. Beim Übergang zwischen den stationären Zuständen kann Absorption oder Emission von Licht erfolgen.

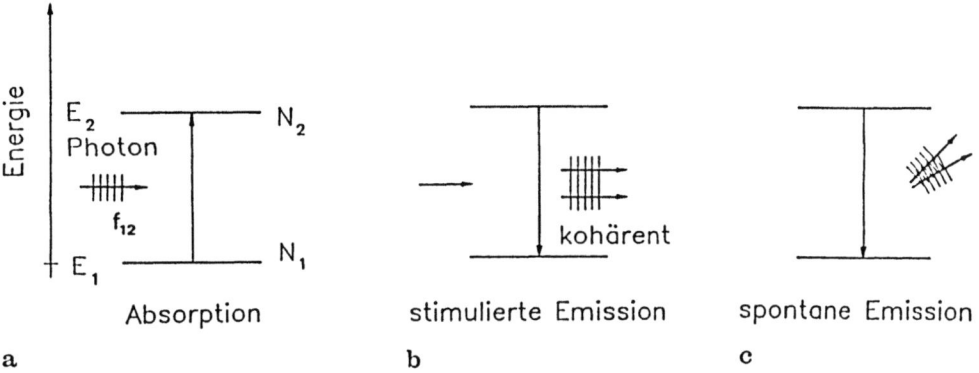

Bild 1.4. Mechanismen von Absorption, stimulierter Emission und spontaner Emission

Absorption von Licht

Wird Licht auf Atome gestrahlt, so kann Absorption stattfinden. Dabei überträgt das Photon seine Energie an ein Elektron, welches vom Grundzustand in eine höhere Bahn oder in ein höheres Energieniveau gehoben wird. Für diesen Vorgang muß die Energie des Photons gleich der Energie des angeregten Niveaus (2) minus der Energie des Anfangszustandes (1) sein (Bild 1.4), d.h.

$$hf_{12} = E_2 - E_1.$$

Trifft nun eine Lichtwelle der Intensität I auf die Atome, so wird ein bestimmter Anteil absorbiert. Die Absorption längs des Weges x, z.B. in die Tiefe eines Gases, ist durch $(dI/dx)_a$ gegeben. Dabei ist $(dI/dx)_a$, welches die pro Längenheinheit absorbierte Intensität anzeigt, proportional zur Intensität I und zur Dichte N_1 der Atome im Zustand 1:

$$(dI/dx)_a = -\sigma_{12} N_1 I. \qquad (1.4)$$

Der sogenannte 'Wirkungsquerschnitt σ' ist eine atomare Größe, welche die effektive Querschnittsfläche angibt, mit der ein Atom Licht absorbiert /1.1-1.7/. Der Index a besagt, daß es sich um den Prozeß der Absorption handelt, und das negative Vorzeichen in der Gleichung 1.4 bedeutet, daß die Intensität abnimmt.

Man kann diese Gleichung integrieren und erhält das bekannte Beersche Absorptionsgesetz in Form einer Exponentialfunktion:

$$I_a = I_0 \exp(-\sigma_{12} N_1 x) = I_0 \exp(-\alpha x). \qquad (1.5)$$

Dabei ist $\alpha = \sigma_{12} N_1$ der Absorptionskoeffizient.

Stimulierte Emission

Der Umkehrprozeß zur Absorption ist die stimulierte (oder induzierte) Emission von Strahlung. Bei der Absorption wird durch einfallende Strahlung mit der Resonanzfrequenz f_{12} ein Elektron auf ein höheres Energieniveau gehoben. Bei der stimulierten Emission wird ein Elektron durch resonante Strahlung von einem höheren Niveau auf das tiefere gezwungen (Bild 1.4b). Die frei werdende Energie wird in Form eines Lichtquants abgestrahlt. Das entstehende Licht hat die gleiche Frequenz und Phase wie das einfallende und auch die gleiche Richtung. Es handelt sich also um eine Verstärkung von Licht durch einen sogenannten 'kohärenten Prozeß'.

Die Berechnung der Lichtverstärkung verläuft nahezu analog zu der der Absorption. Es müssen jedoch folgende Unterschiede beachtet werden: die Indizes 1 und 2 sind zu vertauschen, und dI/dx ist wegen der Verstärkung positiv. Damit wird die Verstärkung durch stimulierte Emission gegeben durch:

$$I_s = I_0 \exp(\sigma_{12} N_2 x). \tag{1.6}$$

Zu berücksichtigen ist dabei, daß die Wirkungsquerschnitte für Absorption und stimulierte Emission $\sigma_{21} = \sigma_{12}$ gleich sind. Dies wurde von Einstein bewiesen. In einem optischen Medium finden somit in Konkurrenz eine Schwächung durch Absorption und eine Verstärkung durch stimulierte Emission statt. Fragt man, ob eine Lichtwelle verstärkt oder geschwächt wird, so muß man die Bilanz beider konkurrierender Prozesse betrachten:

$$dI = dI_a + dI_s. \tag{1.7}$$

Man erhält zusammen für beide Prozesse:

$$I = I_0 \exp[(N_2 - N_1) \sigma_{12} x]. \tag{1.8}$$

Das Vorzeichen der Exponentialfunktion bestimmt, ob eine Schwächung oder Verstärkung vorliegt. Das Vorzeichen aber wird durch die Differenz der Besetzungszahlen $N_2 - N_1$ gegeben. Normalerweise, d.h. im thermischen Gleichgewicht, ist das untere Niveau wesentlich stärker besetzt: $N_1 > N_2$. Das Vorzeichen ist negativ, und die Absorption überwiegt. In einem Lasermedium muß jedoch das obere Niveau stärker besetzt werden, d.h. $N_2 > N_1$. Dies wird durch einen Prozeß erreicht, den man 'Pumpen' nennt. Das Vorzeichen der Funktion 1.8 wird in diesem Fall positiv, und es tritt eine Lichtverstärkung auf. Voraussetzung für eine Verstärkung und eine Lasertätigkeit ist somit eine Inversion in der Besetzung der Zustände.

Spontane Emission

Im Vorhergehenden wurden Absorption und stimulierte Emission von Licht erklärt. Lichtverstärkung durch stimulierte Emission kann nur erfolgen, wenn einem Medium (z.B. Gas) Energie zugeführt wird, so daß sich zahlreiche Elektronen in einem angeregten Zustand befinden. In Konkurrenz zur stimulierten Emission existiert ein dritter Prozeß, die 'spontane Emission' (Bild 1.4c). Während bei der stimulierten Emission Elektronen durch eine einfallende Lichtwelle zu einem Übergang in einen tieferen Zustand "gezwungen" werden, zerfällt bei der spontanen Emission der angeregte Zustand ohne äußeren Einfluß, von allein. Es handelt sich um einen statistischen Zerfall mit jeweils (leicht) verschiedener Frequenz in verschiedene Raumrichtungen. Daher ist die spontane Strahlung für eine Lasertätigkeit nicht geeignet.

Die Rate dieses Vorganges ist unabhängig von der Intensität des einfallenden Lichtes. Je kürzer die sogenannte 'Lebensdauer τ_2' des oberen Niveaus, um so stärker ist die spontane Emission. Die pro Zeiteinheit abgestrahlte Lichtintensität ist proportional zur Besetzungszahl des oberen Niveaus N_2 und umgekehrt proportional zur Lebensdauer:

$$(dI/dt)_{sp} = N_2 / \tau_2. \tag{1.9}$$

Die Beziehung zwischen der Lebensdauer τ_2 und dem Koeffizienten σ_{12} wurde von Einstein abgeleitet:

$$\sigma_{12} \sim 1 / f_{12}^2 \, \tau_2. \tag{1.10}$$

Die spontane und stimulierte Emission konkurrieren bei der Entleerung des oberen Energieniveaus. Die spontane Emission stört die Lasertätigkeit, weil die Besetzungszahl N_2 durch sie verringert wird. Aus Gleichung 1.10 erkennt man, daß niedrige Frequenzen f_{12} die stimulierte Emission bezüglich der spontanen Emission erhöhen. Es ist deshalb einfacher, im infraroten Spektralbereich Lichtverstärkung zu erzielen als im sichtbaren und im ultravioletten.

1.1.3 Erzeugung der Inversion

Lichtverstärkung kann in Materie auftreten, wenn die Besetzungszahl N_2 im oberen Niveau größer ist als die Zahl N_1 im unteren ($N_2 > N_1$). Bei vielen Lasern wird dieser Zustand, den man als 'Inversion' bezeichnet, durch optisches Pumpen erreicht. Dies soll am Beispiel eines Laser-Mediums mit drei und vier Niveaus beschrieben werden (Bild 1.5). In einem Laser-Medium mit nur zwei Niveaus kann durch einen optischen Pumpvorgang keine Inversion erzeugt werden. Bei sehr starkem Pumpen, d.h. bei starker Lichteinstrahlung, erreicht man maximal eine gleiche Besetzung beider Niveaus ($N_2 = N_1$).

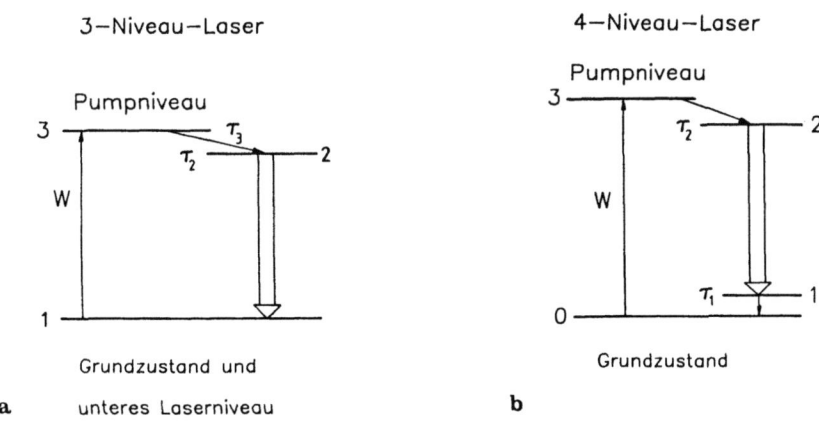

Bild 1.5. Schematische Darstellung der Funktion eines Drei-Niveau- und eines Vier-Niveaus Lasers

Drei-Niveau-System

Das System in Bild 1.5a besitzt drei Niveaus. Durch intensive Lichteinstrahlung, z.B. aus einer Blitzlampe, wird das Pumpniveau angeregt. Die Lebensdauer dieses Zustandes ist sehr kurz, und der Zerfall erfolgt hauptsächlich in das obere Laserniveau. Dessen Lebensdauer dagegen ist relativ lang ($\tau_2 \gg \tau_3$). Bei starkem Pumpen kann durch den beschriebenen Vorgang das obere Laserniveau stärker besetzt werden als der Grundzustand. Die Übergangswahrscheinlichkeit W, mit welcher der Grundzustand "zerfällt", ist durch die Intensität des Pumplichtes gegeben. W wird als 'Pumprate' bezeichnet. Die Übergangswahrscheinlichkeit für den Zerfall des oberen Laserniveaus wird durch $1/\tau_2$ bestimmt. Damit kann das Verhältnis der Besetzungszahlen N_2/N_1 berechnet werden:

$$N_2/N_1 = W\tau_2 > 1. \tag{1.11}$$

Sofern dieses Verhältnis größer als 1 ist, kann eine Verstärkung von Licht auftreten. Dies ist bei hoher Pumpleistung der Fall. In der Praxis wurde das Drei-Niveau-System nach Bild 1.5a für den Rubin-Laser realisiert. Als nachteilig bei einem derartigen Laser-Medium erweist sich, daß mehr als 50% der Atome in den angeregten Zustand gebracht werden müssen, weil der untere Laserzustand gleichzeitig der Grundzustand der Atome ist.

Vier-Niveau-System

Man nutzt deshalb bei vielen wichtigen Lasern Vier-Niveau-Systeme (Bild 1.5b), bei denen das untere Laserniveau verschieden von dem Grundzustand der Atome ist. Wiederum muß das Pumpniveau mit kurzer Lebensdauer in das obere Laserniveau zerfallen. Letzteres soll eine relativ lange Lebensdauer τ_2 haben, weil damit N_2 anwächst. Zusätzlich muß das untere Laserniveau mit kurzer Lebensdauer τ_1 schnell entleert werden, weil dadurch die Besetzungsdichte N_1 im unteren Laserniveau niedrig gehalten wird. Die Größen N_1 und N_2 sind somit in guter Näherung nur durch die Lebensdauer der Niveaus τ_1 und τ_2 gegeben:

$$N_2/N_1 = \tau_2/\tau_1. \tag{1.12}$$

Das Besetzungsverhältnis ist unabhängig von der Pumpleistung. Durch die schnelle Entleerung des unteren Laserniveaus ist eine Überbesetzung wesentlich leichter zu erreichen als beim Drei-Niveau-Laser. Ein Beispiel für ein Vier-Niveaus-System bietet der Neodym-Laser.

1.1.4 Entstehung von Laserstrahlung

In den vorherigen Abschnitten wurde lediglich die Verstärkung von Licht in einem Lasermedium behandelt. Aus der Elektronik ist bekannt, daß aus einem Verstärker ein Oszillator wird, wenn ein Teil der Ausgangsleistung wieder in den Eingang zurückgekoppelt wird. Das System beginnt dann nach dem Einschalten selbständig zu schwingen. Dieses Prinzip wird auch beim Laser angewendet. Das angeregte Lasermedium dient als Lichtverstärker. Die Rückkopplung wird durch zwei parallel angeordnete Spiegel erzielt, zwischen denen sich der Lichtverstärker befindet (Bild 1.6). In diesem optischen Resonator bildet sich eine stehende Laserwelle aus.

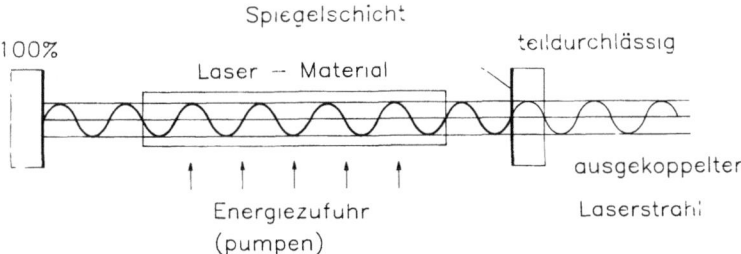

Bild 1.6. Zwischen den Spiegeln eines Lasers bildet sich eine stehende Lichtwelle aus

Anschwingen des Lasers

Die Entstehung der Laserwelle kann wie folgt erklärt werden: durch optisches Pumpen oder andere Anregungsmechanismen wird eine Inversion im Laser-Medium erzeugt. Dabei entsteht zunächst nur spontane Emission. Ein Teil der Strahlung läuft auch in axiale Richtung des Resonators. Diese Lichtwelle wird an den Spiegeln reflektiert, wodurch sich eine stehende Welle ausbildet (Bild 1.6). Die Reflexion an den Spiegeln entspricht der Rückkopplung. Beim Durchgang durch das Laser-Material wird die Strahlung verstärkt. Sie erreicht hierbei schnell eine maximale Intensität, die durch die zugeführte Pumpenergie und die atomaren Konstanten des Materials begrenzt wird.

Dabei treten eine Reihe von Verlusten auf, die beispielsweise durch die spontane Emission und die Durchlässigkeit der Spiegel verursacht werden. Der Laserstrahl wird aus dem Resonator ausgekoppelt, indem auf der einen Seite des Lasers ein teildurchlässiger Spiegel mit dem Reflexionskoeffizienten $R < 100\%$ angebracht wird. Der Reflexionskoeffizient des anderen Spiegels beträgt 100 %. Die Verstärkung $V = I/I_0$ der Welle bei einmaligem Hin- und Rücklaufen durch den Resonator der Länge L kann wie folgt berechnet werden /1.8/:

$$V = R \exp[(N_2 - N_1) \sigma_{12} 2 L]$$
$$= \exp[(N_2 - N_1) \sigma_{12} 2 L + \ln R]. \qquad (1.13)$$

Der Laser schwingt an, wenn die Verstärkung mindestens $V = 1$ beträgt. In diesem Fall wird der Exponent von 1.13 gleich Null. Damit erhält man als Bedingung für die Laserschwelle:

$$N_2 - N_1 = -\ln R / \sigma_{12} 2 L. \qquad (1.14)$$

Hierbei ist zu bemerken, daß die Differenz der Besetzungsdichte $(N_2 - N_1)$ und somit auch die Verstärkung während der Oszillation geringer ist als beim Anschwingen, weil das obere Niveau durch induzierte Emission entleert wird. Weiterhin sei erwähnt, daß im Falle mehrerer Unterniveaus die Entartungsgrade eingeführt werden müssen. Ebenso ist die Linienform zu berücksichtigen /1.2, 1.4/.

Eigenschaften von Laserstrahlung

Laserstrahlung entsteht durch den Prozeß der stimulierten Emission. Daraus ergeben sich einige spezielle Eigenschaften der Strahlung, die sie von Licht aus normalen Lichtquellen unterscheidet. Für normales Licht ist die spontane Emission verantwortlich. Einzelne Atome strahlen statistisch und unkorreliert ihr Licht in unterschiedliche Richtungen ab. Dies bedeutet, daß die Wellenzüge der Atome sich unregelmäßig und nicht phasengerecht überlagern. Man nennt derartiges Licht 'inkohärent', d.h. nicht zusammenhängend. Dagegen werden beim Laser durch den Prozeß der stimulierten Emission die angeregten Atome synchronisiert. Sie strahlen in Phase und in gleiche

Richtung. Das hat zur Folge, daß sich die Wellenzüge gleichmäßig überlagern und kohärentes Licht entsteht.

Im folgenden sollen einige Eigenschaften, die das Laserlicht gegenüber normalem Licht charakterisieren, zusammengefaßt werden:

Kohärenz: Laserlicht ist eine sehr gleichmäßige zusammenhängende, d.h. kohärente Welle. Bei kohärentem Licht treten Interferenz- und Beugungseffekte sehr deutlich in Erscheinung. Direkte Anwendungen der Kohärenz in der Medizin liegen möglicherweise bei Phänomenen der Biostimulation vor.

Monochromasie: Laserlicht ist extrem einfarbig oder 'monochromatisch', dies ist eine Konsequenz der Kohärenz. Es bedeutet, daß das Licht durch eine scharfe Wellenlänge charakterisiert ist. In der Medizin spielt die Wellenlänge des Lichtes für unterschiedliche Anwendungen eine entscheidende Rolle. Die extrem schmale Bandbreite der Strahlung hat hier hingegen keine Bedeutung.

Divergenz: Der Laserstrahl breitet sich nahezu parallel mit einem kleinen Divergenzwinkel aus. Auch dies ist eine Folge der Kohärenz. Die geringe Divergenz hat für die Medizin wichtige technologische Konsequenzen. Der Strahl kann relativ leicht in flexible Fasern eingekoppelt und so an die zu behandelnde Stelle geführt werden. Alternativ ist eine Strahlführung über Spiegelsysteme möglich. Eine wichtige Eigenschaft von nahezu parallelem Licht ist seine gute Fokussierbarkeit. Durch Linsen oder Objektive kann die Strahlung auf sehr kleine Flächen konzentriert werden. Die Grenze liegt bei Flächen mit einem Durchmesser von der Größe der Wellenlänge. Diese Eigenschaft ermöglicht viele Anwendungen in der Chirurgie und Mikrochirurgie.

Intensität: Laserlicht kann mit sehr hoher Intensität produziert werden. Zusammen mit der genauen Fokussierbarkeit erhält man hohe Energiedichten (=Energie/Fläche), die früher nicht erreichbar waren. Damit sind thermische Effekte am Gewebe leicht erzielbar, und es kann eine Koagulation oder Verdampfung von Gewebe durchgeführt werden. So ist beispielsweise der Einsatz des Lasers als berührungsloses Skalpell möglich.

Pulse: Die Strahlung des Lasers kann in sehr kurzen Pulsen im Bereich von ns (= 10^{-9} s) erzeugt werden. Die Laserenergie wird damit in sehr kurzen Zeiten frei. Hierdurch steigt die Leistungsdichte enorm an. Neben thermischen Effekten führt dies in der Medizin zu neuen Einsatzmöglichkeiten. Es treten sogenannte 'nichtlineare Effekte' am Gewebe auf. Als Beispiele seien Riesenpulse des Nd:YAG-Lasers in der Ophthalmologie und gepulste Excimer-Laser in der Angioplastie genannt.

1.2 Innere Bauelemente des Lasers

Nachdem die wissenschaftlichen Grundlagen des Lasers dargelegt wurden, sollen im folgenden die optischen Bauelemente medizinischer Laser erläutert werden. Dieser Abschnitt beschreibt die Elemente im Innern des Resonator, der nächste die äußeren Bauelemente.

1.2.1 Optik von Resonatoren

Große Bereiche der medizinischen Optik werden durch die 'geometrische Optik' erfaßt. Die Lichtausbreitung in Laser-Resonatoren wird dagegen nur verständlich, wenn man berücksichtigt, daß Licht eine elektromagnetische Welle ist. In diesem Abschnitt sollen die Ausbreitung und Fokussierung von Laserstrahlung im Zusammenhang mit Resonatoren untersucht werden. Laser-Resonatoren zerfallen in zwei Klassen: stabile und instabile Resonatoren (Bild 1.7). Die meisten Laser arbeiten mit stabilen Resonatoren, bei denen das Licht stets in den Resonator zurückgespiegelt wird. Die Auskoppelung des Laserstrahls erfolgt durch den Einsatz eines teildurchlässigen Spiegels. Instabile Resonatoren werden bisweilen bei hohen Pulsleistungen eingesetzt. Dabei wird die Strahlung aus dem Resonator hinausgespiegelt, wodurch die Auskoppelung des Laserstrahls erfolgt. Bild 1.7 zeigt beide Typen am Beispiel eines konfokalen Resonators. Bei medizinischen Einsätzen werden meist stabile Resonatoren benutzt, so daß hier nur diese beschrieben werden sollen.

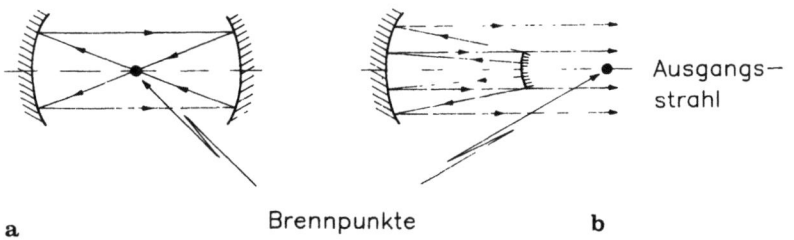

a   Brennpunkte   b

Bild 1.7. Beispiele für einen a) stabilen und b) instabilen Resonator. (Es sind konfokale Resonatoren dargestellt, bei denen die Brennpunkte der Spiegel zusammenfallen.)

Moden

Das zwischen den Spiegeln des Lasers hin- und herlaufende Licht bildet stehende Wellen, die bestimmte räumliche Verteilungen der elektrischen Feldstärke zeigen. Diese Verteilungen nennt man 'Schwingungsformen' oder 'Moden'. An den Spiegeln des Resonators muß die elektrische Feldstärke der Welle gleich Null sein. Daraus folgt, daß in die Länge des Resonator L eine ganze Anzahl q von halben Lichtwellenlängen $\lambda/2$ passen muß (Bild 1.6). Die Schwingungsformen in axialer Richtung - oder die axialen Moden - werden demnach durch folgende einfache Gleichung beschrieben:

$$L = q\lambda/2 . \qquad (1.15)$$

In der Regel treten beim Laser mehrere axiale Schwingungsformen gleichzeitig auf, die jeweils voneinander den Frequenzabstand

$$\Delta f = c/2L \qquad (1.16)$$

haben, wobei c die Lichtgeschwindigkeit ist. Bei medizinischen Laserapplikationen spielen die axialen Moden keine Rolle.

Anders ist es bei den transversalen Moden. Aufgrund der Randbedingungen im Resonator bilden sich bestimmte Intensitätsverteilungen quer oder transversal zur Ausbreitungsrichtung aus. Diese transversalen Moden werden durch die Symbolik TEM_{mn} klassifiziert, wobei TEM die Abkürzung für 'transverse electromagnetic wave' bedeutet. Für den rotationssymmetrischen Fall gibt m die Zahl der Nullstellen in radialer und n in azimutaler Richtung an. In einem rechteckigen System werden durch m und n die Zahlen der Nullstellen in vertikaler und horizontaler Richtung angezeigt. In Bild 1.8 sind einige Modenstrukturen im zylindrischen und rechteckigen Koordinatensystem skizziert /1.7/. Falls keine Maßnahmen zur Anregung bestimmter Moden getroffen werden, ergibt sich im Laser eine Überlagerung verschiedener transversaler Moden (Bild 1.8c). Im sogenannten 'Multimode-Betrieb' kann die Intensitätsverteilung über das Strahlprofil, insbesondere bei Festkörperlasern, unregelmäßig und eventuell auch zeitlich nicht stabil sein. Weiterhin erkennt man aus Bild 1.8, daß der Strahldurchmesser mit zunehmender Zahl der Moden wächst.

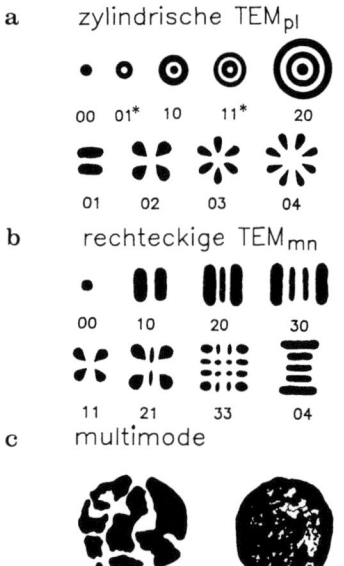

Bild 1.8. a) Zylindrische transversale Moden. Der erste (zweite) Index gibt die Zahl der radialen (azimuthalen) Nullstellen an; 11* bedeutet eine Überlagerung zweier um $90°$ gedrehter 11-Moden.

b) Rechteckige transversale Moden. Die Indizes beziehen sich auf die Nullstellen waagerechter und senkrechter Richtung

c) Im Multimode-Betrieb ergibt sich ein größerer Strahlradius. Durch die Überlagerung einzelner Moden ist die Struktur, insbesondere bei Festkörperlasern, oft unregelmäßig

Der Gerätehersteller gibt im allgemeinen an, ob es sich um einen Monomode-Laser mit nur TEM_{00} oder um Multimode handelt. Oft sind beide Betriebsarten möglich; in diesem Fall wird in den Resonator eine sogenannte 'Modenblende' eingebaut, die etwa den Querschnitt der Grundmode TEM_{00} hat. Die höheren Moden können dadurch nicht auftreten. Mit dieser Maßnahme ist ein erheblicher Abfall der Laserleistung verbunden, da das Volumen des laseraktiven Mediums verkleinert wird. Es gibt einige medizinische Anwendungsbereiche, für die der Betrieb im Grundmode erforderlich ist. Beispiele dafür sind Nd:YAG-Laser für das Auge oder CO_2-Laser zum präzisen Schneiden von Gewebe.

Ausbreitung der Grundmode

Von besonderer Bedeutung ist die TEM_{00}-Grundmode, da sie von allen Moden den kleinsten Strahlradius und die geringste Divergenz besitzt. Die radiale Intensitätsverteilung I(r) ist nach Bild 1.9 durch eine Gauss-Verteilung gegeben:

$$I(r) = I_{max} \exp(-2r^2/w^2). \tag{1.17}$$

Der Strahlradius w, der vom Hersteller am Spiegel angegeben wird, beschreibt die Stelle (r = w), an welcher die Intensität auf e^{-2} = 13,5 % gefallen ist. In der Strahlfläche πw^2 sind 86,5% der gesamten Laserleistung enthalten.

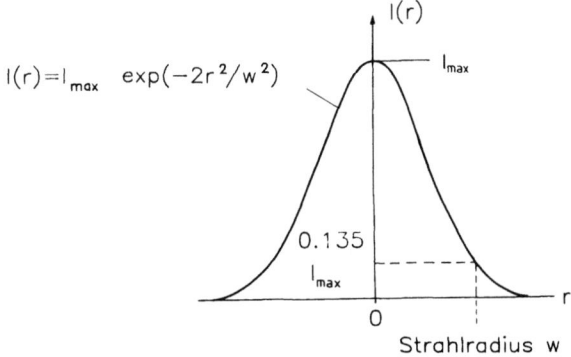

Bild 1.9. Intensitätsverteilung des TEM_{00}-Grundmodes quer zur Strahlrichtung

Resonatoren werden im allgemeinen durch zwei sphärische Spiegel mit verschiedenen Krümmungsradien begrenzt (Bild 1.10). Der Laserstrahl breitet sich nie vollständig parallel aus. Die Grundmode hat

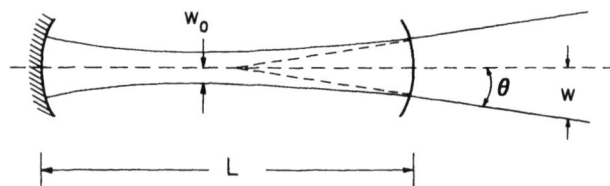

Bild 1.10. Ausbreitung eines TEM$_{00}$-Laserstrahls inner- und außerhalb eines Resonators mit zwei sphärischen Spiegeln. (Die Linsenwirkung des Ausgangsspiegels wird nicht berücksichtigt.)

die Form eines sogenannten 'Gaussschen Strahls', wobei sich eine Strahltaille mit dem Radius w_0 bildet /1.7/. Neben dem Strahlradius w des Lasers wird meist von den Herstellern die Divergenz angegeben. In größerer Entfernung von der Strahltaille ergibt sich für den halben Divergenzwinkel:

$$\Theta = \lambda / \pi w_0. \tag{1.18}$$

Laser mit langer Wellenlänge, z.B. der CO_2 Laser mit λ = 10,6 μm, haben eine höhere Divergenz als solche mit kurzer Wellenlänge.

Fokussierung der Grundmode

In der Medizin wird oft fokussierte Strahlung eingesetzt. Dabei interessiert das Verhalten des Laserstrahls bei der Verwendung von Linsen, wobei die Lagen und Radien der Strahltaillen von Wichtigkeit sind. Zur Lösung dieses Problems können nicht immer die Gleichungen der geometrischen Optik verwendet werden, da es sich nicht um die Berechnung von Bildern, sondern um den Transport einer Lichtwelle durch Linsen handelt /1.7/. In Bild 1.11 wird eine Strahltaille mit Hilfe einer Linse "abgebildet", wobei der Strahl in einer neuen Taille fokussiert wird.

Für den Fall, daß die Strahltaille der Laserstrahlung (TEM$_{00}$) in der vorderen Brennebene einer Linse steht, findet die Fokussierung in der Nähe der hinteren Brennebene statt. Man erhält dann für den Strahl-

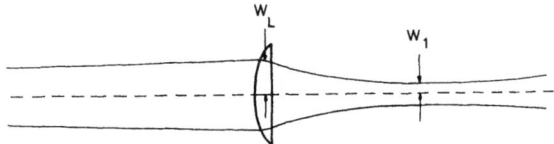

Bild 1.11. Fokussierung von Laserstrahlung mit einer Sammellinse

radius w_1 im Fokus:
$$w_1 = f\lambda/(\pi w_L). \qquad (1.19)$$

Hierbei ist w_L der Strahlradius an der Stelle der Linse. Aus der Gleichung folgt, daß ein kleiner Brennfleck entsteht, wenn die Linse möglichst weit ausgeleuchtet wird.

Bei der Handhabung von fokussierter Strahlung spielt die Tiefenschärfe des Brennpunktes eine Rolle. Läßt man eine Aufweitung des Strahls um $\sqrt{2}$ zu, so erhält man für den Tiefenschärfenbereich der Strahltaille:
$$d = \pm \pi w_1^2 / \lambda. \qquad (1.20)$$

Der gesamte Schärfenbereich beträgt 2d. Man erkennt, daß kurzwellige Strahlung besser zu fokussieren ist als langwellige.

Laser liefern stärkere Leistungen, wenn höhere Moden zugelassen werden. Für medizinische Zwecke, bei denen es nicht auf sehr genaue Fokussierung ankommt, ist häufig der Multimode-Betrieb möglich. Mit zunehmender Zahl der Moden steigen der Strahlradius sowie die Divergenz der Strahlung /1.7/. Bei Fokussierung steigt der Fokus-Durchmesser, und die Tiefenschärfe verringert sich.

1.2.2 Beeinflussung der Wellenlänge

Für zahlreiche Anwendungen ist es wünschenswert, die Wellenlänge des Lasers durch Bauelemente zu verändern. Dies kann innerhalb oder außerhalb des Resonators geschehen.

Wellenlängen-Selektion

Bei vielen Lasern, wie z.B. beim Argon- und He-Ne-Laser, wird beim Pumpen eine Besetzungsinversion in mehreren Niveaus erzeugt. Dies hat zur Folge, daß Lasertätigkeit bei verschiedenen Linien und Wellenlängen erreicht werden kann. Die Auswahl geschieht durch verschiedene Bauelemente im Resonator. Beispielsweise kann durch selektiv reflektierende Spiegel erreicht werden, daß nur eine Linie rückgekoppelt wird. Dieses Verfahren wird in der Regel dann angewandt, wenn eine Veränderung der Wellenlänge nicht erwünscht ist. In den rot strahlenden He-Ne-Laser bei 632 nm sind entsprechend reflektierende Spiegel eingebaut, die im Prinzip ausgetauscht werden können. Setzt man Spiegel ein, die selektiv im Infraroten reflektieren, kann Lasertätigkeit bei 1,15 oder 3,39 µm erzielt werden.

Bei vielen medizinischen Einsätzen ist es wünschenswert die Wellenlänge der Strahlung schnell und einfach zu verändern. Zu diesem Zweck ist es möglich, ein Prisma in den Resonator zu bringen, das gleichzeitig als Endspiegel dient (Bild 1.12). Der Brechungsindex und der Strahlengang durch das Prisma hängen von der Wellenlänge der Strahlung ab. Damit kann nur eine Wellenlänge senkrecht auf die verspiegelte Fläche des Prismas fallen. Durch Drehung des Prismas können verschiedene Linien im Laser angeregt werden. Ein bekanntes Beispiel für diese Technik ist der Argonlaser, der auf verschiedene Wellenlängen im violetten bis grünen Bereich eingestellt werden kann. Seit kurzem werden auch He-Ne-Laser angeboten, die auf mehreren Linien zwischen Rot und Grün zu strahlen vermögen.

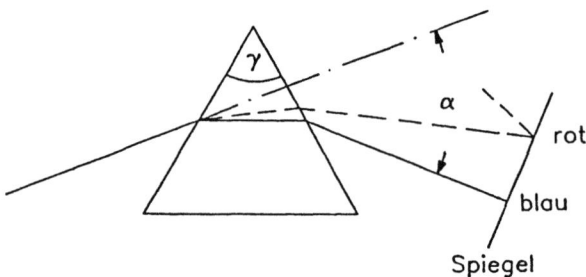

Bild 1.12. Selektion der Wellenlänge mit einem Prisma am Beispiel eines Argonlasers

Statt des Prismas kann auch ein Gitter in den Resonator eingebracht werden. Dieses Verfahren wird hauptsächlich bei Farbstofflasern angewendet. Fällt ein Laserstrahl auf ein reflektierendes Gitter, so wird er nicht nur nach dem Gesetz 'Einfalls- gleich Austrittswinkel' gespiegelt, sondern unter bestimmten Winkeln entstehen Beugungsmaxima. Eine Anordnung nach Littrow demonstriert Bild 1.13. Unter der gezeigten Stellung wird die erste Beugungsordnung einer Wellenlänge in sich selbst zurückgeworfen. Dreht man den Spiegel leicht, so verändert sich die Wellenlänge der Strahlung, die in sich selbst zurückgebeugt wird. Die Gitterfurchen sind so eingefügt, daß die Flächen senkrecht zur Einfallsrichtung stehen. Da die spektrale Auflösung, d.h. die Genauigkeit in der Wellenlänge, mit der Zahl der Gitterstriche ansteigt, wird der Laserstrahl durch ein Linsensystem im Durchmesser aufgeweitet. Die Linienbreite bei Farbstoffen ist sehr groß, so daß sich die Wellenlänge über etwa 50 nm kontinuierlich durch Drehen des Gitters verändern läßt.

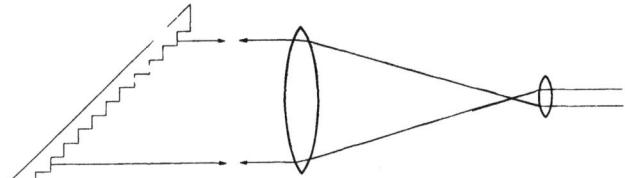

Bild 1.13. Selektion der Wellenlänge mit einem Littrow-Gitter am Beispiel eines Farbstofflasers

Verringerung der axialen Moden

Eine Verringerung der transversalen Moden ist durch Einfügen einer Blende in den Resonator relativ einfach. Anders ist dies mit den longitudinalen oder axialen Moden. Innerhalb der Linienbreite des Laserübergangs können meist mehrere longitudinale Moden auftreten. Die Zahl läßt sich durch Einbringen eines weiteren Resonators zwischen die Laserspiegel verringern, so daß der Laser in einer einzigen Mode schwingt. Man nennt ein derartiges Element 'Fabry-Perot-Etalon'. Es handelt sich um eine Glasplatte mit zwei aufgedampften Spiegeln. Dementsprechende Systeme finden Verwendung in der medizinischen Holographie. Die Funktion eines Etalons ist in Bild 1.14 veranschaulicht.

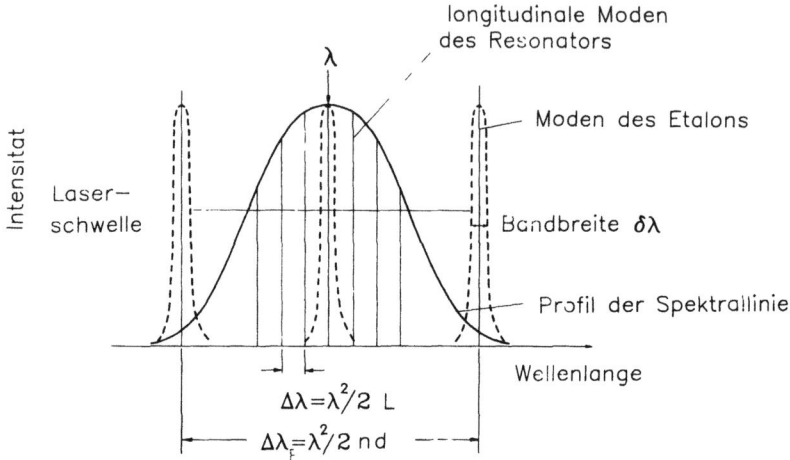

Bild 1.14. Funktion eines Etalons zur Verringerung der Zahl der longitudinalen Moden. Der Laser schwingt nur, wenn die Moden von Resonator und Etalon innerhalb der Linie zusammenfallen

Erzeugung von Oberwellen

Auch die Verdoppelung und weitere Vervielfachung der Frequenz von Laserstrahlung hat in medizinischen Lasersystemen Bedeutung. Dabei wird insbesondere die Infrarotstrahlung von Nd-Festkörperlasern ins Grüne und weiter ins Ultraviolette umgewandelt. In diesem Fall wird die Wellenlänge von 1.064 µm (infrarot) um die Faktoren 2, 3 und 4 auf 532 nm (grün), 355 nm (ultraviolett) und 266 nm verringert.

Für die Vervielfachung der Frequenz sind kommerziell spezielle (nichtlineare) Kristalle, insbesondere KDP und ADP, erhältlich. Die Strahlung tritt in Wechselwirkung mit der Materie, wobei eine Oberwelle mit doppelter Frequenz gebildet wird. Bei diesem Prozeß entsteht aus zwei Photonen ein neues Photon mit doppelter Energie. Der Kristall muß für spezielle Aufgaben geschnitten und im Strahl justiert werden. Nur in einer bestimmten Kristallorientierung sind die Brechungsindizes für die Originalwelle und die Oberwelle gleich, so daß sie sich mit gleicher Geschwindigkeit ausbreiten. In diesem Fall erhält man durch phasengerechte Interferenz eine maximale Umwandlungsrate.

Der Wirkungsgrad steigt quadratisch mit der Laserleistung. Dieser Effekt wird erst bei hohen Leistungsdichten im Bereich von MW/cm^2 bedeutungsvoll. So kann bei der Frequenzverdoppelung eine Umwandlungsrate von über 50% vom Infraroten (1,064 µm) ins Grüne (532 nm) erreicht werden. Es sind medizinische Lasergeräte auf dem Markt, die auf die beschriebene Art grüne Strahlung mittlerer Leistung von einigen Watt erzeugen und beispielsweise in der Dermatologie verwendet werden. Entsprechende Geräte können in Konkurrenz zum Argonlaser treten. Ebenso sind Laser mit Frequenzvervielfachung zur medizinischen Photoablation im Ultravioletten einsetzbar.

Da die Vervielfachung der Frequenz hohe Leistungen erfordert, ist dieses Verfahren besonders für Laser mit Riesenpulsen (Q-switch) geeignet. Dementsprechend besteht die Strahlung aus einer Folge kurzer Pulse (ns-Bereich) mit hoher Pulsleistung (MW). Dies ist bei der medizinischen Verwendung zu berücksichtigen. Bei Frequenz-Verdoppelung ist es auch möglich, den Kristall in den Resonator zu stellen. Damit kann grüne Strahlung im Dauerstrichbetrieb mit Nd: YAG-Lasern erzeugt werden.

Bei einer Verdreifachung der Frequenz sind zwei Kristalle notwendig. Der erste verdoppelt die Frequenz des Lasers, der zweite mischt die verdoppelte Welle mit der originalen Laserwelle. Bei der Frequenz-Mischung werden aus den Frequenzen f_1 und f_2 in einem geeigneten Kristall die Summe $f_1 + f_2$ und die Differenz $f_1 - f_2$ erzeugt. Die Verdoppelung ist dabei als Sonderfall enthalten. Zur Vervierfachung der Frequenz wird mit zwei verschiedenen Kristallen jeweils verdoppelt. Mit neuartigen Kristallen können für kurze Pulse hoher Leistung Umwandlungsraten für die dritte und vierte Oberwelle von 10 bis 20% erzielt werden.

Raman-Verschiebung

Durch Raman-Streuung an Molekülen kann Licht inelastisch gestreut werden, wobei sich die Wellenlänge ändert. Dabei spielen die Rotations- und Vibrationsniveaus der Moleküle eine Rolle. Das einfallende Photon verliert Energie, wenn ein höher liegendes Niveau angeregt wird. Es entsteht die sogenannte 'Stokes-Linie' mit größerer Wellenlänge. Auch der umgekehrte Effekt ist möglich, wobei das Molekül Energie an das Photon abgibt: es entsteht dann die 'Anti-Stokes-Linie' mit kürzerer Wellenlänge.

Erst durch den Laser hat dieser Effekt technologische Bedeutung erlangt. Kommerziell sind Raman-Zellen erhältlich, die mit unterschiedlichen Gasen bei einem Druck von mehreren bar gefüllt sind.

Bei Durchstrahlung dieser Zellen mit intensiver Laserstrahlung entsteht Laserlicht mit der Stokes- oder Anti-Stokes-Wellenlänge. Die Strahlung ist in konzentrischen Kegeln um den einfallenden Laserstrahl angeordnet. Technisch wird der Raman-Effekt ausgenutzt, um die UV-Strahlung von Excimer-Lasern noch weiter ins UV zu verschieben. In der Opthalmologie wird mit einer Methan-Raman-Zelle die 1,06-µm-Strahlung etwas weiter ins Infrarote auf 2,94 µm verschoben. Experimentell wird diese Strahlung, die von Gewebe wesentlich stärker absorbiert wird, z.B. bei der Photoablation an der Cornea erprobt.

1.2.3 Veränderung der Pulsbreite

Man unterscheidet Dauerstrichlaser und Pulslaser. Die einfachste Art, einen Dauerstrichlaser zu pulsen, besteht darin, den Laserstrahl schnell zu schalten. Dies kann beispielsweise durch mechanische, elektrooptische oder akustooptische Modulatoren geschehen, welche außerhalb des Resonators angeordnet sind. Derartige Bauelemente werden im nächsten Abschnitt behandelt. Bei Pulslasern gibt es drei wichtige Verfahren, die Pulslänge des Lasers zu verkürzen. Dabei wird die Pulsenergie relativ wenig verändert, so daß bei der Verkürzung die Pulsleistung stark ansteigt. Folgende Verfahren werden eingesetzt: Güteschaltung (Q-switch), Puls-Auskopplung (cavity dumping) und Modenkopplung (mode locking).

Güteschaltung (Q-switch)

Bei der Güteschaltung wird ein optischer Schalter im Resonator angebracht. Am Anfang des Pumppulses, z.B. durch eine Blitzlampe, wird der Resonator zugeschaltet, so daß keine Lasertätigkeit auftreten kann. Dadurch baut sich eine sehr hohe Inversion in der Besetzung auf. Am Ende des Pumppulses, wenn die Inversion das Maximum erreicht hat, wird der Schalter geöffnet. Die hohe Inversion baut sich durch einen sehr intensiven Laserpuls von einigen Nanosekunden (ns = 10^{-9} s) Dauer ab. Auf diese Art entstehen sogenannte 'Riesen-' oder 'Q-switch-Pulse' mit Leistungen von vielen Megawatt (MW = 10^6 W). Bei einigen Wellenlängen, für die keine elektro- oder akustooptischen Materialien zur Verfügung stehen, werden noch schnell rotierende Drehspiegel verwendet (Bild 1.15a). Diese stellen den Endspiegel des Resonators dar. Der Drehspiegel und die gepulste Anregung des Lasers werden miteinander synchronisiert. Systeme dieser Bauweise finden Anwendung bei medizinischen Erbium-Lasern zur Photoablation.

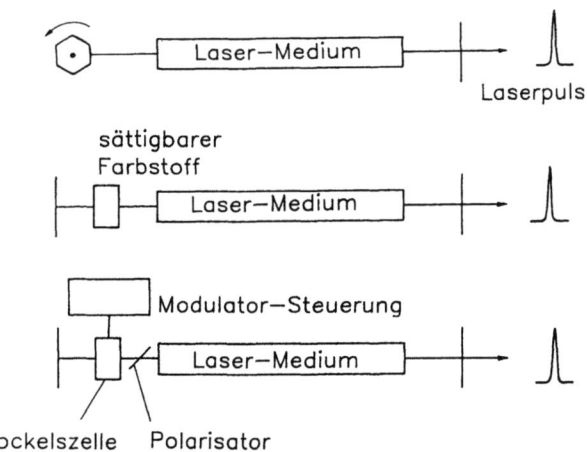

Bild 1.15. Güteschaltung von Lasern: a) Rotierender Spiegel oder Prisma, b) sättigbarer Absorber, c) elektrooptischer Modulator

Die einfachste Art der Güteschaltung besteht darin, eine Zelle mit einem sättigbaren Absorber in den Resonator zu stellen (Bild 1.15b). Für Nd:YAG-Laser wird beispielsweise der Farbstoff Eastman Kodak 9740 in Dichlorethan gelöst. Der Transmissionsgrad steigt mit der Lichtintensität an. Dies hat zur Folge, daß der Resonator erst bei einer sehr hohen Schwelle transparent wird, wodurch Riesenpulse entstehen.

In der Medizin, z.B. bei den ophthalmologischen Lasern, erfolgt eine Güteschaltung meist durch elektrooptische Kristalle, wie KDP oder $LiNbO_3$. Elektrooptische Kristalle drehen beim Anlegen einer elektrischen Spannung die Polarisationsebene von Licht. Daher wird in den Resonator ein polarisierendes Element, z.B. eine Glasplatte unter dem Brewster-Winkel, eingebaut (Bild 1.15c). Bei Anlegen der sogenannten '$\lambda/4$-Spannung' dreht der elektrooptische Kristall im Resonator die Polarisationsebene bei Hin- und Rücklauf nach Spiegelung um $90°$, so daß Licht den Resonator nicht passieren kann. Am Ende des Pumppulses wird die Spannung des Modulators auf Null geschaltet. Die Polarisationsebene wird nicht mehr gedreht, und die Lasertätigkeit setzt schlagartig in Form eines Riesenpulses ein. Bauelemente mit elektrooptischen Kristallen zur Drehung der Polarisation von Laserstrahlung nennt man 'Pockels-Zellen'. Ähnliche Aufgaben erfüllen Faraday-Dreher, die die Polarisation mit Hilfe von Magnetfeldern drehen. Für die Güteschaltung werden sie allerdings kaum eingesetzt.

Auch kontinuierlich gepumpte Laser können mit Güteschaltung betrieben werden. Voraussetzung ist, daß sich die Überbesetzung des oberen Laserniveaus akkumuliert. Ein Beispiel ist der Dauerstrich-Nd:YAG-Laser, der mit einem akustooptischen Modulator im Resonator geschaltet werden kann. Er liefert so Pulse mit einigen kHz, wobei die Spitzenleistung über 1000fach überhöht ist. Die thermische Wirkung, z.B. auf Gewebe, unterscheidet sich in diesem Fall erheblich vom Dauerstrichbetrieb.

Pulsauskopplung (cavity dumping)

Bei der Pulsauskopplung befindet sich das Lasermedium zwischen zwei 100% reflektierenden Spiegeln, so daß die Lichtenergie im Resonator gespeichert wird. Im Resonator ist ein akustooptischer Ablenker angeordnet. Wird er eingeschaltet, so wird ein kurzer Laserpuls aus dem Resonator ausgekoppelt. Beispielsweise können Ionenlaser mit Pulsauskopplung betrieben werden. Die Pulsauskopplung wird auch bei der Modenkopplung eingesetzt, um einzelne Pulse bei hoher Leistung herauszuschneiden.

Modenkopplung (mode locking)

Mit diesem Verfahren können Pulse im Pikosekunden-Bereich (ps = 10^{-12} s) erzeugt werden. Medizinisch sind derartig kurze Pulsdauern von Interesse, wenn Effekte der Wärmeleitung in das Gewebe klein gehalten werden sollen. Bei Modenkopplung schwingen im Resonator gleichzeitig möglichst viele axiale Moden, die in fester Phasenbeziehung zueinander stehen. Durch die Überlagerung dieser Schwingungszustände emittiert der Laser kurze Pulse im zeitlichen Abstand der Umlaufzeit der Strahlung 2L/c. Die Pulsbreite ist gegeben durch $\tau = 2L/cN$, wobei L die Resonatorlänge, c die Lichtgeschwindigkeit und N die Zahl der Moden bedeutet.

Bei der aktiven Modenkopplung werden mit einem elektro- oder akustooptischen Modulator die Verluste im Resonator mit der Frequenz moduliert, die der Umlaufzeit des Pulses im Resonator entspricht. Dadurch werden nur Photonen durchgelassen und verstärkt, die den Modulator zur Zeit maximaler Transmission erreichen. Es entsteht ein im Resonator hin- und herlaufender Lichtpuls, der durch einen teildurchlässigen Spiegel oder 'cavity-dumping' ausgekoppelt wird. Kurze Pulse durch Modenkopplung werden klinisch in der Augenheilkunde eingesetzt.

1.3 Äußere optische Bauelemente

Im folgenden wird ein kurzer Abriß der wichtigsten optischen Gesetze und Bauelemente gegeben werden.

1.3.1 Linsen und Prismen

Die Wirkung von Linsen läßt sich durch das Brechungsgesetz erklären. Trifft ein Lichtstrahl aus dem optischen Medium 1 auf ein Medium 2, so wird der Strahl nach folgendem Gesetz gebrochen /1.8/:

$$n_1 \sin \varepsilon_1 = n_2 \sin \varepsilon_2 . \tag{1.21}$$

Die auftretenden Größen sind in Bild 1.16 erläutert. Ist das Medium 1 Luft, so ist $n_1 = 1$ zu setzen.

Sofern man Linsenfehler und die Welleneigenschaften des Lichtes vernachlässigt, ist die Berechnung der Abbildung durch Linsen einfach. Mit den geometrischen Bezeichnungen aus Bild 1.17 erhält man folgende Abbildungsgleichungen:

$$1/f = 1/b - 1/g . \tag{1.22}$$

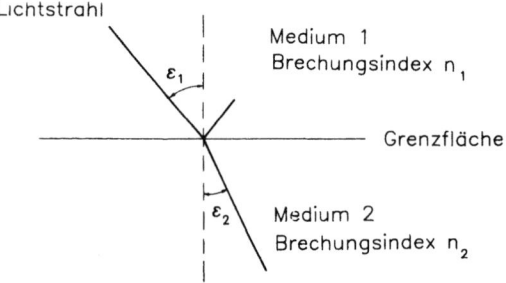

Bild 1.16. Brechung von Licht an der Grenzfläche zweier optischer Medien

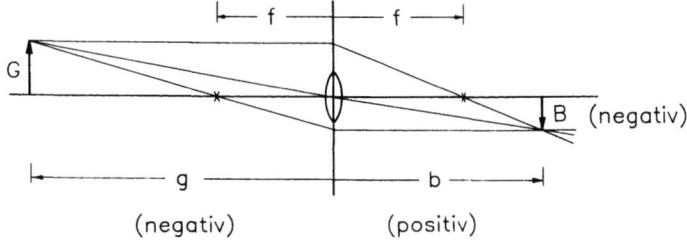

Bild 1.17. Abbildung durch eine Linse

Man beachte, daß in der neueren Norm Abstände, die in Bild 1.17 nach links zeigen, negativ sind /1.9/. Der Abbildungsmaßstab errechnet sich zu:

$$G/B = b/g. \tag{1.23}$$

Mit Hilfe dieser Gleichungen und der in Bild 1.17 dargestellten Konstruktion können die meisten einfacheren Abbildungsprobleme erklärt und berechnet werden. Die Beziehungen gelten auch für Zerstreuungslinsen, wobei in diesem Fall die Brennweite negativ ist. In der Lasertechnik und der medizinischen Optik werden häufig unterschiedliche Prismen eingesetzt. Beispiele sind in Bild 1.18 aufgeführt, wobei der Effekt der Totalreflexion ausgenutzt wird.

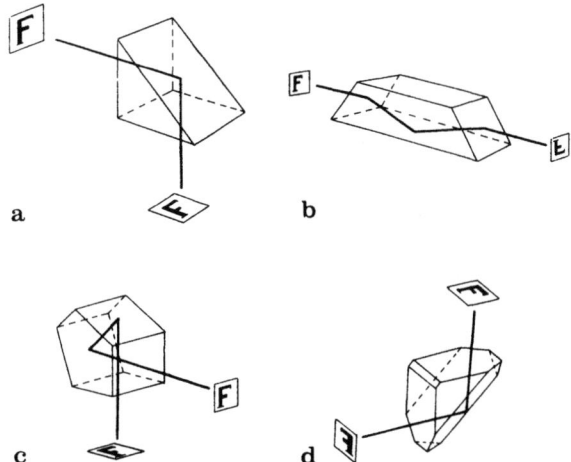

Bild 1.18. Beispiele für die Funktion verschiedener Prismen:
a) $90°$- Prisma, b) Dove-Prisma, c) Penta-Prisma,
d) Amici-Prisma

1.3.2 Optische Materialien

In der Medizin werden Laser vom Ultravioletten ab 200 nm bis zum Infraroten bei 10 μm verwendet. Dabei spielen unterschiedliche optische Materialien eine entscheidende Rolle (Bild 1.19).

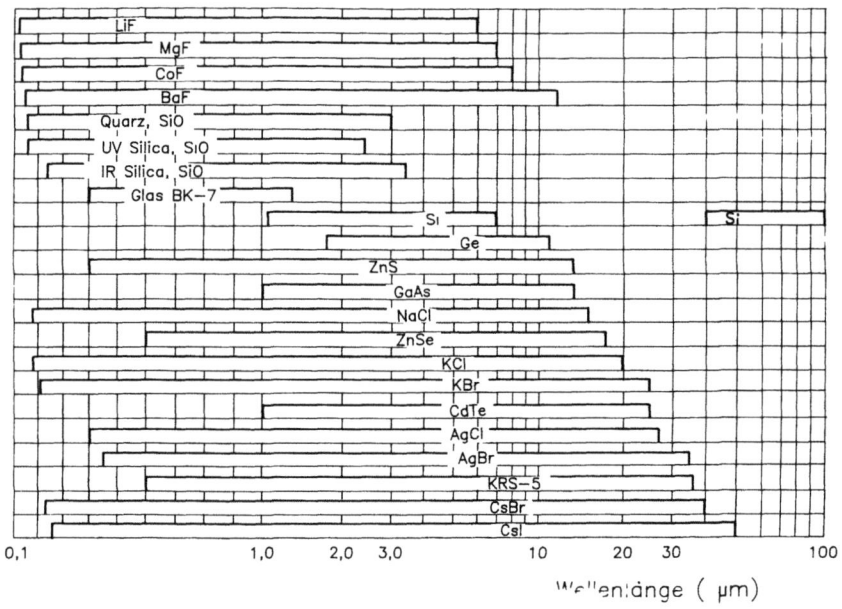

Bild 1.19. Einsatzbereich verschiedener optischer Materialien. Bei den angegebenen Wellenlängen sind die Materialien transparent

Ultravioletter Bereich: Zwischen etwa 200 und 400 nm können in der Medizin hauptsächlich Excimer-Laser oder Nd:YAG-Laser mit Frequenzvervielfachung eingesetzt werden. Für deren Strahlung im nahen Ultravioletten bis zu etwa 300 nm sind viele optische Gläser transparent. Bei kürzeren Wellenlängen müssen Quarz- oder UV-Silikatgläser verwendet werden. Spezielle Anforderungen ergeben sich bei Lichtleitfasern, da hier der Lichtweg im Material mehrere Meter beträgt. Der Absorptionskoeffizient muß in diesem Fall besonders niedrig sein (siehe Abschnitt 1.3.5). Bei Pulslasern kann eine Zerstörung des Materials durch die absorbierte Energie auftreten. Im ultravioletten Bereich liegt die Schwelle für diesen Effekt niedriger als im sichtbaren.

Sichtbarer Bereich: Hier werden zahlreiche Glassorten benutzt, insbesondere Silikatgläser.

Infraroter Bereich: Konventionelle optische Gläser sind in der Regel bis zu einer Wellenlänge von 2 µm transparent. Darüber sind spezielle Materialien nach Bild 1.19 zu verwenden. Das Gebiet zwischen 8 und 12 µm wird 'thermisches Infrarot' genannt, da in diesem Bereich das Maximum der Wärmestrahlung liegt. Wichtig ist die Auswahl der Materialien für die Strahlung des CO_2-Lasers (10,6 µm), wie z.B. Germanium. Werkstoffe für die Infrarot-Optik sind meist undurchsichtig für das Auge und oft hygroskopisch.

1.3.3 Schichten und Filter

Laserspiegel

Spiegel aus Metallschichten werden in der Lasertechnik selten benutzt, weil ihr Reflexionsgrad nicht sehr hoch ist (Tabelle 1.1). Die

Tabelle 1.1.   Reflexionsgrad von Metallen bei verschiedenen Wellenlängen

	R (%)		
λ (m)	Al	Ag	Au
0,22	91,5	28,0	27,5
0,30	92,3	17,6	37,7
0,40	92,4	95,6	38,7
0,55	91,5	98,3	81,7
1,0	94,0	99,4	98,6
5,0	98,4	99,5	99,4
10,0	98,7	99,5	99,4

Absorption von einigen Prozenten ist für viele Anwendungen zu hoch, da sie zur Erwärmung und somit zur Zerstörung der Spiegelschichten führt. Der Vorteil dielektrischer Vielschichtenspiegel liegt darin, daß der Reflexionsgrad beliebig variiert werden kann (bis ca. 99,9%) und die Absorption meist vernachlässigbar ist. Ein dielektrischer Spiegel besteht aus abwechselnd hoch und niedrig brechenden, transparenten Schichten der Dicke $\lambda/4n$, die auf ein Substrat aufgedampft sind (Bild 1.20) /1.3/. Konstruktive Überlagerung der an den Grenzflächen reflektierten Lichtwellen führt bei großer Schichtzahl zu hohen Reflexionsgraden. Dabei ist zu beachten, daß bei der Reflexion am dichteren Medium ein Phasensprung von π auftritt, der zu einer Verschiebung der Welle um $\lambda/2$ führt. Da die Schichtdicken der Laserwellenlänge angepaßt werden, ist der Spiegel nur im Bereich der angegebenen Wellenlänge einsetzbar.

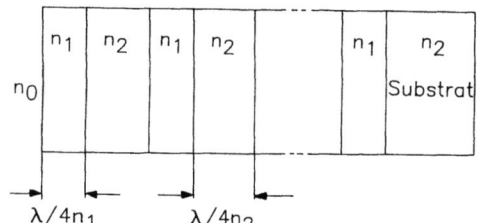

Bild 1.20. Aufbau eines Laserspiegels

Ähnlich wie die Laserspiegel können Strahlteiler aufgebaut sein, die schräg - meist unter 45° - in den Strahl gestellt werden. Dabei muß die Schichtdicke dem Reflexionswinkel und der Wellenlänge angepaßt sein.

Reflexmindernde Schichten

Jede Grenzfläche Glas-Luft reflektiert bei senkrechtem Strahl etwa 4% des Lichtes. Bei einer Linse führt dies zu 8% Lichtverlust. Man kann durch Beschichtung der Grenzfläche eine erhebliche Verminderung der Reflexion erreichen. Im einfachsten Fall wird das Glas (n = 1,5) mit MgF 2 (n_s = 1,38) in einer Dicke von $\lambda/4n_s$ bedampft. Im Gegensatz zum Laserspiegel nimmt bei dieser Anwendung der Brechungsindex von Luft, Schicht, Glas jeweils ab. Ein Phasensprung findet nicht statt, so daß sich die reflektierten Wellen auslöschen. Tritt das Licht in umgekehrter Richtung, d.h. aus dem Glas an die Luft, so nimmt der Brechungsindex jeweils zu. An jeder Grenzfläche tritt nun ein Phasensprung um π auf. Da hiervon beide reflektierten Wellen betroffen sind, ändert sich nichts an der destruktiven Interferenz. Einfachschichten bewirken eine Verminderung der Reflexion auf etwa 1,5 %. Durch mehrfache Beschichtung kann der Wert in den Promille-Bereich verringert werden. In der Lasermedizin sind in der Regel nahezu alle optischen Bauelemente außer Lichtleitfasern mit derartigen Schichten versehen. Die Entspiegelung tritt dabei meist nur für die angegebene Laserwellenlänge auf. Allgemeine optische Geräte, wie Operationsmikroskope, Endoskope, Photoobjektive, sind jedoch breitbandig entspiegelt.

Filter

Interferenzfilter: Auf eine Trägerglasplatte der Dicke d werden zwei reflektierende Schichten aufgedampft. Die Wellenlänge mit maximaler Transmission ist gegeben durch:

$$m \lambda / 2 = d\, n. \qquad (1.24)$$

Dabei ist n der Brechungsindex des Glases und m = 1,2,3,... usw.. Störende Durchlaßbereiche können durch Kombination mit Absorptionsfiltern beseitigt werden. Interferenzfilter sind äußerst schmalbandig (Bild 1.21). Beispielsweise beträgt bei einer Wellenlänge von 512 nm die Halbwertsbreite etwa 10 nm.

Absorptionsfilter: Zum Schutz vor Laserstrahlung, z.B. in Brillen, werden verschiedene Absorptionsfilter verwendet, die in Bild 1.21 aufgeführt sind.

Etalon
Zur Analyse der Laserstrahlung und zur Frequenzselektion werden Etalons nach Fabry-Perot eingesetzt (Bild 1.14). Es handelt sich um einen planparallelen verspiegelten Resonator, der bestimmte Wellenlängen schmalbandig hindurchläßt.

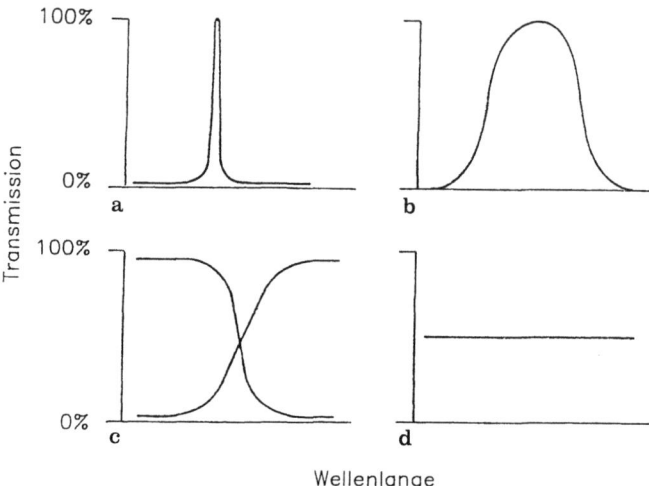

Bild 1.21. Transmission verschiedener Filtertypen: a) Interferenzfilter, b) Bandpaß-Filter (z.B. Schutzfilter für einen Laser im Sichtbaren), c) Kantenfilter (z.B. Schutzfilter für UV- oder IR-Laser), d) Neutralfilter

1.3.4 Modulatoren

Mechanische Modulatoren

Die einfachste Art der Modulation besteht darin, den Laserstrahl mechanisch zu unterbrechen. Zur periodischen Modulation werden rotierende Scheiben mit Schlitzen oder schwingende, stimmgabelähnliche Systeme benutzt. Dabei sind Frequenzen bis zu einigen kHz möglich. Anwendung findet dieses Verfahren beispielsweise beim Einsatz von Lasern zur Biostimulation.

Strahlablenker

In der Medizin werden für die großflächige Bestrahlung bei der Biostimulation elektromechanische Strahlablenker oder 'Scanner' verwendet. Dabei wird ein kleiner Spiegel auf der Achse eines Ankers befestigt (Galvanometer-Scanner). Im einfachsten Fall schwingt der

Anker bei fester Frequenz im kHz-Bereich in einem Wechselfeld. Mit einem Element kann nur eine strichförmige Ablenkung erzielt werden. Um eine Fläche zu 'scannen', sind zwei um 90^0 versetzte Elemente erforderlich.

Elektrooptische Modulatoren

Diese Bauelemente arbeiten mit dem Pockels-Effekt. Dabei ändert sich unter dem Einfluß eines elektrischen Feldes die Doppelbrechung in Kristallen. Es treten für eine Ausbreitungsrichtung im Kristall zwei senkrechte Polarisationen auf, für die sich die Lichtgeschwindigkeiten und damit die Brechungsindizes unterscheiden. Der Unterschied im Brechungsindex Δn ist proportional zur Feldstärke E (linearer elektrooptischer Effekt):

$$\Delta n = r E = r U/d. \qquad (1.25)$$

Dabei ist r eine Materialkonstante, U die am Kristall angelegte Spannung und d der Elektrodenabstand.

Bei der Pockels-Zelle wird das Licht mit einer Polarisationsrichtung eingestrahlt, die unter 45^0 gegen die beiden Hauptpolarisationsrichtungen geneigt ist. Nach dem Durchlaufen des Kristalls haben die beiden Wellen unterschiedliche Phasen. Sie setzen sich im allgemeinen zu einer elliptisch polarisierten Welle zusammen. Im Fall von $d/\Delta n = \lambda/4$ erhält man zirkular polarisiertes Licht. Wenn $d/\Delta n = \lambda/2$ ist, entsteht eine lineare Polarisation, die um 90^0 zur ursprünglichen Richtung gedreht ist. Man bringt die Pockels-Zelle zwischen zwei gekreuzte Polarisatoren und kann somit durch Anlegen einer Spannung die Transmission variieren. Bei medizinischen Lasern wird die Pockels-Zelle als Q-switch benutzt. Man unterscheidet longitudinale und transversale Zellen, je nachdem wie das elektrische Feld anliegt. Die typische Spannung zur Erzeugung eines Gangunterschiedes von $\lambda/2$ mißt 4 kV im Roten und 6 kV im Infraroten für den häufig benutzten Kristall KDP; $LiNbO_3$-Kristalle benötigen eine etwas geringere Spannung.

Akustooptische Modulatoren

Ultraschallwellen verursachen eine periodische Schwankung der Dichte und damit des Brechungsindexes in optischen Materialien. Damit wird im Modulator ein sogenanntes 'Phasengitter' erzeugt, welches das Licht beugt. Dieser Effekt kann zur Modulation und Ablenkung des Lichtes führen.

1.3.5 Optische Fasern

Apertur

Zum Transport des Laserstrahls werden in der Regel optische Fasern verwendet. Bild 1.22 zeigt, daß ihre Funktion auf der Totalreflexion beruht. Der Faserkern besteht meist aus Quarzglas mit einem relativ hohen Brechungsindex: n_1 = 1,6. Dieser Kern ist mit einem Material mit geringerem Brechungsindex n_2 ummantelt, z.B. Plastik oder einem Glas. Aus dem Grenzwinkel für Totalreflexion kann man nach Bild 1.22 den maximal zulässigen Eintrittswinkel ε berechnen. Den Ausdruck sin ε nennt man 'numerische Apertur'. Man erhält:

$$\sin \varepsilon = (n_1^2 - n_2^2)^{1/2}. \qquad (1.26)$$

Typische Werte für Quarzfasern sind sin ε = 0,4 für eine Ummantelung aus Kunststoff und sin ε = 0,2 für einen Mantel aus Quarzglas mit etwas kleinerem Brechungsindex als der Kern.

Für den Strahltransport in der Medizin werden Fasern mit Kerndurchmessern zwischen 0,1 und 1 mm eingesetzt. Im Gegensatz zur Nachrichtentechnik handelt es sich um Multimodefasern. Man unterscheidet zwei Typen: Stufenindexfasern nach Bild 1.22 und Gradientenfasern. Bei den letzteren ändert sich der Brechungsindex zwischen Kern und Mantel kontinuierlich.

Die Fasern sind sehr flexibel, und der maximale Krümmungsradius liegt je nach Faserdurchmesser im cm- bis mm-Bereich. Allerdings

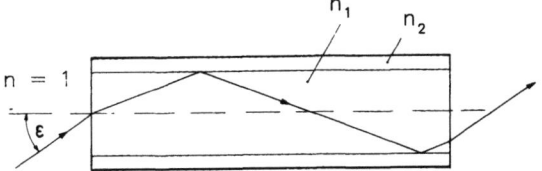

Bild 1.22. Strahlengang in einer Lichtleitfaser

verringert sich bei Krümmung der Faser die numerische Apertur nach folgender Gleichung:

$$\sin \varepsilon = (n_1^2 - n_2^2(1 + D/2r)^2)^{1/2}, \qquad (1.27)$$

wobei D den Faserdurchmesser und r den Krümmungsradius bedeuten.

Einkoppelung

In der Regel ist der Durchmesser des Laserstrahls größer als der des Faserkerns. Zur Einkoppelung der Strahlung wird daher der Strahldurchmesser durch eine Linse mit langer Brennweite verkleinert. Dabei sollte der Brennpunkt vor der Faseroberfläche liegen, damit hohe Leistungsdichten in der Faser vermieden werden. Aus dem gleichen Grund wählt man den Strahldurchmesser an der Einkoppelstelle nur wenig kleiner als den Kerndurchmesser. Hat der Laserstrahl, wie z.B. bei Excimer-Lasern, einen rechteckigen Querschnitt, so wird er vor der Einkoppelung durch eine kreisrunde Blende geschickt. Die Faser muß in einem justierbaren Halter angebracht sein, so daß Strahl und Faserkern genau angepaßt werden können.

Um ein schnelles Austauschen von Fasersystemen zu ermöglichen, werden Faser und Einkoppellinse in einer Halterung untergebracht, die eine sehr genaue Führung hat. Das Führungsstück wird beim Wechseln in das entsprechende Gegenstück am Laser eingerastet. Ein Lichtleitersystem ist in Bild 1.23 dargestellt.

Von Bedeutung ist die Ausführung des distalen Endes der Faser. Bild 3.11 zeigt ein Exemplar, das für flexible Endoskope benutzt werden kann. Die Faser wird am Ende von dem Kunststoffmantel befreit und

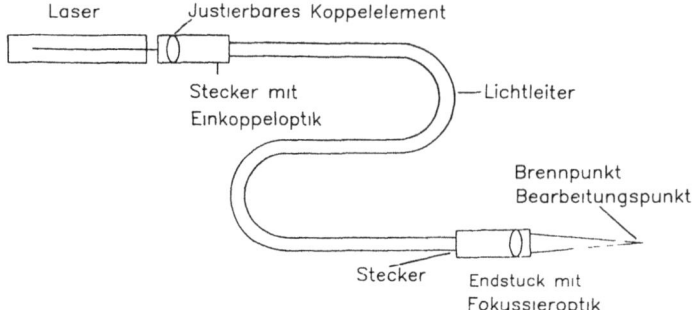

Bild 1.23. Lichtleitersystem für medizinische Anwendungen

in ein Endstück eingeschoben. Das System ist für Leistungen im Dauerstrich bis zu 100 W vorgesehen, wobei eine Kühlung mit einem CO_2-Gasstrom erfolgen kann. Durch den Gasstrom wird zusätzlich die Endfläche etwas geschützt und gesäubert. Die Anordnung hat einen Durchmesser von etwa 2,5 mm und kann in einen Arbeitskanal des Endoskops eingeschoben werden. Bei starren Endoskopen mit kleinem Durchmesser wird meist die Faser ohne zusätzliches Schutzsystem verwendet.

Der Divergenzwinkel, mit welchem der Strahl aus der Faser tritt, ist bei guter Einkoppelung kleiner als die Werte der numerischen Apertur. Für den He-Ne-Laser erhält man bei einer typischen Quarzfaser einen Winkel von $\pm 5°$. Bei schräger Einkoppelung kann der austretende Strahl auch eine ringförmige Struktur aufweisen.

Für den Einsatz in der Dermatologie und anderen medizinischen Bereichen wird das distale Ende als Handstück ausgebildet, das etwa die Form eines Bleistiftes hat. Dabei wird der Strahl durch eine Linse fokussiert. Die minimale Fokusgröße wird durch den Durchmesser des Faserkerns und die verwendete Optik gegeben.

Transmission

Die Transmission verschiedener Fasern vom Ultravioletten bis ins Infrarote ist in Bild 1.24 veranschaulicht. Im ultravioletten Bereich können spezielle Quarzfasern mit einem Quarzmantel benutzt werden

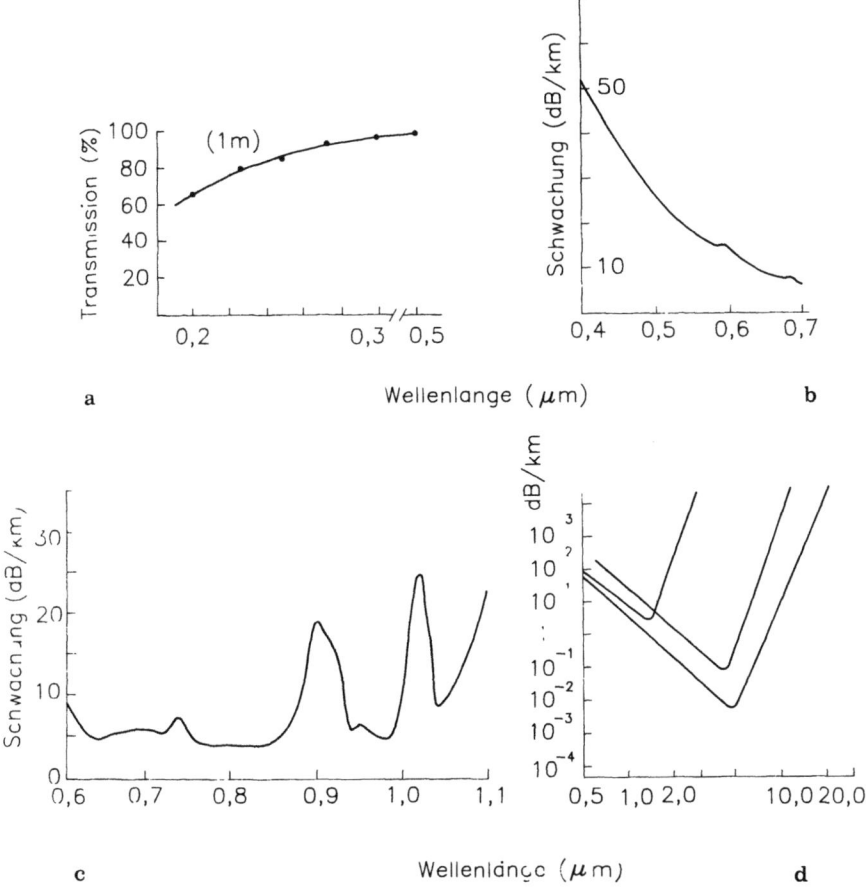

Bild 1.24. Optisches Verhalten verschiedener Fasern:
  a) Transmission einer UV-Quarzfaser (Fiberguide Industries, Superguide G-UV)
  b) Dämpfung einer Quarzfaser im sichtbaren Spektralbereich (Quarz et Silice, QSF-300 W)
  c) Dämpfung einer Quarzfaser im nahen Infrarot (Quarz et Silice, PCS-1000)
  d) Schematisches Verhalten von verschiedenen Fasertypen im infraroten Bereich

(Bild 1.24a). Das gleiche gilt für den sichtbaren und nahen infraroten Bereich (Bild 1.24b und c), wobei je nach Gebrauchszweck unterschiedliche Quarzgläser zur Verfügung stehen. Hier ist eine Kunststoffummantelung möglich. Problematisch und teuer werden die Fasern im mittleren infraroten Bereich für den Erbium- und den CO_2-Laser, da Quarzgläser nicht mehr in Frage kommen. Dagegen können kristalline Halogenide (crystalline halides) und 'chalcogenide glass' verwendet werden. Das typische Verhalten ist in Bild 1.24c gezeigt, wobei es eine Vielzahl von Varianten gibt. Beispiele sind ZrF_4 für den Erbium-Laser und kristalline Halogenid-Fasern ($AgCl_x B_{1-x}$) für den CO_2-Laser /1.10-1.11/, die sich allerdings erst in der Experimentierphase befinden.

Dämpfung

An dieser Stelle soll der Begriff 'Dämpfung' einer Faser erläutert werden. Dabei wird die Einheit dB (= Dezibel) benutzt. Es gilt:

$$\text{Dämpfung D in dB} = 10 \log P_0/P, \qquad (1.28a)$$

wobei P_0 die Eingangs- und P die Ausgangsleistung ist.

Beispielsweise bedeuten 10 dB (20 dB), daß $P_0 = 10 P$ ($P_0 = 100 P$) ist. Oft wird die Dämpfung für 1 km Länge angegeben. Um Werte für 1 m zu erhalten, muß die dB-Angabe (z.B. Bild 1.24) durch 1000 dividiert werden. Die Transmission P/P_0 kann aus der Dämpfung D wie folgt berechnet werden:

$$P/P_0 = 10^{-D/10}. \qquad (1.28b)$$

Beispielsweise besitzt eine Faser mit 1 dB eine Transmission von 79%.

Endflächen

Für gepulste Laser, z.B. in der Lithotripsie und der Photoablation, ist die Zerstörschwelle der Fasern von Bedeutung. Besonders gefährdet ist die Oberfläche an der Eintrittsstelle. Eine Übersicht über die Energiedichte, die zu einer Zerstörung einer Quarzfaser führt, liefert Bild 1.25 für Pulsdauern bis 10 ns /1.12/. Zur Übertragung hoher Pulsenergien sollten Fasern mit großem Querschnitt bei voller Ausleuchtung verwendet werden.

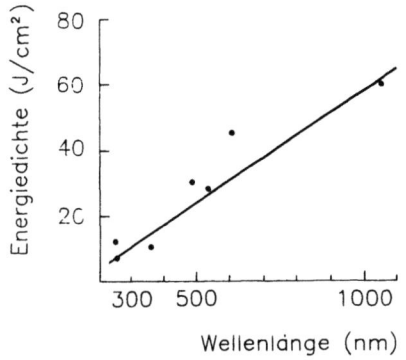

Bild 1.25. Energiedichten zur Zerstörung der Faseroberfläche einer Quarzfaser für Pulsdauern bis 10 ns

Von praktischer Bedeutung ist die Bearbeitung der Endflächen der Fasern. Dazu kann folgendes Verfahren für Quarzfasern empfohlen werden: die Faser wird nach Befreiung von dem Mantel aus Kunststoff angeritzt und gebrochen. Danach erfolgt ein Läppen mit Aluminiumoxid (+ Wasser) zunächst mit 15-µm- und später mit 9-µm-Korn. Dazu kann eine kleine Drehscheibe aus Grauguß verwendet werden, die sich weniger abnutzt als Messing. Anschließend wird poliert. Dabei werden Poliertücher auf eine weitere Drehscheibe geklebt und ein Poliermittel mit einer Korngröße von 0,3 bis 1 µm benutzt (z. B. Microgrit WCA).

Im klinischen Einsatz treten häufig Mängel am distalen Ende des Lichtleiters auf. Zum einen kann Verschmutzung die Laserstrahlung absorbieren, was bei hohen Leistungen zu einer thermischen Zerstörung der Oberfläche führt. Zum anderen kann beim Einführen in das Endoskop leicht eine mechanische Beschädigung erfolgen. Daher sollte das Faserende durch eine Kappe geschützt werden.

Fasersysteme für die Beleuchtung mit konventionellen Lichtquellen bestehen meist aus Faserbündeln. Diese Systeme sind zusammen mit der Lichtquelle kommerziell in vielfältiger Form erhältlich.

1.4 Optische medizinische Geräte

In diesem Abschnitt soll eine kurze Übersicht über Geräte der medizinischen Optik gegeben werden, die nicht speziell für Laseranwendungen konzipiert wurden, aber im Rahmen der Lasertherapie eingesetzt werden. Es handelt sich insbesondere um Operationsmikroskope, Endoskope und ophthalmologische Geräte. In einigen Fällen wurden die Instrumente für eine Laserapplikation modifiziert (siehe Kapitel 3).

1.4.1 Operationsmikroskope

Aufbau

Ein Operationsmikroskop ist ein spezielles System mit einer Vergrößerung zwischen etwa 4 und 30X /1.13/. Es unterscheidet sich im Aufbau, der im Prinzip in Bild 1.26 dargestellt ist, erheblich von ei-

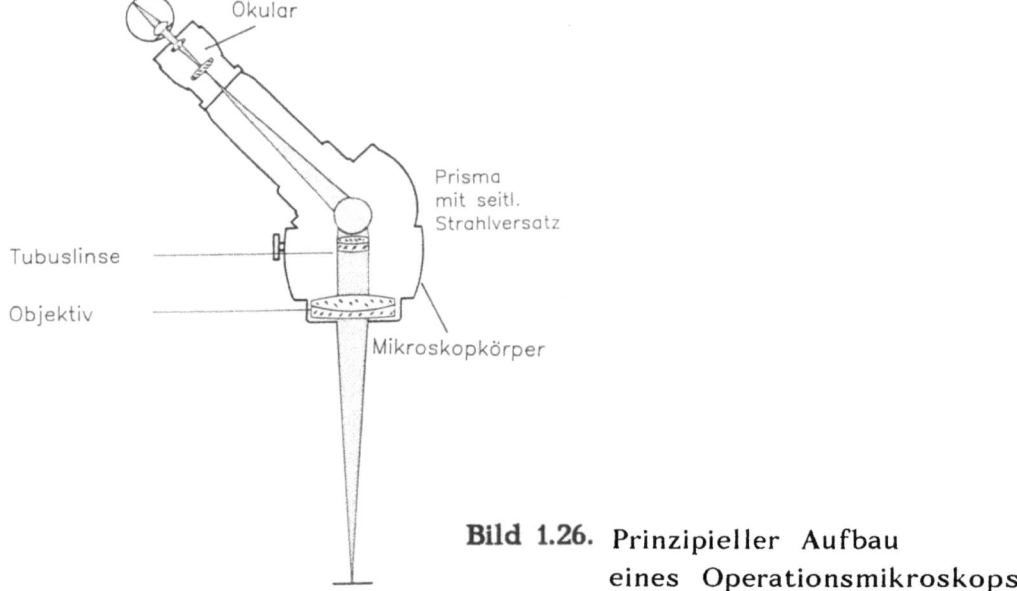

Bild 1.26. Prinzipieller Aufbau eines Operationsmikroskops

nem üblichen Mikroskop. Der Arbeitsabstand, d.h. die Entfernung vom Objektiv zum Objekt, liegt zwischen 150 und 400 mm. Das Objekt liegt in der Brennebene des Objektivs, daher ist der Arbeitsabstand gleich der Brennweite des Objektivs. Das Objekt wird somit ins Unendliche abgebildet, und es entsteht hinter dem Objektiv ein paralleler Strahlengang. Mit Hilfe einer Tubuslinse, die im Okulartubus untergebracht ist, wird ein reelles Zwischenbild erzeugt. Dieses wird mittels eines Okulars vergrößert, das wie eine Lupe wirkt.

Es ist üblich, in dem parallelen Strahlengang zwischen Okular und Tubuslinse einen Vergrößerungswechsler anzuordnen. Im einfachsten Fall besteht er aus einem Galilei-Fernrohr (Bild 1.27). Es kann in

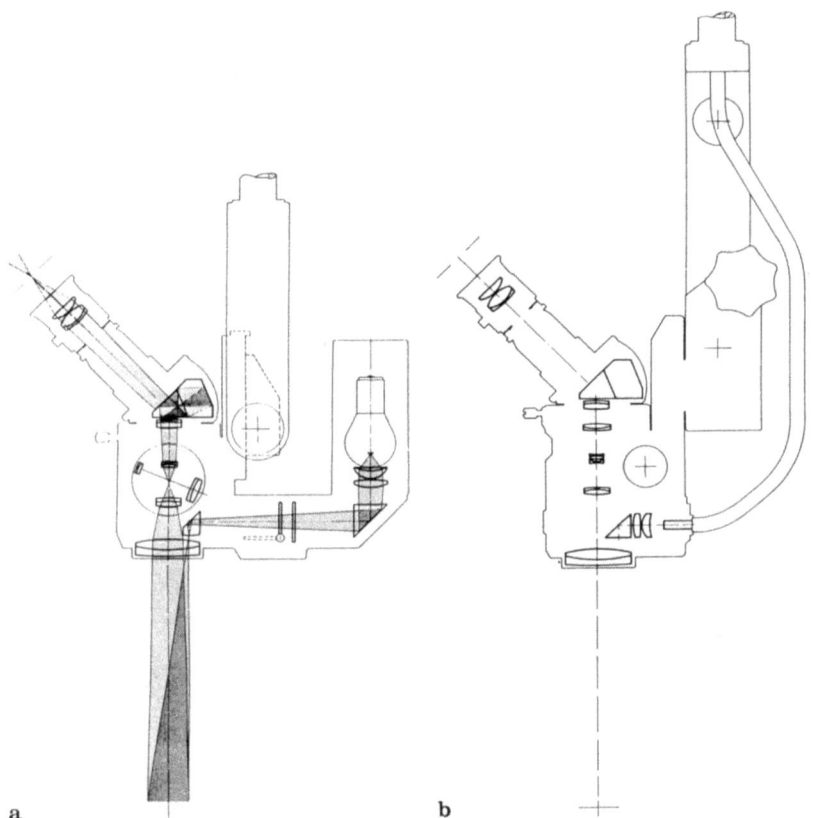

Bild 1.27. Detaillierter Aufbau eines Operationsmikroskops
    a) Beleuchtung mit einer Lichtquelle
    b) faseroptische Beleuchtung

zwei Richtungen eingeschwenkt werden, so daß mit einem System eine Vergrößerung und eine Verkleinerung (= Reziprokwert) möglich sind. Meist sind zwei drehbare Fernrohrsysteme vorhanden, so daß sich fünf verschiedene Möglichkeiten ergeben (zwei für jedes Fernrohr und eine ohne Fernrohr). Üblich sind folgende fünf Vergrößerungswerte: Γ = 0,4, 0,6, 1, 1,6 und 2,5. In etwas teurere Geräten sind Zoom-Objektive eingebaut, die eine kontinuierliche Änderung der Vergrößerung zwischen Γ = 0,4 und 2,5 erlauben.

Es handelt sich bei Operationsmikroskopen um Stereomikroskope, deren Strahlengänge für das rechte und das linke Auge getrennt verlaufen. Das Objektiv hat einen relativ großen Durchmesser, so daß verschiedene Bereiche (mit kreisförmigem Querschnitt) für beide Strahlengänge benutzt werden. Zwischen diesen Bereichen ist noch genügend freie Fläche, um eine Beleuchtung durch kleine Prismen einzuspiegeln (Bild 1.27).

Vergrößerung und Gesichtsfeld

Operationsmikroskope sind modular aufgebaut. Im Handel sind dafür Objektive mit Brennweiten zwischen f_o = 150 bis 400 mm erhältlich, sie können untereinander ausgetauscht werden. Die Tubuslinse ist im auswechselbaren Okulartubus eingebaut, sie besitzt Brennweiten von f_t = 125 oder 160 mm. Die Vergrößerungen der Okulare betragen V_E = 10X, 12,5X, 16X oder 20X. Die gesamte Vergrößerung V_M eines Operationsmikroskops läßt sich einfach berechnen:

$$V_M = V_E\, f_t / f_o. \qquad (1.29)$$

Von Bedeutung ist auch der Durchmesser des Gesichtsfeldes S_M:

$$S_M = 200 \text{ mm} / V_M, \qquad (1.30)$$

wobei 200 eine Instrumentenkonstante ist.

Zubehör

Der parallele Strahlengang zwischen Objektiv und Tubuslinse erlaubt das Einbringen eines Strahlteilers, so daß Photoapparate oder ein Tubus für Mitarbeiter angekoppelt werden können. Die Beleuchtung kann nach Bild 1.27 mit Glühlampen (55 000 lux), Faseroptik (135 000 lux) oder Halogenlampen (180 000 lux) erfolgen. Diese Werte beziehen sich auf f_o = 200 mm, sie verringern sich mit zunehmender Brennweite. Für die Operationsmikroskope ist ein äußerst variables Zubehör lieferbar /1.13/.

Große praktische Bedeutung für die Operationsmikroskope haben Stative, die auch bei der medizinischen Laseranwendung benutzt werden können. Es gibt Boden- und Deckenstative, die eine hohe Beweglichkeit der Mikroskope gestatten.

1.4.2 Starre Endoskope

Aufbau

Endoskope sind von großer Wichtigkeit für den medizinischen Einsatz des Lasers, so daß der technische Aufbau dieser Geräte hier beschrieben werden soll /1.14/. Starre Endoskope haben einen Durchmesser zwischen etwa 2 und 12 mm. Der Strahlengang ist in Bild 1.28 skizziert. Der Gegenstand wird durch das Objektiv verkleinert und umgekehrt abgebildet. Damit dieses Zwischenbild betrachtet werden kann, muß es durch das dünne Rohr des Endoskops transportiert werden. Dies wird durch mehrfache 1:1-Abbildungen erreicht, die jeweils durch ein kleines Objektiv und eine Feldlinse erzeugt werden. Das Objektiv ist dabei hauptsächlich für die Abbildung verantwortlich. Die Feldlinse vergrößert das Gesichtsfeld etwas und sorgt für eine gleichmäßige Ausleuchtung, indem sie das Anstoßen der Randstrahlen an die Rohrwandung verhindert. Damit beim Endoskop keine Bildumkehr auftritt, muß die Zahl der Abbildungen ungerade sein. Das letzte Zwischenbild wird mit einem Okular betrachtet, das als Lupe wirkt.

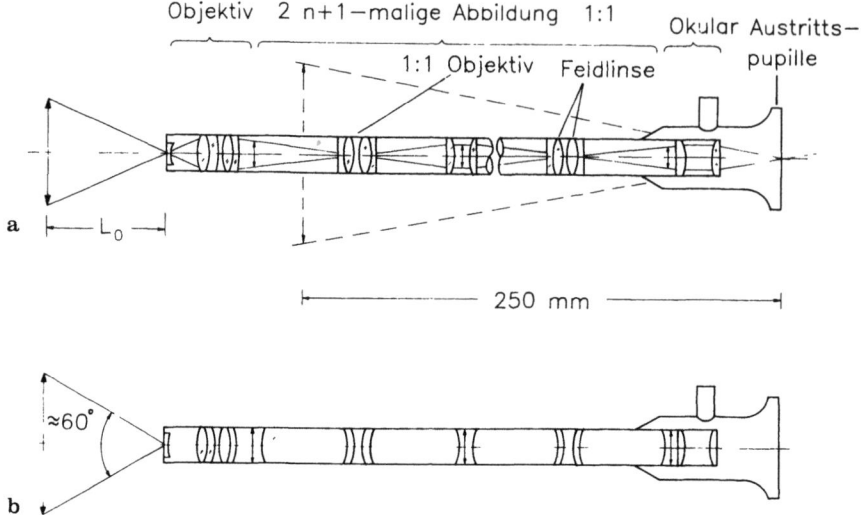

Bild 1.28. Aufbau starrer Endoskope: a) Linsenoptik
b) Staboptik

Vergrößerung

Normalerweise kann das menschliche Auge am schärfsten in der deutlichen Sehweite von 250 mm sehen. Daher wird die Vergrößerung V_E für den Fall angegeben, in dem ein virtuelles Bild 250 mm vor dem Auge erzeugt wird (Bild 1.28a). Der Objektabstand ist dann gleich L_0. Ein Endoskop wird somit durch die Vergrößerung V_E und den Objektabstand L_0 gekennzeichnet.

Das Endoskop ist so aufgebaut, daß auch andere Objektabstände L eine scharfe Abbildung ergeben. Wird $L > L_0$, ist auch der Abstand des virtuellen Bildes vom Auge größer als 250 mm. Das Auge muß dann anders akkommodieren, um auch diese Objektebene scharf zu sehen. Allerdings wird die Vergrößerung V in diesem Fall kleiner. Es gilt:

$$V = V_0 L_0 / L. \qquad (1.31)$$

Für Objektabstände $L < L_0$ liegt das virtuelle Bild näher als 250 mm vor dem Auge. Dabei kann die Grenze der Akkomodation erreicht werden, so daß bei kurzen Abständen unscharfe Bilder gesehen werden. Die Endoskope verfügen aus praktischen Gründen nicht über eine Verstellmöglichkeit für das Objektiv oder Okular. Gerätehersteller geben in der Regel weder die Vergrößerung V_E noch L_o an. Die Endoskope tragen vielmehr verschiedene Spezialnamen, die den Einsatzbereich für den Arzt spezifizieren. Ausgewiesen werden der Durchmesser und die Länge des Endoskops.

Optik

Eine modernere Konstruktion eines Endoskops mit Staboptik zeigt Bild 1.28b. Die Fokussierung erfolgt hier durch 'Luftlinsen', d.h. die Räume zwischen den Linsen sind mit Glas ausgefüllt. Die Funktion von Glas und Luft sind gegenüber normalen Endoskopen vertauscht. Dies führt zu einer Apertur, die um den Faktor n größer ist, wobei n = 1,5 bis 1,6 der Brechungsindex des Glases ist. Die transportierte Lichtmenge und damit die Helligkeit liegen um n^2 = 2,25 bis 2,56 höher. Weiterhin ergeben sich bei der Staboptik Vereinfachungen in der Montage der Systeme, wodurch eine dünnere Wandung möglich wird. Da die Lichtstärke mit der 4. Potenz des inneren Radius' wächst, erzielt man insgesamt eine Verbesserung der Helligkeit um nahezu den Faktor 9 bei gleichem äußeren Durchmesser. Dies kann zur Konstruktion dünnerer Endoskope genutzt werden. Weiterhin ist der Gesichtsfeldwinkel bei der Staboptik größer, ein typischer Wert liegt bei etwa $60°$.

Oft möchte der Arzt seitlich zur optischen Achse beobachten. Dafür stehen $30°$-, $70°$- oder $90°$-Optiken zur Verfügung, die den Strahleingang um den angegebenen Winkel abknicken. Bei modernen Endoskopen wird die Beleuchtung des Objekts meist mit einem Fasersystem erzielt, das in den Endoskopkörper integriert ist (Bild 1.29). Die Verbindung zu den speziellen Lichtquellen wird durch ein gebündeltes Faserkabel ermöglicht, welches an das Endoskop angekoppelt wird.

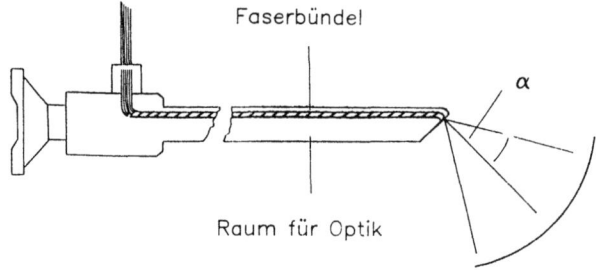

Bild 1.29. Faseroptische Anordnung zur Beleuchtung des Gesichtsfeldes für ein starres Endoskop

Zubehör

Zu jedem Endoskop gehört ein passender Außenschaft, in den das Endoskop eingeführt werden kann. Am Schaft befindet sich oft ein Hahn zur Aspiration. Die Schäfte werden hauptsächlich in der Urologie in Charriere oder French angegeben, wobei 1 mm = 3 Charr = 3 French entsprechen. Weiterhin gibt es passende Trokare, die das Einstechen von Endoskop-Systemen in Körperhöhlen ermöglichen. Ein komplettes System wird in Abschnitt 3.4.1 erläutert.

Für die Endoskope ist umfangreiches Zubehör erhältlich, wie Zangen, Schlingen, fotografische Einrichtungen usw.. Je nach Anwendungsgebiet existieren für die einzelnen Endoskoptypen Fachtermini, die hier als Hilfe für den Nicht-Mediziner alphabetisch aufgeführt werden sollen: Amnioskop (Inspektion der Fruchtblase), Arthroskop (Gelenke), Bronchoskop (Luftwege), Choledochoskop (Leber), Cystoskop (Harnblase), Ösophagoskop (Speiseröhre), Fetoskop (Beobachtung von Feten), Hysteroskop (Gebärmutter), Kolonoskop (Dickdarm), Laparoskop (Bauchhöhle), Laryngoskop (Kehlkopf), Mediastinoskop (Lungendiagnostik), Nephroskop (Niere), Pelviskop (Becken), Proktoskop (Enddarm), Rektoskop (Darm), Thoracoskop (Brustraum).

1.4.3 Flexible Endoskope

Mit Hilfe von faseroptischen Systemen ist die Konstruktion flexibler Endoskope möglich. Bild 1.30 veranschaulicht das Prinzip. Die Funktionen von Objektiv und Okular sind die gleichen wie beim starren Endoskop. Dagegen wird der Transport des Zwischenbildes im Abbildungsmaßstab 1:1 vom Objektiv zum Okular durch ein kohärentes, d.h. geordnetes, Faserbündel erzielt. Das Bild wird damit in Bildpunkte zerlegt, wobei jeder Punkt durch eine Faser transportiert wird. Die Bündel bestehen aus 20000 Fasern und mehr, wodurch die Zahl der Bildpunkte gegeben ist. Die Auflösung beträgt etwa 70 Linien/mm. Besonders deutlich ist der Bildaufbau durch Punkte bei Endoskopen mit geringem Durchmesser sichtbar, da hier die Gesamtzahl der Bildpunkte niedrig ist. Zum Vergleich sei erwähnt, daß ein normaler Farbfernsehschirm etwa 300 000 Bildpunkte enthält.

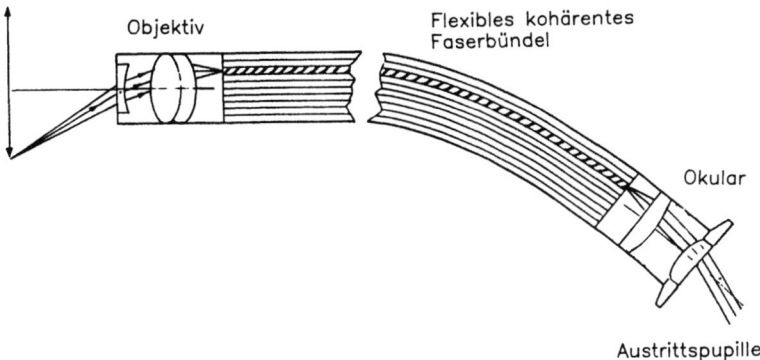

Bild 1.30. Schematischer Aufbau eines flexiblen Endoskops oder Fiberskops

Den Aufbau eines Endoskop-Schlauches, der einen Durchmesser zwischen 8 und 15 mm hat, verdeutlicht Bild 1.31. Neben dem kohärenten Lichtleiter-Bündel zur Abbildung sind noch weitere Faserbündel zur Beleuchtung und Arbeitskanäle vorhanden. Es handelt sich um Biopsie-Kanäle oder Kanäle für die Zufuhr von Luft oder Wasser. Ein Kanal kann dazu verwendet werden, das Objekt bei Verschmutzung frei zu spülen. Weiterhin sind noch vier Bowden-Züge vorhan-

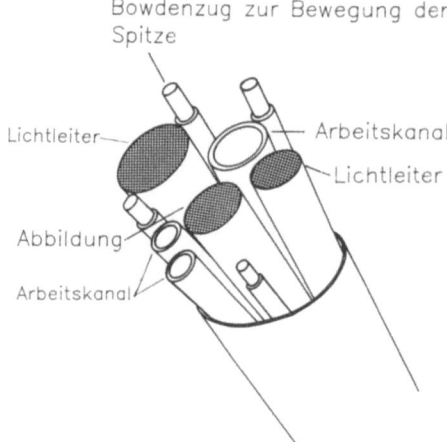

Bild 1.31. Flexibles Endoskop

den. Mit diesen kann die Spitze des Endoskops in beliebige Richtungen manövriert werden. Für die Bewegung sind zwei Handräder in der Nähe des Okulars montiert. In einen der Arbeitskanäle kann für chirurgische Eingriffe auch die Faser eines Lasers eingebracht werden.

1.4.4 Ophthalmologische Geräte

Einleitung

Von allen Geräten, die dem Augenarzt zur Diagnose und Therapie von Augenleiden behilflich sind, ist die Spaltlampe das wichtigste. Insbesondere sind heutige Spaltlampen zu kompletten Diagnoseeinheiten ausgebaut worden, so daß an einem Arbeitsplatz neben der spaltlampenmikroskopischen Inspektion des Auges auch die Messung des intraokularen Drucks und eventuelle Laserkoagulationen durchgeführt werden können. Mit dem Aufkommen der Augenheilkunde entstanden schon Ende letzten Jahrhunderts die ersten monokularen Ophthalmomikroskope. Abbe entwickelte 1881 das erste binokulare Mikroskop, das nur ein Objektiv besaß (Abschnitt 1.4.1). Gullstrand kombinierte 1911 ein solches binokulares Mikroskop mit einer spaltförmigen Beleuchtung, und Comberg (1926) konstruierte Mikroskop und Spaltleuchte so, daß eine gemeinsame Drehachse für beide Geräte vorhanden war, die in der Objektebene des Mikroskops lag. Dieses Prinzip ist bis heute nicht verlassen worden, und so setzt sich die moderne Spaltlampe aus drei Teilen zusammen (Bild 1.32) /1.15/:

- Mikroskop
- Spaltbeleuchtung
- homozentrische mechanische Koppelung dieser beiden Teile.

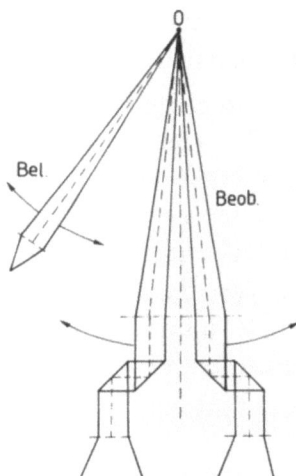

Bild 1.32. Schematische Darstellung einer Spaltlampe

Spaltlampe

Die gebräuchlichste Variante des Mikroskops ist im Aufbau in Abschnitt 1.4.1 beschrieben. Die Gesamtvergrößerung liegt zwischen 6 und 40fach. Der Stereowinkel der beiden Strahlengänge beträgt zwischen 1^0 und 15^0; über drehbare Prismen kann der Augenabstand eingestellt werden.

In die Beobachtungsebene des Stereomikroskops wird ein spaltförmiges Lichtbündel großer Helligkeit fokussiert. Eine hohe Farbtemperatur ist notwendig, um gut durchsichtige Medien, wie Hornhaut, Kammerwasser und Linse, darstellen zu können. Dies geschieht mit Hilfe der Lichtstreuung, wobei zu bedenken ist, daß kurzwelliges Licht stärker gestreut wird und so der blaue Anteil des Lichtes und damit die Farbtemperatur relativ hoch sein sollen. Über ein Kondensorsystem wird ein Spalt variabler Breite und Länge ausgeleuchtet und mittels eines Projektionsobjektivs in die Beobachtungsebene des Spaltlampenmikroskops abgebildet. Das Kondensorsystem soll eine homogene Ausleuchtung des Spaltes gewährleisten. Als Lichtquellen werden Halogenlampen oder Wolfram-Glühbirnen verwendet.

Das Herzstück der Spaltlampe ist die homozentrische Koppelung von Spaltbeleuchtung und Mikroskop. Jede dieser beiden Komponenten muß um eine gleiche Achse, die in der Objektebene des Mikroskops liegt, drehbar sein. Darüberhinaus soll diese Doppeleinheit sowohl in der vertikalen als auch in der horizontalen Richtung frei beweglich sein. Die vertikale Verstellung kann dabei motoriell oder auch manuell mittels eines Schneckengetriebes erfolgen. Die Bewegung in der horizontalen Ebene geschieht mit einem Mikromanipulator. Integraler Teil jeder Spaltlampe ist auch der Kopfhalter, der eine vertikal verstellbare Kinnstütze enthält. Damit kann das zu beobachtende Auge an die richtige Stelle verschoben werden. Mit Hilfe von Zusatzgeräten kann mit der Spaltlampe der intraokulare Druck applanatorisch gemessen werden. Es können Fotografien durchgeführt und mit Hilfe von Kontaktgläsern Augenkammerwinkel und Augenhintergrund mikroskopisch inspiziert werden.

Die Netzhaut- bzw. Iris- oder Kammerwinkelkoagulation mittels Laser verlangt eine Einkoppelung des Laserstrahls in den Beleuchtungs- oder Beobachtungsstrahlengang. Dies kann mit Aufsetzprismen oder Spiegeln geschehen, die über Mikromanipulatoren beweglich sind. Damit kann der Zielstrahl des Lasers im Beobachtungsfeld bewegt und so die jeweilige zu koagulierende Stelle angezielt werden.

Kapitel 1

1.1 Weber, J.; Herziger, G.: Laser-Grundlagen und Anwendungen, Weinheim: Physik-Verlag 1987
1.2 Kneubühl, F.; Sigrist, M.W.: Laser, Stuttgart: Teubner 1988

1.3 Eichler, H.; Salk, J.: Laseroptik und -Elektronik, In: Handbuch der Hochfrequenz- und Elektro-Techniker, Herausgeber: C. Rint, Band 5, Heidelberg: Hüthig 1981
1.4 Eichler, J.; Eichler, H.: Laser, Berlin-Heidelberg: Springer 1990
1.5 Winnacker, A.: Physik von Maser und Laser, Mannheim: BI 1984
1.6 Luxon, J.T.; Parker, D. E.: Industrial Lasers and their applications, New Jersey: Prentice-Hall 1985
1.7 Koechner, W.: Solid-State Laser Engineering, Berlin-Heidelberg: Springer 1987
1.8 Schröder, G.: Technische Optik, Würzburg: Vogel 1986
1.9 Kohlrausch, F.: Praktische Physik 1, Stuttgart: Teubner 1985
1.10 Cal, D.; Katzir, A.: Silver Halide Optical Fibers in Medical Applications, IEEE-J. Quantum Electron. QE-23, (1987) 1827-1835
1.11 Fuller, T.: Mid-Infrared Fiber Optics, Lasers in Surg. and Med. 6, (1986) 399-403
1.12 Prause, L.; Hering, P.: Lichtleiter für gepulste Laser: Transmissionsverhalten, Dämpfung mit Zerstörschwellen, Laser und Optoelektronik 1, (1987) 25-31
1.13 Lang, W.H.; Muchel, F.: Zeiss Microscopes for Microsurgery, Berlin, Heidelberg: Springer 1981
1.14 Berci, G.: Endoscopy, New York: Appleton-Century-Crofts 1976
1.15 Rassow, B.: Ophthalmologisch-optische Instrumente, Stuttgart: Ferdinand Enke Verlag, 1989

2 Eigenschaften verschiedener Lasertypen

In diesem Kapitel werden die wichtigsten Lasertypen, die in der Medizin Verwendung finden, mit ihren physikalischen Eigenschaften wie Wellenlänge, Pulsform, Leistung und ihrem technischen Aufbau vorgestellt /2.1 - 2.10/. Je nach Art des optischen Mediums unterscheidet man Gas-, Festkörper-, Farbstoff- und Halbleiterlaser. Das Spektrum kommerziell vertriebener medizinischer Laser umfaßt den Wellenlängen-Bereich zwischen etwa 200 nm und 10 µm, es erstreckt sich vom Ultravioletten, Sichtbaren bis ins Infrarote. Tabelle 2.1 stellt die im Handel am stärksten vertretenen Laser zusammen; die Mehrzahl von ihnen wird auch in der Biologie und Medizin zumindest in experimentellen Studien eingesetzt. Im klinischen Betrieb haben sich insbesondere folgende Typen durchgesetzt: CO_2-, Nd:YAG-, Ar-, He-Ne-, Metalldampf-, Farbstofflaser und die Laserdiode. Weitere Lasermodelle werden intensiv erprobt und in ihrer medizinischen Wirkung erforscht, z.B. Excimer-, Er:YAG-, CO-Laser u.a..

2.1 Gaslaser

2.1.1 CO_2- Moleküllaser

Anregung

Freie Moleküle in Gasen können Schwingungen und Rotationen ausführen. Die Energien dieser Zustände sind gequantelt. Beim CO_2- oder Kohlendioxid-Laser entsteht die Strahlung durch Übergänge

Tabelle 2.1. Kommerzielle Laser nach Wellenlängen geordnet /2.1/

Wellenlänge (µm)	Lasertyp	Betrieb, mittlere Leistung
0,152	F_2-Excimer	Pulse, einige W
0,192	ArF-Excimer	Pulse, einige W
0,222	KrCl-Excimer	etwas schwächer als ArF-L.
0,248	KrF-Excimer	Pulse, einige 10 W
0,266	Nd-Laser, vervierfacht	Pulse, einige 0,1 W
0,308	XeCl-Excimer	Pulse, einige 10 W
0,325	He-Cd	kont., einige mW
0,337	N_2	Pulse, einige 0,1 W
0,347	Rubinlaser, verdoppelt	Pulse, einige 0,1 W
0,35	Ar^+, Kr^+	kont., 2 W
0,351	XeF-Excimer	Pulse, einige 10 W
0,355	Nd-Laser, dreifach	Pulse, einige 10 W
0,3-1,0	Farbstofflaser	Pulse, einige 10 W
0,4-0,9	Farbstofflaser	kont., einige W
0,442	He-Cd	kont., einige 10 mW
0,45-0,52	Ar^+	kont., mW bis 10 W
0,51	Cu	Pulse, einige 10 W
0,532	Nd-Laser, verdoppelt	Pulse u. kont., einige W
0,543	He-Ne	kont., einige 0,1 mW
0,578	Cu	Pulse, einige 10 W
0,628	Au	Pulse, bis zu 10 W
0,632	He-Ne	kont., bis zu 50 mW
0,647	Kr^+	kont., einige W
0,694	Rubinlaser	Pulse, einige W
0,7-0,8	Alexandrit-Laser	Pulse, einige W
0,75-0,9	GaAlAs-Diodenlaser	kont. u. Pulse, unter 1 W
0,85	Er	Pulse, unter 1 W
1,06	Nd	kont. u. Pulse, bis über 100 W
1,15	He-Ne	kont., mW
1,1-1,6	InGaAsP-Diodenlaser	kont. u. Pulse, mW
1,3	Jod	Pulse
1,32	Nd	kont. u. Pulse, bis einige W
1,4-1,6	Farbzentrenlaser	Pulse, 100 mW
1,52	He-Ne	kont., mW
1,54	Er-Glaslaser	Pulse
1,73	Er	Pulse
2-4	Xe-He	kont., mW
2,06	Ho	Pulse
2,3-3,3	Farbzentrenlaser	kont., mW
2,6-3,0	HF	kont. u. Pulse, bis 100 W
2,7-3,0	Bleisalz-Diodenlaser	kont., mW
3,39	He-Ne	kont., mW
3,6-4	DF	kont. u. Pulse, bis 100 W
5-6	CO	kont., 10 W
9-11	CO_2	kont. u. Pulse, bis kW
10-11	N_2O	kont., 10 W
40-1000	Ferninfrarot-Laser	kont., unter 1 W

zwischen den Schwingungs-Rotationsniveaus der Moleküle. Schwingungstyp und Niveauschema sind in Bild 2.1 skizziert. Die Anregung des oberen Laserniveaus erfolgt durch Elektronenstoß in einer Gasentladung. Die Energiedifferenzen der molekularen Zustände sind gering, dementsprechend liegt die Wellenlänge der Laserstrahlung zwischen 9,4 und 10,4 µm. Der CO_2-Laser kann nach Bild 2.2 zahlreiche

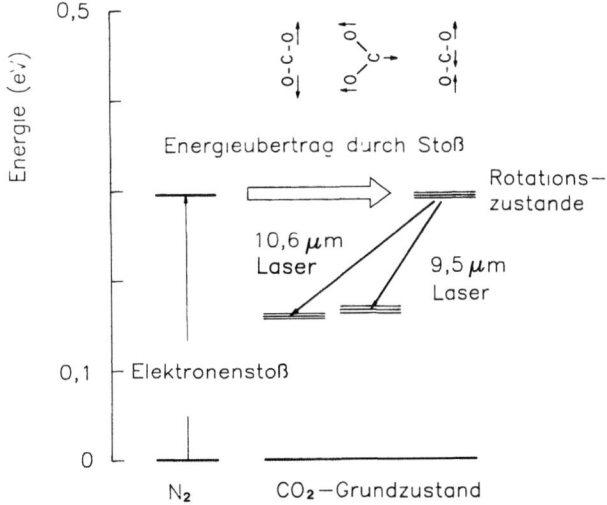

Bild 2.1. Energieniveauschema eines CO_2-Lasers. In einer Gasentladung werden N_2-Moleküle durch Elektronenstoß angeregt. Die Energie wird durch Stöße auf das CO_2-Molekül übertragen. Durch Änderung des Schwingungs-Rotationszustandes wird Energie in Form von Laserstrahlung abgegeben

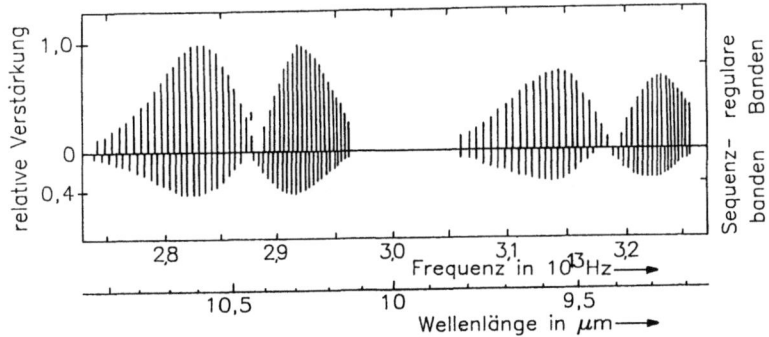

Bild 2.2. Emissionslinien des CO_2-Lasers

Linien im infraroten Spektralbereich emittieren. Für medizinische Anwendungen in der Weichteilchirurgie spielen die unterschiedlichen Wellenlängen keine Rolle. Man nutzt daher bei kommerziellen Geräten der Laserchirurgie die intensivsten Laserlinien um 10,6 µm ohne spezielle Wellenlängenselektion.

Lasertätigkeit mit hohem Wirkungsgrad kann in Gasgemischen mit etwa 10% CO_2, 20% N_2 und 70% He erzielt werden. Dabei dient N_2 zur Energieübertragung durch Stöße an die oberen Laserniveaus der CO_2-Moleküle in der Gasentladung.

Die wichtigsten technischen Bauformen für den medizinischen Einsatz sind: abgeschlossene Laser (sealed-off laser), Wellenleiterlaser (waveguide laser), Laser mit longitudinaler Gasströmung und transversal angeregte Atmosphärendruck-Laser (TEA).

Abgeschlossene Laser

Kontinuierliche Laser in abgeschmolzenen Entladungsrohren sind bis etwa 50 W erhältlich. Sie werden mit einem Fülldruck von 10 bis 25 mbar betrieben. Die Laserleistung wird durch die Erwärmung des Gasgemisches begrenzt, was zur Besetzung des unteren Laserniveaus führt. Weiterhin tritt bei höheren Temperaturen eine Dissoziation der CO_2-Moleküle auf. Die Betriebsdauer abgeschmolzener Rohre ist wesentlich geringer als die von Lasern mit externer Gasversorgung. Manche abgeschlossenen Laser werden als Wellenleiterlaser ausgebildet. Dabei stehen für die Laseranwendungen Leistungen bis zu 30 W zur Verfügung. Die Laserrohre bestehen aus BeO- oder Al_2O_3-Kapillaren von 1 bis 2 mm Durchmesser, die als Wellenleiter für die Laserstrahlung dienen. Der Fülldruck liegt mit 300 mbar relativ hoch. Dieser Lasertyp zeichnet sich durch eine kompakte und preiswerte Bauweise aus, so daß er in der Medizin als handgehaltenes Instrument eingesetzt werden kann. Die Lebensdauer dieses Typs beträgt ca. 3000 Betriebsstunden.

Laser mit Gasströmung

Um eine höherere Leistung zu erbringen, läßt man das Gasgemisch durch den Entladungsraum der Laserröhre strömen. Dadurch werden Erwärmung und Dissoziation herabgesetzt. Lasersysteme höherer Leistung sind deshalb mit einer Gasflasche mit einem CO_2-, N_2-, He-Gemisch und einer Vakuumpumpe ausgerüstet (Bild 2.3). Die Flasche reicht normalerweise für einen Betrieb von etwa 40 Stunden. Die Anregung des Lasers kann durch eine longitudinale Gleichspannungsentladung erfolgen. Mit einem Laser dieses Typs lassen sich kontinuierliche Leistungen von 50 bis 80 W pro Meter Entladungslänge erzeugen, wobei der totale Wirkungsgrad um 10% liegen kann. Bei Leistungen über 100 W kann es sinnvoll werden, den Resonator gemäß Bild 2.3 zu falten. Der Strahldurchmesser mißt etwa 1 cm.

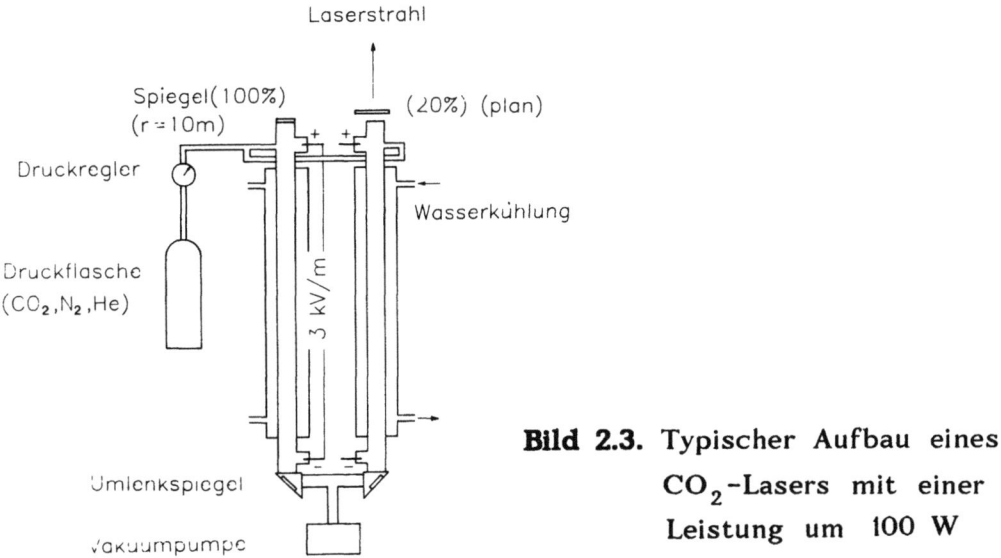

Bild 2.3. Typischer Aufbau eines CO_2-Lasers mit einer Leistung um 100 W

Pulse

In der Gerätebeschreibung medizinischer CO_2-Laser unterscheidet man zwischen Pulsen und Superpulsen. Bei den ersteren wird der Dauerstrichbetrieb unterbrochen, so daß Pulse mit einer unveränderten Spitzenleistung entstehen. Gleichzeitig sinkt jedoch die mittlere

Leistung. Bei Superpulsen wird die Entladung gepulst, und die Spitzenleistung steigt bis auf etwa 1000 W an, die Pulsbreite liegt bei circa 0,1 ms. Die Wiederholfrequenz beträgt 50 bis 250 Hz. Die mittlere Leistung ist etwas geringer (typisch: Faktor 4) als im Dauerstrichbetrieb. Superpulse verringern bei der Anwendung den Wärmetransport in das Gewebe, wodurch die Nekrosezone kleiner gehalten wird.

TEA-Laser

Die Ausgangsleistung kann durch Druckerhöhung bei gleichzeitiger Steigerung der Spannung vergrößert werden. Der kontinuierliche Betrieb longitudinaler Gasentladungen wird in diesem Bereich instabil, so daß hier nur gepulste Laser arbeiten. Um hohe Spannungen zu vermeiden, werden Querentladungen eingesetzt. Der Fülldruck kann dann bis zum Atmosphärendruck und höher gesteigert werden (TEA = **T**ransverse **E**xcitation **A**tmospheric). Für die Medizin könnte dieser Typ an Bedeutung gewinnen, weil er intensive Pulse im ns- bis μs-Bereich erzeugt. Ein Einsatzgebiet ist die Photoablation, bei der die Wärmeleitung in das umliegende Gewebe gering gehalten werden soll.

Optiken

Die Strahlung des CO_2-Lasers liegt im infraroten Bereich, für den spezielle optische Materialien erforderlich sind. Auf der einen Seite des Lasers wird u.a. ein mit Gold beschichteter Spiegel mit einem Reflexionsgrad von 99,5% montiert (Bild 2.3). Als Ausgangsspiegel kann ein dielektrisch beschichteter Gallium-Arsenid-Spiegel (Reflexionsgrad 80%) verwendet werden. Zur Strahleinengung werden Linsen, beispielsweise aus Germanium, benutzt. (Auf das Problem der Lichtleiter für die CO_2-Strahlung wird an anderer Stelle eingegangen.)

Wellenlänge

Bei medizinischen Lasern wird meist eine Wellenlänge von 10,6 μm angegeben. Dies bedeutet jedoch nicht, daß der Laser auf nur einer

Wellenlänge schwingt. Vielmehr treten mehrere Linien gleichzeitig auf, die durch eine hohe Verstärkung charakterisiert sind. Für die Chirurgie am Gewebe spielt die genaue Wellenlänge keine Rolle, da das optische Verhalten durch das Gewebswasser bestimmt wird. Anderes gilt für die Bestrahlung von Hartgeweben, die wenig Wasser enthalten, z.B. Knochen und Zähne. Hier findet eine wesentlich höhere Absorption um 9,6 µm statt, so daß bei dieser Wellenlänge ein Laserbetrieb wünschenswert ist.

Moden

Normalerweise schwingen Laser im transversalen Multimode-Betrieb. In der Medizin ist dies oft unerwünscht, weil man bei der Fokussierung große Fleckdurchmesser bei kleiner Tiefenschärfe erhält. Durch Einfügen einer zusätzlichen Blende ist hingegen auch TEM_{oo}-Monomode-Betrieb möglich. Allerdings fällt dadurch die maximale Leistung um den Faktor 2 bis 4 ab. Anders ist es beim Wellenleiterlaser, der meist die Grundmode liefert. Es sei in diesem Zusammenhang darauf hingewiesen, daß der Laser für jede Wellenlänge in einer axialen Mode schwingt. Der axiale Modenabstand bei einem Resonator von L = 0,75 m ist gleich f = c/2 L = 150 MHz. Dies ist mehr als die Dopplerverbreiterung der Laserlinie von 50 MHz. Der Abstand einzelner Laserlinien zueinander beträgt 30 bis 50 GHz.

CO-Laser

Ähnlich wie der CO_2-Laser arbeitet der CO-Laser, der Linien zwischen 5 und 6 µm emittiert. Die Absorption von Strahlung mit einer Wellenlänge von etwas über 6 µm ist in Wasser höher als die des CO_2-Lasers. Daher eignet sich der CO-Laser theoretisch besser für chirurgische Eingriffe. Technische Schwierigkeiten und die Giftigkeit von CO stehen jedoch gegenwärtig einer breiten Verwendung dieses Lasertyps in der Medizin entgegen.

2.1.2 He-Ne-Laser

Wellenlängen

Die Übergänge dieses Lasers finden im Neon statt, wobei die stärksten Linien Wellenlängen von 0,63 µm (rot), 1,15 µm und 3,39 µm (beide infrarot) aufweisen (Bild 2.4). Die unterschiedlichen Linien können durch den Einsatz geeigneter Spiegel zur Lasertätigkeit angeregt werden. Zu medizinischen Zwecken wird meist die rote Linie verwendet, deren Leistung jedoch auf den Bereich zwischen 0,5 bis 50 mW beschränkt ist. Durch den Einbau von Prismen oder schmalbandigen Spiegeln zur Wellenlängenselektion in den Resonator, kön-

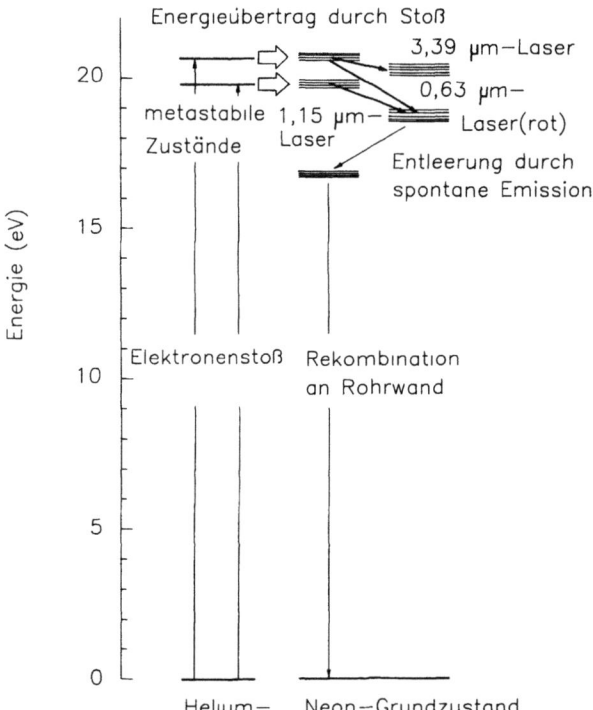

Bild 2.4. Energieniveauschema eines He-Ne-Lasers. In einer Gasentladung werden metastabile Helium-Zustände angeregt. Die Energie wird durch Stöße auf die oberen Laserniveaus von Neonatomen übertragen

Tabelle 2.2. Die wichtigsten Linien des He-Ne-Lasers

Bereich	Wellenlänge (m)	Leistung (mW)
infrarot	3,39	einige
infrarot	1,52	einige
infrarot	1,15	einige
orange	0,612	(0,5 - 1)
rot	0,633	einige
gelb	0,594	einige 0,1
grün	0,543	(0,5 - 1)

nen weitere Laserlinien mit oranger, gelber und grüner Farbe produziert werden (Tabelle 2.2). Die Leistungen dieser Linien betragen jedoch nur etwa 10% der roten Linie.

Anregungsmechanismus

In der Gasentladung des He-Ne-Lasers werden durch Elektronenstoß Helium-Atome in einen angeregten (metastabilen) Zustand gebracht. Durch weitere Stöße übertragen die He-Atome die Energie an Ne-Atome, wobei das obere Laserniveau besetzt wird (Bild 2.4). Dieser indirekte Mechanismus der Anregung wirkt effektiver als die direkte Anregung des oberen Laserzustandes. Nach der Emission von Laserstrahlung befindet sich das Ne-Atom im unteren Laserniveau, das daraufhin durch spontane Emission zerfällt.

Aufbau

Die Länge des Entladungsrohres beträgt typischerweise 20 cm oder mehr, wobei eine Spannung von etwa 2 kV bei Strömen um 10 mA angelegt wird. Zum Starten des Lasers muß kurzzeitig eine Zündspannung von 10 kV vorhanden sein. Der Fülldruck liegt bei einigen mbar mit einem He-Ne-Druckverhältnis von 10:1. Manche He-Ne-Laser arbeiten auch mit einer Hochfrequenz-Entladung. Bild 2.5 zeigt das Gasentladungsrohr eines He-Ne-Lasers mit einigen mW Leistung.

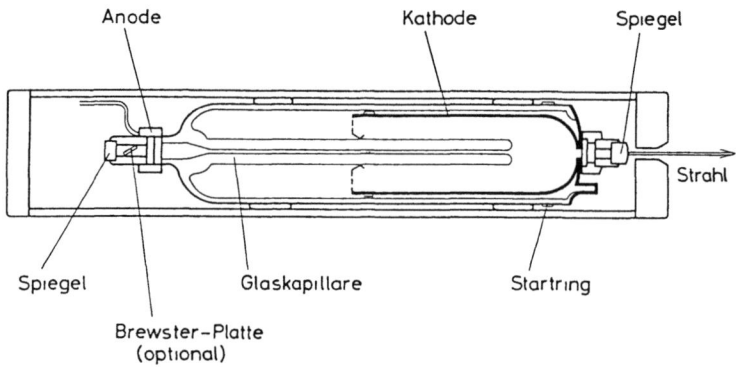

Bild 2.5. Aufbau eines He-Ne-Lasers mit Leistungen von einigen mW

Die Spiegel sind direkt mit dem Laserrohr verschweißt. Die Justierung wird im Werk vorgenommen, spätere Korrekturen sind im allgemeinen nicht mehr notwendig. Die Gasentladung brennt von der Kathode an einem Ende des Rohres zur ringförmigen Anode an der anderen Seite, wobei sie durch eine Kapillare von etwa 1 mm Durchmesser geführt wird. Dadurch werden Strahldurchmesser, transversale Modenstruktur und Divergenz der Strahlung bestimmt. Zur Erzeugung einer gleichmäßigen Entladung kommt der Auswahl der Elektrodenform große Bedeutung zu. Um die zentrale Kapillare ist meist ein Glasrohr größeren Durchmessers angeordnet, wodurch ein relativ großes Gasreservoir gebildet wird. Um die Diffusion von He (Leckrate 0,01 mbar pro Jahr) aus dem Rohr und die Verunreinigung durch Wasserdampf gering zu halten, benutzt man nur direkte Metall-Glas-Verbindungen. Zusätzlich befindet sich Gettermaterial im Rohr, um Verunreinigungen oberflächlich zu binden. Auf diese Weise wird eine Lebensdauer von ungefähr 20.000 Betriebsstunden erreicht.

Polarisation

Weil der Verstärkungsfaktor des Lasermediums niedrig (um 1,05) ist, müssen Spiegel mit hohem Reflexionsvermögen verwendet werden. Die Strahlung ist unpolarisiert, wenn die Spiegel gleichzeitig Abschlußfenster des Rohres bilden. Durch Einfügen einer Brewster-Platte kann eine Polarisation der Strahlung bewirkt werden. Es handelt sich dabei um eine planparallele Glasplatte, die unter dem Brewster-Winkel im Resonator montiert ist. Das Reflexionsvermögen für Strahlung, die parallel zur Einfallsebene polarisiert ist, sinkt auf Null. Für die andere polarisierte Komponente treten zu hohe Verluste durch Reflexion auf, so daß sie nicht anschwingt. Die Strahlung ist somit vollständig polarisiert. In einigen Fällen wird das Entladungsrohr nicht durch Spiegel, sondern durch Brewster-Fenster abgeschlossen; die Spiegel sind dann extern angebracht, die Strahlung wird dadurch polarisiert. Möglicherweise spielt die Polaristion des Lichtes bei der Biostimulation eine Rolle.

Moden

Der He-Ne-Laser strahlt bei kommerziell hergestellten Geräten oft im transversalen Grundmode TEM_{00}. Etwas höhere Leistungen werden im Multimode-Betrieb erzielt. Der Laser oszilliert normalerweise in mehreren axialen Eigenfrequenzen. Bei einer Resonatorlänge von L = 0,3 m mißt der Frequenzabstand $c/2L$ = 500 MHz. Die Lasertätigkeit findet innerhalb der Dopplerbreite der Linie von 1400 MHz statt, d.h. in diesem Fall werden etwa drei verschiedene axiale Frequenzen emittiert. Bei kurzen Lasern (10 cm), die nur eine geringe Leistung erbringen, läßt sich axialer Monomode-Betrieb durchführen. Für medizinische Zwecke ist sowohl transversaler als auch axialer Multimode-Betrieb ausreichend. Eine Ausnahme bildet die holographische Verwendung des Lasers in der Medizin. Hier ist transversaler Monomode-Betrieb gefordert, um Kohärenzlängen von 30 cm und mehr mit normalen He-Ne-Lasern zu erzeugen.

Leistung

Der Wirkungsgrad des He-Ne-Lasers ist mit 0,1 % sehr gering und die Leistung bei mittlerer Preislage auf etwa 20 mW beschränkt. Dennoch ist der He-Ne-Laser aufgrund seiner technischen Perfektion einer der gebräuchlichsten - auch in der Medizin. Er dient als sogenannter 'Softlaser' zur Biostimulation und ist als sichtbarer Richtstrahl für medizinische Laser im Infraroten und Ultravioletten unentbehrlich. Weitere Verwendungsmöglichkeiten eröffnen sich in der medizinischen Meßtechnik bei der Zellzählung, der Holographie und der Vermessung des Auges sowie optischer Elemente.

2.1.3 Edelgas-Ionenlaser

Wellenlängen

In Gasentladungen wird bei hohen Strömen ein größerer Teil der Atome ionisiert. Mit den ionisierten Edelgasen Ne, Ar, Kr und Xe kann auf über 250 Linien bei Wellenlängen von 0,175 bis 1,092 µm Lasertätigkeit produziert werden. Von besonderer Bedeutung für den medizinischen Einsatz ist der **Argonionenlaser.** Er strahlt im blaugrünen Spektralbereich mit der intensivsten Linie bei 0,514 µm (Bild 2.6). Die Leistung kommerzieller Laser kann im sichtbaren Bereich zwischen 0,1 und 10 W liegen. Es existieren auch Linien im Ultravioletten, die Ausgangsleistungen von etlichen W hervorbringen. In spe-

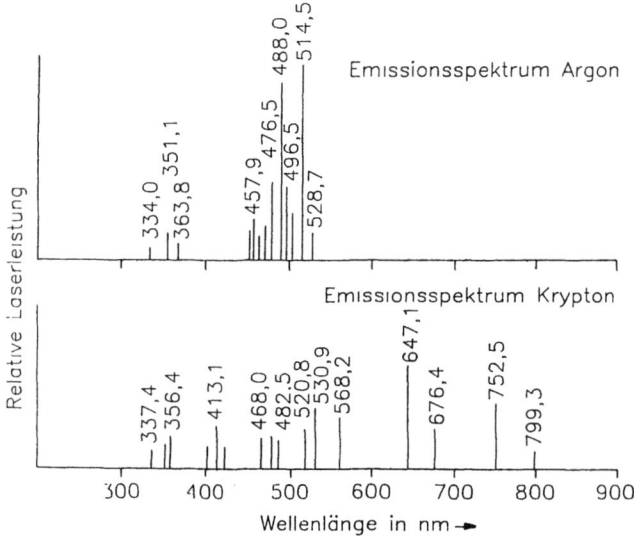

Bild 2.6. Intensitäten der Linien eines Argonlasers (Multilinienbetrieb ca. 4 W) und eines Kryptonlasers (ca. 1 W)

ziellen Fällen kann auch der **Kryptonionenlaser** zum Einsatz kommen, z.B. bei der Phototherapie. Er erweitert den Spektralbereich ins Rote mit der stärksten Linie bei 0,647 µm und ins nahe Infrarote. Die erreichbaren Leistungen liegen mit einigen W unter denen des Argonlasers.

Anregung

Aufgrund der hohen Stromdichte und des geringen Wirkungsgrades ist die Technologie der Entladungsrohre kompliziert. Deshalb sind Laserrohre relativ teuer. Ihre Lebensdauer umfaßt zwischen 1000 und 10000 Betriebsstunden. Sie werden mit reinem Argon oder Krypton bei einem Druck von ungefähr 1 mbar gefüllt. Das Gas wird durch eine Entladung entlang der Rohrachse bei hohem Strom angeregt. Die hohe Stromdichte in der engen Bohrung des Rohres ionisiert das Gas und regt die Ionen in die oberen Laserniveaus an. Das Energieschema von Argon (Bild 2.7) verdeutlicht, daß das obere Laserniveau nahezu 20 eV über dem Grundzustand des Argonions liegt (bezogen auf den Grundzustand des Argonatoms ist die Energie sogar um fast 36 eV höher). Das obere Laserniveau zerfällt, wobei die emittierten Lichtquanten der blau-grünen Laserstrahlung eine Energie von etwa 2 eV besitzen. Das untere Laserniveau wird spontan mit einer sehr kurzen

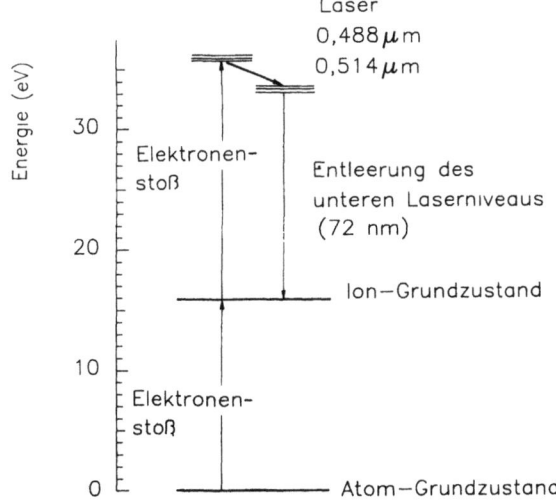

Bild 2.7.
Energieniveauschema für den Argonionenlaser

Lebensdauer unter Aussendung von kurzwelliger UV-Strahlung von 74 nm entleert, was einer Quantenenergie von 18 eV entspricht. Diese Energie geht beim Argonlaser ungenutzt verloren. Die Energieverhältnisse besagen, daß der Wirkungsgrad der Ionenlaser gering ist.

Aufbau

Die hohe Stromdichte (typisch: 10^3 A/cm^2), die für die Lasertätigkeit erforderlich ist, erzeugt ein ionisiertes heißes Plasma mit einer Temperatur zwischen 3000 und 5000 K und einer Elektronendichte von etwa 10^{14}/cm^{-3}. Die Feldstärke längs des Entladungsrohres mißt dabei um 10 V/cm. Das Plasma stellt hohe Anforderungen an die Materialien des Laserrohres, da an den Wänden und Elektroden 'Sputtering' auftritt. Durch diesen Prozeß können Bauelemente des Laserrohres zerstört werden. Außerdem wird das Gas verunreinigt, und an der Wandung werden Edelgasatome gebunden (trapping). Durch ein eingebautes Gasreservoir läßt sich Gas in das Rohr nachfüllen. Der starke Elektronenstrom in der Entladung schiebt die neutralen Atome zur positiven Elektrode, an der ein erhöhter Druck entsteht. Deshalb muß zwischen Anode und Kathode eine entladungsfreie Umwegleitung angebracht werden, die einen Druckausgleich gewährleistet.

Bild 2.8 veranschaulicht den schematischen Aufbau eines wassergekühlten Argonlasers. Da der Wirkungsgrad bei maximal 0,2 % liegt,

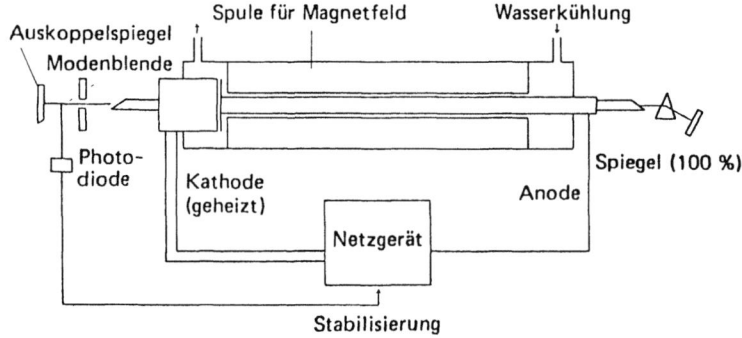

Bild 2.8. Schematischer Aufbau eines Ionenlasers mit Wellenlängenselektion

muß der größte Teil der investierten Energie als Wärme abgeführt werden. Nur bei niedrigen Leistungen im mW-Bereich können Argonlaser mit einer Luftkühlung gebaut werden. Die hohen Entladungsströme können aus direkt geheizten Vorratskathoden gezogen werden. Als Anoden finden strahlungsgekühlte Kupferbauteile Verwendung. Um das Laserrohr wird meist eine Spule gelegt, die ein axiales Magnetfeld erzeugt. Dadurch wird die Entladung stabilisiert und im Zentrum der Bohrung des Laserrohres gehalten, so daß damit eine Leistungssteigerung bewirkt wird. Bei Leistungen bis zu einigen W werden Laserrohre aus Keramik, insbesondere Berylliumoxid (BeO), verwendet. BeO zeichnet sich durch eine geringe Sputter-Rate, gute thermische Leitfähigkeit, hohe mechanische Festigkeit, geringe Porösität sowie die Fähigkeit aus, hohen Temperaturen standzuhalten. Bei Leistungen über 5 bis 10 W werden in den Rohren Wolfram-Scheiben verwendet. Sie werden in Kupferelemente mit Löchern für den Gasausgleich eingesetzt, die dann mit einem Keramikrohr verlötet werden. Die zentralen Elemente werden deshalb aus Wolfram gefertigt, weil es eine geringe Sputter-Rate aufweist und hohe Temperaturen aushält. Kupfer zeichnet sich durch eine hohe thermische Leitfähigkeit zur Abfuhr der Wärme aus. Das Laserrohr wird durch Brewster-Fenster abgeschlossen, die bei Lasern mit stärkerer Leistung oder bei UV-Lasern aus kristallinem Quarz bestehen.

Strahleigenschaften

Für den medizinischen Gebrauch ist ein Laserbetrieb über viele Linien (multiline) wünschenswert, damit die Laserleistung hoch ist. Dies wird durch breitbandige Laserspiegel erreicht. Nur bei sehr niedrigen Leistungen dienen die Spiegel - wie meist beim He-Ne-Laser - auch als Abschlußfenster des Plasmarohres. Wird eine Selektion einzelner Wellenlängen gewünscht, so kann ein Prisma in den Resonator eingesetzt werden. Typischerweise beträgt der Strahldurchmesser von Argonlasern zwischen 0,6 und 2 mm und die Strahldivergenz 1,2 bis 0,4 mrad. Für die Einkoppelung des Strahls in Lichtleitfasern ist die Stabilität der Strahlrichtung von großer Bedeutung; sie beträgt einige 0,1 mrad.

Anschlußwerte

Argonlaser mit etwa 10 W benötigen eine elektrische Eingangsleistung um 50 kW. Diese zu liefern erfordert spezielle Drehstromleitungen. Da fast die gesamte Leistung in Wärme umgewandelt wird, ist eine effektive Wasserkühlung notwendig. Oft reichen normale Wasserleitungen nicht aus, weil ein Durchfluß um 30 l/min erforderlich ist. Im Laserrohr treten Ströme bis zu 100 A auf, wobei die Spannung mehr als 100 V mißt. Die Lichtausbeute wächst quadratisch mit der Stromdichte und steigt stärker als die elektrische Leistung an. Der Argonlaser dient in der Medizin insbesondere laserchirurgischen Eingriffen. In der Augenheilkunde wird er auch als Pumplichtquelle für durchstimmbare Farbstofflaser benutzt.

He-Cd-Laser

Abschließend soll erwähnt werden, daß nicht nur Ionenlaser mit Edelgasen als aktives Lasermedium eingesetzt werden. Andere Ionenlaser arbeiten mit Metalldämpfen; der bekannteste Vertreter ist der He-Cd-Laser. Er produziert kontinuierliche Strahlung bis zu 100 mW bei 442 nm (blau) und 20 mW bei 325 (UV). Aufgrund seiner relativ niedrigen Leistung wurde er bisher nur zur Biostimulation mit nicht klar beweisbarem Effekt eingesetzt, so daß er hier nicht eingehender vorgestellt wird.

2.1.4 Excimerlaser

Der Ausdruck 'Excimerlaser' kennzeichnet eine Gruppe von Lasern mit ähnlichen Eigenschaften. Sie senden Pulse mittlerer Leistung zwischen 1 und 100 W im ns-Bereich (10^{-9} s) aus. Die Strahlung liegt im nahen Ultravioletten (Tab. 2.3). Anwendungen in der Medizin sind neu und beruhen auf dem Effekt der sogenannten 'Photoablation'. Das Versuchsstadium ist noch nicht abgeschlossen, und es bleibt abzuwarten, wie sich dieser Lasertyp in der medizinischen Praxis

Tabelle 2.3. Technische Daten von Excimerlasern. Es handelt sich bei allen Typen um den gleichen Laseraufbau, der jeweils mit dem entsprechenden Gasgemisch gefüllt wird (Eingangsleistung 1,3 kW, Pulsdauer um 10 ns) /2.4/

Laser-Molekül		ArF	KrF	XeCl	XeF
Wellenlänge	(nm)	193	249	308	350
Pulsenergie	(mJ)	500	1000	500	400
Mittl.Leistung	(W)	4	8	4	3
Pulsfrequenz	(Hz)	10	10	10	10

durchsetzen wird. 'Excimer' ist eine Abkürzung für 'excited dimer'; man versteht darunter Moleküle aus identischen Atomen, z.B. F_2, die nur im angeregten Zustand existieren. Heutzutage wird der Begriff auch für Moleküle verwendet, die aus verschiedenen Atomen bestehen, z.B. ArF. Excimere Moleküle eignen sich ideal für eine Lasertätigkeit, da der Grundzustand nicht existiert. Damit ist die Erzeugung einer Besetzungsinversion, die eine Voraussetzung für das Funktionieren eines Lasers bildet, leicht zu erzielen. Die wichtigsten Excimerlaser benutzen Edelgas-Fluoride, ArF, KrF und XeF.

Aktives Medium

Eximerlaser enthalten ein Gasgemisch mit einem Druck bis zu 5 bar. Der Hauptanteil, 80% bis 99% des Gasdrucks, ist ein Puffergas, oft Helium oder Neon, das für den Energietransport verantwortlich ist. Das Edelgas, das im Excimer gebunden ist, hat eine geringere Konzentration, zwischen 0,5% und 12%. Halogen trägt höchstens zu 0,5% des Gasdrucks bei, es kann als zweiatomiges Halogen wie F_2 oder halogenhaltiges Molekül, z.B. HCl, vorliegen. Das optimale Mischungsverhältnis für Gase von Eximerlasern ist unterschiedlich; das Gas wird vom Hersteller in Druckflaschen gemischt geliefert. In kommerziellen Lasern erfolgt die Anregung mittels einer gepulsten elektrischen Entladung. Wie in TEA-CO_2-Lasern (oder in Stickstofflasern) liegt die Entladung quer zur optischen Achse (Bild 2.9). Der Energietransport zum oberen Laserniveau läuft sehr komplex ab. Die

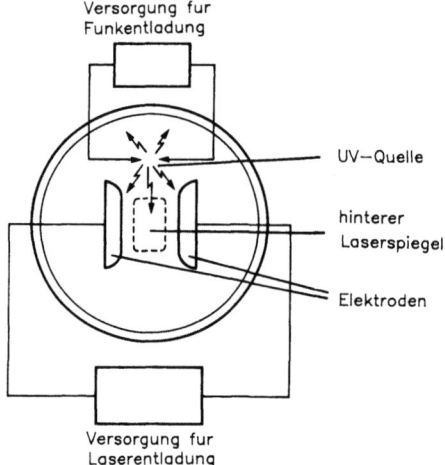

Bild 2.9.
Aufbau eines Excimerlasers mit transversaler Anregung und Funkenentladung zur Vorionisation durch UV. Stickstoff- und TEA-CO_2-Laser sind im Prinzip ähnlich aufgebaut

Funktion des Lasers wird durch die Wände des Entladungsraumes und die Elektroden beeinflußt. Der Wirkungsgrad beträgt maximal 1,5%. Vor dem elektrischen Entladungpuls wird das Gas durch eine UV-Quelle geringfügig ionisiert (Bild 2.9). Dadurch zündet die Laserentladung gleichmäßiger. Der Strompuls des Netzgerätes wird durch die Entladung eines Kondensators produziert. Die Spannung mißt etwa 20 bis 35 kV.

Die Lebensdauer einer Gasfüllung umfaßt einige Millionen Pulse. Bei einer Pulsfolgefrequenz von 100 Hz entspricht dieses einem Betrieb von wenigen Stunden. Daher sind die Laser mit einer Vakuumpumpe und einer Gasversorgung ausgestattet. Nach einer bestimmten Betriebsdauer wird der Laser ausgepumpt und neu gefüllt. Im allgemeinen kann der gleiche Laser mit unterschiedlichen Gasmischungen und somit verschiedenen Wellenlängen betrieben werden, was für die Forschung, nicht aber für den medizinischen Routinebetrieb von Bedeutung ist. Das Energieniveauschema des Excimerlasers ist in Bild 2.10 gezeichnet, es weicht von den Energieschemata anderer Laser ab. Die untere Kurve zeigt die Energie zweier Atome (Kr und F) in Abhängigkeit ihres Abstandes voneinander. Nähern sich beide Atome, so stoßen sie sich ab, und die potentielle Energie steigt an. Es existiert kein (oder nur ein sehr schwaches) Energieminimum und somit auch kein gebundener Zustand. Anders verhält es sich im angeregten Zustand, der durch die obere Kurve repräsentiert wird. Das Potential-

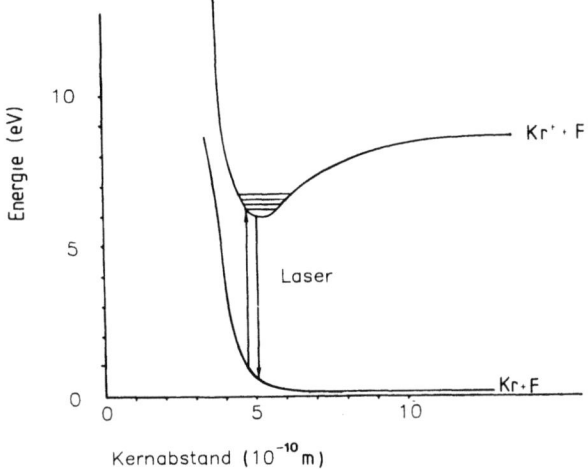

Bild 2.10 Energieniveauschema eines KrF-Excimerlasers. Der Grundzustand zeigt keine Bindung

minimum stellt einen gebundenen Zustand dar, der allerdings für die spontane Emission nur eine sehr kurze Lebensdauer im 10-ns-Bereich hat. Deshalb müssen die Schaltzeiten in der Entladung sehr kurz sein; die Pulslänge von Excimerlasern liegt im Bereich dieser Lebensdauer von einigen 10 ns.

Optik

Aufgrund ihrer hohen Überbesetzung besitzen Excimerlaser eine so hohe Verstärkung, daß sie sich wie sogenannte 'Superstrahler' verhalten. Man versteht darunter Laser, die praktisch auch ohne Spiegel arbeiten, da der Laserprozeß schon bei einem einmaligen Durchgang der Lichtwelle durch den Entladungsraum stattfindet. Deshalb wird für den Ausgangsspiegel eine unvergütete Optik verwendet, welche die übliche Reflexion von 4 % je Grenzfläche aufweist. Der zweite Spiegel reflektiert nahezu hundertprozentig. Aus Bild 2.9 wird ersichtlich, daß meist rechteckige Spiegel verwendet werden. Damit ist auch der Querschnitt des Laserstrahls rechteckig, wobei typische Abmessungen beispielsweise 10 mm x 20 mm betragen. Aufgrund des großen Querschnitts liegt ein Multimode-Betrieb vor. Die Intensitätsverteilung wird im Englischen meist mit 'tophat' (= Zylinderhut) angegeben. In Richtung der kürzeren Abmessung entsteht bei manchen Konstruktionen ein Gauss-Profil.

Normale Gläser sind im UV nicht mehr durchlässig, so daß für die Optik unter anderem Quarz benutzt wird. Für die kurzwellige UV-Strahlung des F_2-Lasers bei 157 mm muß MgF_2 oder CaF_2 als Fenstermaterial eingesetzt werden. Auch bei der 193-nm-Strahlung des ArF-Lasers werden diese Materialien bei höheren Leistungen verwendet. Wellenlängen unterhalb von etwa 200 nm gehören zum 'Vakuum-Ultraviolett', da Luft stark absorbiert. Zwischen 200 und 300 nm findet ein für den praktischen Gebrauch ausreichender Transport der Strahlung in Luft statt. (Allerdings ist die Absorption immer noch so stark, daß die Erdoberfläche keine Strahlung von der Sonne erhält, die kurzwelliger als 290 nm ist.)

Für einige medizinische Anwendungen, z.B. die Laser-Angioplastie mit der Photoablation von artherosklerotischem Material, ist es notwendig, die Strahlung in optischen Fasern zu führen. Obwohl Quarz im UV-Bereich für Spiegel und Linsen benutzt werden kann, ist die Absorption in Quarzfasern von 1 bis 2 m Länge für die UV-Strahlung einiger kurzwelliger Excimerlaser relativ hoch. Damit ist die zukünftige Nutzung von UV-Excimerlasern an die Entwicklung neuer Fasermaterialien gekoppelt.

Energie und Wellenlänge

Die kommerziell wichtigsten Excimerlaser nutzen folgende Moleküle: F_2, ArF, KrCl, KrF, XeCl, XeF. Die F_2- und KrCl-Laser sind bisher für medizinische Zwecke nicht von besonderem Interesse, da ihr Wirkungsgrad etwa um den Faktor 10 geringer ist. Die Ausgangscharakteristik eines typischen Excimerlasers mit 1,5 kW Eingangsleistung zeigt Tabelle 2.3. Es handelt sich dabei um einen Lasertyp, der jeweils mit unterschiedlichen Gasgemischen betrieben wird. Über die höchste Pulsenergie von 1 J bei Pulsfrequenzen von knapp 10 Hz verfügt der KrF-Laser mit einer Wellenlänge von 249 nm. Die mittlere Leistung von 8 W ist für medizinische Anwendungen relativ hoch.

Die Daten der anderen zitierten Laser liegen um den Faktor 2 kleiner als beim KrF-Laser. Die Pulslänge mißt, je nach Laserkonstruktion, zwischen 10 und 20 ns.

Medizinische Anwendungen

UV-Strahlung von Excimerlasern hat in Gewebe einen sehr hohen Absorptionskoeffizienten, deshalb wird sie in der obersten Gewebsschicht (im µm-Bereich) absorbiert. Excimerlaser übertragen somit in etwa 10 ns Energien von einigen 100 mJ auf sehr dünne Gewebsschichten. Dies führt dazu, daß der Prozeß der Wärmeleitung in das umliegende Gewebe nicht oder nur sehr schwach zur Wirkung kommen kann. Durch eine hohe Energiedichte werden die biologischen Moleküle vom Gewebe weggerissen. Man nennt diesen Vorgang, der zuerst bei polymeren Kunststoffen angewendet wurde, 'Photoablation'. Ihr Vorteil besteht darin, daß sie eine sehr präzise Methode ist; die abgetragene Masse ist proportional zur Zahl der Pulse. Anwendungsfelder sind spezielle Gebiete der Mikrochirurgie, z.B. an der Cornea, die Angioplastie und die Neurochirurgie. Der Nachteil mancher Applikationen liegt darin, daß durch das Fehlen einer Koagulationszone kein blutstillender Effekt eintritt. Füllt sich die bestrahlte Stelle mit Blut, so findet nur eine Ablation des Blutes statt.

2.1.5 Metalldampf-Laser

Die wichtigsten Vertreter der Metalldampf-Laser sind der Cu- und der Au-Laser. In der Medizin gewinnt insbesondere der Gold- oder Au-Laser Bedeutung, der mit seiner roten Strahlung bei 628 nm in der photodynamischen Therapie erfolgreich eingesetzt wird. Der Kupfer- oder Cu-Laser zeichnet sich durch einen hohen Wirkungsgrad (1%) bei Linien im grünen Spektralbereich aus. Er dient u.a. zum Pumpen von Farbstofflasern.

Anregung

Das aktive Medium setzt sich aus Kupfergas und einem Neonzusatz zusammen, der die Entladung stabilisiert und teilweise das untere Laserniveau entleert. Das Metall verdampft in der Entladung bei etwa 1.500 °C und einem Druck von 13 Pa. Der Druck des Neons liegt um 3.300 Pa; es lassen sich auch andere Edelgase verwenden. Die Verdampfung und Kondensation des Cu-Dampfes führen zu technischen Problemen, die jedoch zunehmend besser beherrscht werden, so daß die Lebensdauer eines Rohres einige 1.000 Stunden umfaßt. Einen ähnlichen Aufbau hat der Goldlaser, der etwas höhere Temperaturen benötigt. Durch den Einsatz von Kupferhalogeniden und anderen Verbindungen kann die Betriebstemperatur beträchtlich gesenkt werden.

Die Energie wird in einer gepulsten Hochspannungsentladung longitudinal in einem Plasmarohr zugeführt. Durch Elektronenstoß wird das obere Laserniveau direkt vom Grundzustand angeregt (Bild 2.11). Die atomare Lebensdauer dieses Niveaus ist mit 10 ns sehr kurz. Bei hohen Gasdichten verlängert sich jedoch die effektive Lebensdauer durch Strahlungseinfang. Bei Cu-Lasern ensteht je eine Linie im Grünen (510,6 nm) und Gelben (578,2 nm). Beide enden in langlebigen, d.h. metastabilen Niveaus. Wenn diese Niveaus aufgefüllt sind, endet die Lasertätigkeit. Daher arbeiten Metalldampf-Laser nur im Pulsbetrieb unterhalb von 100 ns Dauer bei Frequenzen von mehreren kHz.

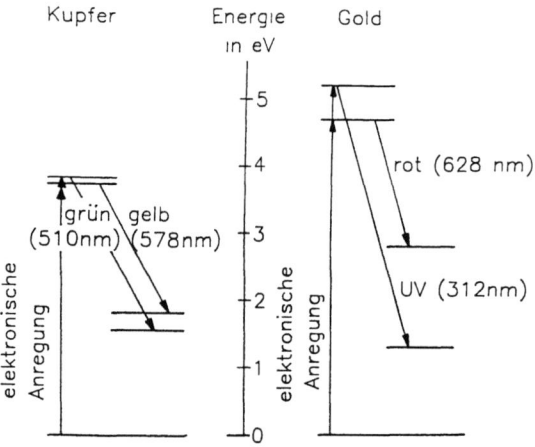

Bild 2.11. Energieniveauschema von Metalldampflasern am Beispiel von Kupfer und Gold

Aus dem Energieschema in Bild 3.11 ist ablesbar, daß etwa 60% der Anregungsenergie in Laserstrahlung umgesetzt werden. Trotzdem beträgt der Wirkungsgrad nur etwa 0,2 bis 1%, d.h. das 10- bis 100fache eines Ionenlasers.

Aufbau

Die Entladungsröhren aus Keramik haben einen typischen Durchmesser von etwa 4 cm bei einer Länge von über 1 m. Um eine relativ hohe Betriebstemperatur zu erzielen, ist eine thermische Isolierung vorhanden (Bild 2.12). Die Spannungspulse liegen zwischen 10 und 20 kV. Die Verstärkung ist mit 10% bis 30% pro cm hoch, so daß die Anforderungen an die Resonatoroptik nicht sehr hoch sind. Typische Ausgangsleistungen im Wattbereich sind in Tabelle 2.4 zusammengestellt. Der Strahldurchmesser ist mit 2 bis 8 cm relativ groß, wobei die Divergenz um 4 mrad mißt, im instabilen Resonator 0,6 mrad. In der Medizin wird der Strahldurchmesser durch eine Linse verkleinert, und es kann eine Einkoppelung in eine optische Faser erfolgen.

In der Regel arbeiten die Laser wassergekühlt, jedoch gibt es auch Cu-Laser in der 10-W-Version mit Luftkühlung. Vor der Anwendung muß der Laser seine Betriebstemperatur erreichen, dies dauert etwa eine halbe Stunde. Im Abstand von mehreren 100 Stunden ist das Metall nachzufüllen, wobei der Verbrauch um 0,01 g/Stunde liegt. Das verdampfte Gold kann teilweise wieder verwendet werden. Die Kosten sind denen der Ionenlaser vergleichbar.

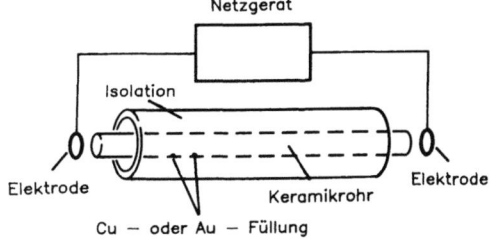

Bild 2.12. Schematischer Aufbau eines Metalldampflasers mit thermisch isoliertem Keramikrohr

Tabelle 2.4. Charakteristische Daten kommerzieller Metalldampflaser /2.4/

Parameter		Cu-Laser	Au-Laser
Wellenlänge	(nm)	510,6/578,2	627,8
Mittlere Leistung	(W)	60	9
Pulsenergie	(mJ)	10	1,5
Pulsdauer	(ns)	15...16	15...60
Pulsfrequenz	(kHz)	5...15	6...8
Strahldurchmesser	(cm)	4,2	4,2

2.1.6 Chemische Laser

Beim chemischen Laser wird die Lichtemission durch eine chemische Reaktion erzeugt. Der wichtigste Repräsentant ist der HF-Laser, der in der Medizin möglicherweise für die Photoablation einsetzbar ist. Andere Typen, wie der DF- und der Jodlaser, die bisher keine medizinische Verwendung fanden, werden hier nicht besprochen. Kritisch muß angemerkt werden, daß große chemische Laser wegen ihrer hohen Leistung militärische Bedeutung haben.

Anregung

Molekülreaktionen können so ablaufen, daß sich das Endprodukt in angeregten Schwingungszuständen des Grundniveaus befindet. Folgende Reaktion verläuft exotherm:

$$H_2 + F \rightarrow HF + H + \Delta W,$$

wobei der Energieüberschuß $\Delta W = 1,3$ eV/Molekül $= 2,1 \cdot 10^{-19}$ J/Molekül zu etwa 70% der Anregung der Schwingungsniveaus des HF-Moleküls dient. Zwischen diesen verschiedenen Niveaus können Laserübergänge erzeugt werden, so daß der HF-Laser mehrere Linien im Bereich zwischen 2,6 und 3,0 µm emittiert (Bild 2.13).

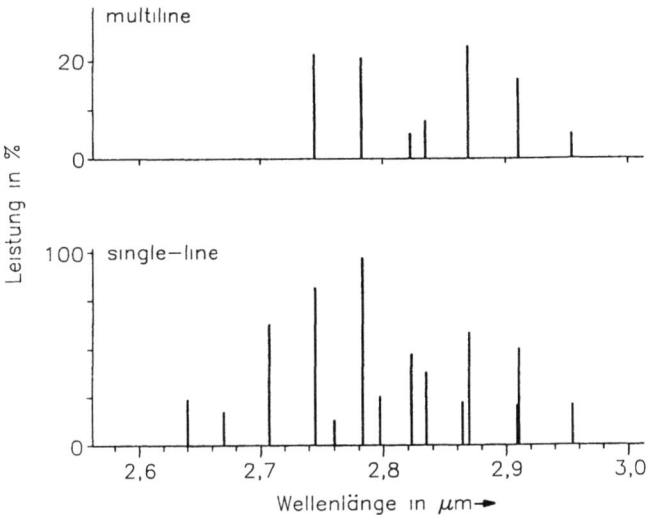

Bild 2.13. Emissionslinien des HF-Lasers. Oben: Intensität im multi-line-Betrieb, unten: im singleline-Betrieb

Aufbau

Der schematische Aufbau eines kontinuierlichen HF-Laser ist in Bild 2.14 dargestellt. In einer Entladungskammer muß zunächst atomares Fluor produziert werden. Dazu werden aus Gasflaschen He, O_2 und SF_6 gemischt. In der Entladung wird SF_6 disoziiert, wobei durch den zugesetzten Sauerstoff das entstehende Schwefel zu SO_2 gebunden wird. He dient als inertes Gas zur Verdünnung. Der Gesamtdruck beträgt einige 100 Pa. Das Gas mit dem atomaren F wird in der Laserkammer mit H_2 vermengt. Mit Hilfe einer Vakuumpumpe wird ein Gasstrom durch den Resonator aufrecht erhalten.

HF-Laser können kontinuierlich und gepulst arbeiten; für die medizinische Photoablation sind ausschließlich kurze Pulse von Interesse. In diesem Fall wird das Gemisch aus H_2 und SF_6 sowie anderen Gasen direkt in den Laserraum geleitet. Die Entladungstechnik funktioniert ähnlich wie beim TEA-CO_2-Laser. In einer Querentladung wird bei Vorionisation mittels UV-Strahlung eine gepulste Entladung mit 20 bis 40 kV gezündet. Bei einer Pulslänge von 100 ns entstehen Pulse von ca. 1 J.

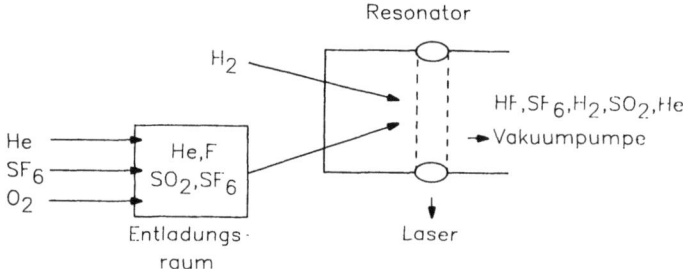

Bild 2.14. Schematischer Aufbau eines HF-Lasers

Für die Photoablation sollte die Laserwellenlänge im Maximum der Absorption des Wassers um 2,9 µm liegen. Deshalb ist eine Selektion der Wellenlänge notwendig. Zu diesem Zweck kann ein Beugungsgitter in den Resonator gebracht werden, das durch Drehung die gewünschte Linie auswählt. Chemische Laser sind noch relativ kompliziert aufgebaute Geräte, die jedoch bereits kommerziell vertrieben werden.

2.1.7 Stickstofflaser

Der N_2-Laser wird relativ selten verwendet, z.B. in der Zellbiologie, so daß hier nur wenig darüber ausgeführt werden soll. Dieser Laser arbeitet ausschließlich im Pulsbetrieb im Ultravioletten bei 357,6 nm. Der Übergang findet zwischen elektronischen Zuständen statt, die durch Vibrationszustände überlagert werden. Daher sind noch andere benachbarte Linien möglich. Die Konstruktion ähnelt der von Excimerlasern (Bild 2.9). In einer Querentladung werden kurze Spannungspulse im ns-Bereich mit 15 bis 50 kV angelegt. Der Wirkungsgrad ist sehr gering, es entstehen Laserpulse bis zu einigen mJ. Die mittlere Leistung liegt unterhalb von 1 W, was den Nutzungsbereich in der Medizin stark einschränkt. Am häufigsten wird der N_2-Laser als Pumpquelle für Farbstofflaser eingesetzt. Von Vorteil ist der relativ einfache technische Aufbau, der diesen Lasertyp preiswert macht.

2.2 Festkörper- und Farbstofflaser

2.2.1 Neodym-Laser

Laser-Kristall

Der Nd:YAG-Laser ist der am häufigsten verwendete Festkörperlaser. Er ähnelt in seinem technischen Aufbau dem Rubinlaser, der heutzutage kaum noch eingesetzt wird. Das aktive Medium besteht aus dreifach ionisierten Neodymionen (Nd^{3+}), die als Dotierung in ein YAG-Kristall eingebracht werden. Yttrium aluminum garnet (YAG) ist ein harter synthetischer Kristall der Formel $Y_3 Al_5 O_{12}$ mit Granatstruktur, der aus der Schmelze gezogen wird (Czochralski-Methode). Seine mechanischen, optischen und thermischen Eigenschaften machen den Kristall zu einem gut geeigneten Lasermaterial. Kommerzielle Laserstäbe sind bis 150 mm lang bei einem Durchmesser von 10 mm. In der Kristallstruktur wird Yttrium durch Neodym ersetzt, das etwa den gleichen Durchmesser hat. Der Gewichtsanteil von Neodym beträgt um 0,7%, was zu einer Ionenkonzentration von $1,4 \cdot 10^{20}$ cm^{-3} führt. Die elektronische Konfiguration von Nd^{+3} zeichnet sich dadurch aus, daß eine innere Unterschale nicht aufgefüllt ist und es durch eine äußere Schale vom Kristallfeld weitgehend abgeschirmt wird. Die Energiezustände der Ionen im Kristall entsprechen daher weitgehend denen freier Ionen, wobei das Kristallfeld eine zusätzliche Aufspaltung verursacht. Daraus ergibt sich ein Termschema, das mit den für den Laser relevanten Niveaus in Bild 2.15 skizziert ist.

Wellenlängen

Die Anregung des Lasers erfolgt durch optisches Pumpen mit Hilfe von Bogen-, Wolfram- oder Blitzlampen. Die Pumplichtquellen strahlen ein breites Lichtspektrum aus, das von den Energiebändern des Neodym-Ions gut absorbiert wird (Bild 2.15).

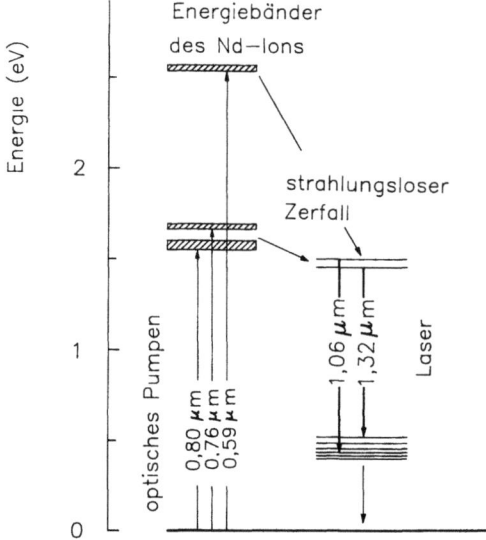

Bild 2.15. Energieniveauschema des Neodymlasers

Dadurch werden die Ionen in angeregte Energiezustände versetzt. Durch schnelle strahlungslose Übergänge erfolgt ein Zerfall in das obere Laserniveau. Die frei werdende Energie wird als Wärme an den Kristall abgegeben. Das obere langlebige Laserniveau (0,24 ms Lebensdauer) wird damit sehr stark besetzt, und es zerfällt durch induzierte Emission des Laserprozesses. Oberes und unteres Niveau sind aufgespalten, so daß mehrere Laserlinien entstehen können. Die für Technik und Medizin wichtigste Linie liegt mit einer Wellenlänge von 1,06 µm im infraroten Bereich. Diese Strahlung wird vom Gewebe sehr stark gestreut, da die Absorption gering ist. Eine höhere Absorption in biologischem Material tritt bei einer weiteren Linie bei 1,32 µm auf. Obwohl die Intensität nur 20% der stärkeren 1,06-µm-Linie mißt, kann sie für medizinische Anwendungen interessant sein. Die Absorption im Gewebe ist bei 1,32 µm wesentlich intensiver. Zur Selektion dieser Linie muß der Laser mit entsprechenden Spiegeln ausgerüstet werden. Das untere Laserniveau zerfällt mit einer Lebensdauer von 30 ns in den Grundzustand des Ions. Diese schnelle Entleerung ist für eine hohe Besetzungsinversion beim Laserprozeß wichtig. Im Gegensatz zum Rubinlaser handelt es sich um ein Vier-Niveau-System. Beim Rubinlaser sind nur drei Niveaus am Pump- und Laserprozeß beteiligt, da der Laserendzustand zugleich den Grundzustand des Systems bildet.

Optisches Pumpen

Die zum optischen Pumpen der Festkörper benutzten Entladungslampen bestehen aus Quarzglasröhren mit Metallelektroden. Meist werden die Lampen in einer Pumpkammer parallel zum Laserstab gelegt (Bild 2.16). Um einen möglichst hohen Anteil des Pumplichtes in den Laserstab einzukoppeln, sind die Wände der Pumpkammer verspiegelt. Mittels elliptischer Zylinder kann eine Abbildung der Lampe in das Lasermaterial erreicht werden. Um die Pumpleistung zu erhöhen, können auch zwei oder mehr Lampen verwendet werden. Zur Kühlung wird die Pumpkammer mit destilliertem Wasser durchströmt. Einige Hersteller fügen dem Wasser Zusätze zur Absorption der UV-Strahlung bei.

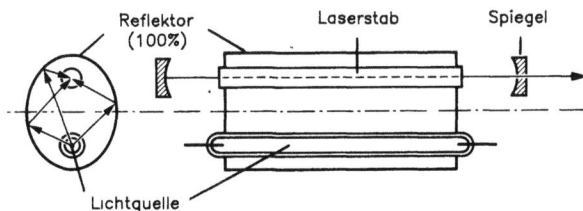

Bild 2.16. Typischer Aufbau eines Festkörperlasers, z.B. Neodymlaser. Das optische Pumpen erfolgt mittels einer Gasentladungslampe

Die Linienbreite der 1,06-μm-Linie im YAG ist bei Zimmertemperatur mit etwa 100 GHz für Festkörperlaser relativ schmal. Dies bildet die Voraussetzung für eine hohe Verstärkung, die ermöglicht, daß der Nd:YAG im Dauerstrichbetrieb strahlt. In der Chirurgie werden Neodym-Laser bis zu maximal 100 W verwendet. Der Wirkungsgrad liegt bei etwa 1 bis 2%, so daß in der Pumpkammer bis zu 10 kW Leistung als Wärme abtransportiert werden, was hohe Anforderungen an die Konstruktion der Pumpkammer und die Lampen stellt. Das optische Pumpen erfolgt bei 100-W-Lasern meist mittels zweier Bogenlampen mit je 5 kW Leistung.

Pulse

Gepulste Neodym-Laser finden in der Ophthalmologie ihren Einsatz. Auch für chirurgische Eingriffe lassen sich gepulste Nd-Laser verwenden. In diesem Fall werden zur Anregung Blitzlampen benutzt, die mit Strompulsen im ms-Bereich betrieben werden. Die maximale Laserleistung eines Pulses liegt im kW-Bereich. Die mittlere Leistung kann mit der kontinuierlicher Laser vergleichbar sein. Neben normalen Pulsen können Festkörperlaser auch Riesenpulse im MW-Bereich liefern. Die Pulsdauer mißt in diesem Fall einige ns. Derartige Nd:YAG-Laser finden eine relativ breite Nutzung in der Augenheilkunde. Der Riesenpuls- oder Q-switch-Betrieb wird durch einen elektrooptischen oder nicht-linearen Schalter erzielt. Der Laser wird mit einem Lichtpuls von einigen 0,1 ms optisch gepumpt. Dabei bleibt der optische Schalter im Resonator zunächst geschlossen, so daß keine Lasertätigkeit einsetzen kann. Die Besetzungsinversion wächst. Erst am Ende des Pumppulses gibt der Schalter im Resonator den Lichtweg frei. Die hohe Besetzungsinversion wird innerhalb einiger ns abgebaut, wobei ein Laserpuls mit Spitzenleistungen von vielen MW entsteht. Die Pulslänge entspricht ungefähr der Laufzeit des Lichtes im Resonator, d.h. sie nimmt mit der Resonatorlänge zu. Als elektrooptischer Schalter dient meist ein KDP Kristall, der mit Spannungen von einigen kV angesteuert wird. Man nennt diese Kristall-Anordnung 'Pockels-Zelle'. Da der Schaltmechanismus nur mit polarisiertem Licht funktioniert, wird in dem Resonator ein zusätzlicher Polarisator montiert. Eine mögliche Anordnung zeigt Bild 1.15.

Ein gepulster Laser mit und ohne Q-switch ist Bauteil kommerzieller Geräte für die Augenheilkunde, für die Pulsenergien der Größenordnung von 10 mJ notwendig sind. Die Pulsfrequenz mißt 10 Hz, so daß die mittlere Leistung mit 0,1 W sehr gering ist. Zur präzisen Fokussierung der Strahlung bei der Behandlung des Auges wird in der Regel ein transversaler Monomode-Betrieb eingestellt. Dies geschieht durch Einführung einer Blende in den Resonator. Bei der Verwendung instabiler Resonatoren erübrigt sich dies.

Neben dem Q-switch werden noch zwei andere Modulationsarten angewendet, Pulsauskopplung (cavity dumping) und Modenkopplung (mode locking). Alle diese Verfahren werden auch bei kontinuierlichem Pumpen eingesetzt. Die Tabelle 2.5 weist aus, daß für medizinische Zwecke gegenwärtig Dauerstrichlaser, normal gepulste, Q-switch-gepulste und Laser mit Modenkopplung zum Einsatz kommen. Der Pulsbetrieb ist bedeutend, da er die Möglichkeit der Frequenzverdopplung eröffnet. Bei intensiven Pulsen ist eine Umwandlung der infraroten 1,06-µm-Strahlung in den grünen Bereich (0,53 µm) möglich. Allerdings darf die Pulsleistung nicht zu hoch sein, weil sonst die Fasern für den Strahltransport zerstört werden.

Tabelle 2.5. Verschiedene Betriebsarten von Nd:YAG-Lasern und deren medizinische Anwendung

Anregung	Modulation	Frequenz	Pulsbreite	med. Anwendung
kontinuierlich	keine	kont.	kont.	Laserchirurgie
"	Q-switch	20-50Hz	100-700ns	-
"	cavity-dump.	0,2-2MHz	15ns	-
"	mode-locking	200-500MHz	30-200ps	Laserchirurgie (frequenzverd.)
gepulst	keine	1-100Hz	0,1-1ms	Augenheilkunde evtl. Laserchirurg.
"	Q-switch	Hz-Bereich	14-20ns	Augenheilkunde evtl. Laserchirurg. (frequenzverd.)
"	cavity-dump.	"	0,1-3ns	-
"	mode-locking	"	30-200ps	Augenheilkunde

Neodym-Lasersysteme haben eine Lebensdauer von 10 Jahren und mehr, jedoch müssen einige Komponenten während dieser Zeit ausgetauscht werden. Kontinuierliche Pumplampen funktionieren über eine Dauer von mehreren 100 Betriebsstunden; Blitzlampen ergeben 1 Million bis 10 Millionen Pulse.

Neben den Nd:YAG-Lasern existieren Neodym-Glaslaser. Bei diesem Typ werden die laseraktiven Nd-Ione in ein Glas eingebaut. Dies bewirkt eine starke Verbreiterung der Linie. Die Verstärkung von Nd:Glas ist wesentlich geringer ist als die von Nd:YAG. Gläser besitzen einen relativ niedrigen Wärmeleitungskoeffienten (~0,01 W cm^{-1} K^{-1}). Die damit verbundenen Kühlprobleme verhindern bei Nd-Glas-Stäben eine Lasertätigkeit mit hoher mittlerer Leistung, d.h. ein Dauerstrich-Betrieb oder ein Betrieb mit hoher Wiederholfrequenz ist nicht möglich. Zu medizinischen Zwecken wird der Glaslaser deshalb nicht benutzt. (Da Nd-Glasstäbe bis zu 2 m Länge angefertigt werden können, ist die Erzeugung extrem hoher Pulsleistungen bis in den TW-Bereich (10^{12} W) möglich.)

2.2.2 Frequenzvervielfachter Nd:YAG

Die Strahlung des Nd:YAG-Lasers hat im Gewebe eine große Eindringtiefe von vielen mm, die eine starke Lichtstreuung und eine relativ große Koagulationszone verursacht. Dies ist nicht für alle medizinischen Eingriffe günstig. Deshalb versucht man, Nd:YAG-Laser auch bei anderen Wellenlängen zu betreiben. Bei der Frequenzvervielfachung werden nichtlineare optische Effekte in Kristallen, insbesondere KDP (= KH_2PO_4), ausgenutzt. 'Nichtlinear' bedeutet, daß die Frequenzvervielfachung nicht proportional zur Laserleistung steigt. Bei niedrigen Leistungen tritt der Effekt praktisch nicht auf. Signifikante Umwandlungsraten erhält man nur bei Leistungen im 10-MW-Bereich, d.h., daß frequenzvervielfachte Laser im Q-switch-Betrieb oder mit Modenkopplung arbeiten müssen.

Verdoppler-Kristalle

Von besonderer Bedeutung ist der frequenzverdoppelte Nd:YAG-Laser. Er liefert eine Wellenlänge von 1,06 µm:2 = 0,53 µm, die im grünen Spektralbereich liegt. Der Laser besteht aus einem normalen Q-switch- oder modengekoppelten Laser. Die entstehende 1,06-µm-Strahlung wird durch ein Verdoppler-Kristall geschickt. Dieser Kristall kann innerhalb oder außerhalb des Resonators angebracht sein. Er muß genau justiert werden, da nur in einer bestimmten Kristallrichtung die Ausbreitungsgeschwindigkeiten der 1,06-µm- und der

0,53-µm-Strahlung übereinstimmen. In dieser Richtung tritt die Frequenzumwandlung mit optimalem Wirkungsgrad ein. Der Wirkungsgrad steigt mit zunehmender Pulsleistung stark an. Grenzen sind durch Kristallschäden bei Leistungsdichten über 400 MW/cm^2 gesetzt. Für KDP beträgt in der Praxis ein typischer Wirkungsgrad um 10%. Neuerdings wurden KTP-Kristalle entwickelt, die einen Wirkungsgrad von über 50% erzielen. Nach Durchgang durch den Kristall enthält die Strahlung die beiden Wellenlängen 1,06 und 0,53 µm. Durch einen selektiven Spiegel wird die grüne 0,53-µm-Strahlung abgetrennt. Es bleibt abzuwarten, ob der grüne frequenzverdoppelte Nd:YAG-Laser in Konkurrenz zum Argonlaser treten kann. Für einige Anwendungen, z.B. in der Dermatologie, wäre dies durchaus denkbar. Da die grüne Strahlung aus kurzen intensiven Pulsen besteht, kann eine Zerstörung der Fasern beim Einkoppeln eintreten. Für den laserchirurgischen Einsatz ist eine mittlere Laserleistung von mindestens einigen W erforderlich, die technisch auch erreichbar ist.

UV-Laser

Neben der Verdopplung ist eine weitere Frequenzvervielfachung möglich. Bei der Frequenzverdreifachung wird eine frequenzverdoppelte Welle mit der Grundwelle (1,06 m) in einem optischen Kristall gemischt. Eine Vervierfachung wird durch zweimalige Verdopplung erzielt. Auch eine Verfünffachung ist machbar. Die Wellenlängen betragen dementsprechend 0,355, 0,266 oder 0,212 µm. Alle diese Wellenlängen liegen im Ultravioletten. Der Wirkungsgrad der Umwandlung von 1,06 m in die kürzere Wellenlänge liegt bei modernen Kristallen um 10%. In der Medizin und Biologie können die zitierten Nd:YAG-Laser im UV mit dem Excimerlaser konkurrieren. Die Strahlqualität der UV-Festkörperlaser ist wesentlich besser, so daß eine genauere Fokussierung erreicht werden kann. Außerdem entfallen die beim Excimerlaser notwendigen Flaschen mit giftigen Gasen. Es hängt im wesentlichen von der zukünftigen technologischen Entwicklung ab, ob der frequenzvervielfachte Nd:YAG-Laser die Excimerlaser bei der Photoablation ersetzen wird.

2.2.3 Erbiumlaser

Laser-Kristall

Von großem Interesse für die Medizin ist der Er:YAGLaser, der im mittleren Infraroten bei 2,94 µm emittiert. Die Eindringtiefe von Strahlung dieser Wellenlänge in Gewebe mißt nur circa 1 µm, so daß Effekte der Photoablation auftreten. Für die starke Absorption sind O-H- Vibrationen des Gewebewassers verantwortlich. Als aktives Medium des Lasers wirken dreifach ionisierte Erbiumatome (Er^{3+}), die als Dotierung in einen YAG-Kristall ($Y_3Al_5O_{12}$) eingebracht werden. Es handelt sich somit um den gleichen Kristall, der beim Neodymlaser (Abschnitt 2.2.1) verwendet wird. Der Kristall des Erbiumlasers ist mit 30 bis 40 Gewichtsprozent relativ hoch dotiert, wobei Y-Atome durch Er ersetzt werden. Das System Er:YAG ähnelt dem bereits beschriebenen Nd:YAG-Kristall, so daß hier der Pumpvorgang nicht erläutert werden muß. Der interessante Laserübergang bei 2,94 µm findet zwischen den Niveaus des Erbiumions $I_{11/2} \rightarrow I_{13/2}$ statt. Die Lebensdauer der beiden Laserzustände verhindert einen kontinuierlichen Betrieb. Das obere Niveau hat eine Lebensdauer um 80 µs, während das untere mit 6 ms relativ langlebig ist. Dies bedeutet, daß eine Besetzungsinversion nur einige 100 µs lang aufrecht erhalten werden kann. Danach ist abzuwarten, bis sich das untere Niveau entleert hat; die Zeit ist durch die Lebensdauer des Niveaus gegeben. Auf diese Weise erhält man eine maximale Pulsfrequenz von etwa 100 Hz.

Technische Daten

Der technische Aufbau gleicht annähernd dem des gepulsten Nd:YAG-Lasers. Typische Kristalle haben eine Länge von 5 cm und einen Durchmesser von 0,5 mm. Das Pumpen erfolgt mittels einer gepulsten linearen Xenon-Blitzlampe. Im Unterschied zum Nd:YAG-Laser mißt aus den zitierten Gründen die Breite des Pumppulses nur etwa 40 µs. Im normalen Pulsbetrieb emittiert der Laser Spikes mit einer Breite von 500 ns in einem zeitlichen Abstand von etwa 5 µs. Das Verhalten ähnelt dem des Nd:YAG-Lasers.

Bei spezieller medizinischer Verwendung des Erbium-Lasers, wie z.B. zur Photoablation, sollen Prozesse der Wärmeleitung in das Gewebe möglichst klein gehalten werden. Dies kann durch eine Verkürzung der Pulsdauer erreicht werden. Aus diesem Grund ist ein Q-switch-Betrieb für den Erbium-Laser interessant. Durch den Einsatz von Drehspiegeln können Pulse von einigen 10 ns Dauer erzeugt werden, wobei die Pulshöhe um 1 MW liegt.

Das Einsatzfeld für den Erbiumlaser liegt in der Mikrochirurgie. Aufgrund der geringen Eindringtiefe der Strahlung können sehr präzise Schnitte und ein genaues Abtragen von Gewebe (Photoablation) durchgeführt werden, z.B. an der Cornea und in der Angioplastie. Voraussetzung für eine Reihe von Anwendungen ist die Möglichkeit, die Strahlung in flexible Fasern einzukoppeln. Für den Bereich im mittleren Infrarot um 3 µm wurden Schwermetall-Fluorid-Glasfasern auf der Basis von ZrF_4 entwickelt. Bei einem Kerndurchmesser von 250 µm wurden ohne Probleme 100 mJ übertragen, eine Leistung die für viele Eingriffe in der Mikrochirurgie ausreicht. Die Transparenz für die Wellenlänge des Erbiumlasers ist mit 0,1 bis 1 dB/km hoch. Bisher ist jedoch noch nicht gesichert, ob diese Fasern den klinischen Routinebetrieb mechanisch aushalten werden, da sie zur Brüchigkeit neigen.

Neben den Er:YAG-Kristallen wurden auch Er:YLF-Laser entwickelt; YLF steht als Abkürzung für $LiYF_4$. Sie lasern zwischen Er-Niveaus mit gleicher elektronischer Struktur wie der Er:YAG-Laser. Aufgrund des unterschiedlichen Kristallfeldes ist die Wellenlänge etwas verschoben und liegt bei 2,8 µm. Möglicherweise ist die Eindringtiefe der Strahlung in Gewebe geringfügig größer.

2.2.4 Andere Festkörperlaser

Der Rubinlaser ähnelt in der Konstruktion stark dem Nd:YAG-Laser (Bild 2.16). Der Rubinkristall besteht aus Al_2O_3, wobei mit etwa 0,01 bis 0,5 Gewichtsprozent Chrom dotiert wird. Dieses Atom ist wie Al dreiwertig, so daß Cr-Gitterplätze von Al einnimmt (A_2O_3 : Cr^{3+}). Das verwendete System ist ein 3-Niveau-Laser (Bild 1.5a), der eine hohe Pumpleistung an der Laserschwelle erfordert und einen Dauerstrichbetrieb erschwert. Die Emissionswellenlänge liegt im Roten bei 693 nm. Der Rubinkristall wird durch eine Blitzlampe mit einem intensiven Lichtpuls von etwa 1 ms Dauer angeregt. Üblicherweise erfolgt die Emission der Strahlung in Form von starken statistischen Intensitätsschwankungen, die man 'Spikes' nennt. Es ist jedoch möglich, ähnlich wie beim Nd:YAG-Laser, bei kleiner Pumprate Monomode-Betrieb zu erzielen. Dabei ist eine Erhöhung der Leistung durch nachgeschaltete Laserverstärker erreichbar. Der Rubinlaser war der erste Laser, er hat jedoch in allen Bereichen, auch in der Medizin, stark an Bedeutung verloren; Verwendung findet er hauptsächlich in der Holographie.

Der Alexandritlaser gehört zu den Festkörperlasern mit vibronischen Übergängen. Dabei tragen elektronische Übergänge den Hauptteil der Laserenergie, die Feinabstimmung erfolgt über die Vibrationszustände. Im Prinzip ist der Alexandritlaser wie der Neodymlaser aufgebaut. Ein kontinuierliches Pumpen ist mittels Bogenlampen, ein gepulster Betrieb mittels Blitzlampen möglich. Die Wellenlänge liegt zwischen 701 und 826 nm, sie kann in diesem Bereich kontinuierlich mit einem Lyotfilter eingestellt werden. Wie beim Neodymlaser sind Dauerstrichbetrieb, normaler Pulsbetrieb, Q-switch und Modenkopplung durchführbar. Die mittlere Leistung eines Alexandritlasers mißt bis zu 100 W bei einem Wirkungsgrad um 1%. Die Strahlung kann bei hohen Intensitäten noch gesehen werden, wobei z.B. die Augenempfindlichkeit bei 770 nm um 6 Zehnerpotenzen geringer als im Maximum bei 500 nm ist. Dies bedeutet, daß die Intensität des Strahls gefährlich unterschätzt wird. In der Medizin sind gegenwärtig keine nennenswerten Anwendungsfelder bekannt. Gleiches gilt für andere ähnliche vibronische Festkörperlaser.

Der Holmiumlaser strahlt bei 2,06 µm. Dabei handelt es sich um dotierte YLF-(= $YLiF_4$) oder YAG-Kristalle. Ein Dauerstrichbetrieb kann nur bei tiefen Temperaturen erreicht werden, z.B. bei Kühlung mit flüssigem Stickstoff (77 K). Dabei sind Leistungen über 10 W bei Wirkungsgraden von 3% erreichbar. Bei Zimmertemperatur ist nur

Pulsbetrieb mit normalen oder Q-switch-Pulsen möglich. Auch hier kann die mittlere Leistung 10 W übertreffen. Die Laserwellenlänge liegt zwischen der des CO_2- und der des Nd:YAG-Lasers. Die Strahlung wird relativ stark vom Gewebswasser absorbiert, wobei der Absorptionskoeffizient etwa 10fach unter dem des CO_2-Lasers liegt. Deshalb ist die Koagulationszone größer als beim CO_2-Laser, aber kleiner als beim Nd:YAG-Laser. Es handelt sich also um ein Gerät, das eine Zwischenstellung zwischen einem Koagulations- und einem Schneidelaser einnimmt. Technische und klinische Untersuchungen über die Nutzbarkeit dieses Lasertyps in der Medizin sind im Gange.

2.2.5 Farbstofflaser

Bisher wurde Lasertätigkeit in mehr als 100 Farbstoffen in wässrigen und organischen Lösungen nachgewiesen. Der große Vorteil des Farbstofflasers liegt darin, daß die Wellenlänge in relativ weiten Bereichen kontinuierlich eingestellt werden kann. Je nach Farbstoff wird abstimmbare Lasertätigkeit von etwa 300 nm bis 1 µm erreicht, d.h. vom ultravioletten über den sichtbaren bis in den infraroten Spektralbereich. Durch frequenzverdoppelnde Kristalle kann die Grenze weiter ins Ultraviolette verschoben werden. Bei medizinischen Eingriffen, insbesondere der Behandlung an der Netzhaut, kann somit die Wellenlänge der Strahlung dem Absorptionsverhalten des Gewebes angepaßt werden. Medizinische Farbstofflaser werden bisher für die Augenheilkunde und Dermatologie angeboten. Es handelt sich um Anordnungen, die mit einem Argonlaser gepumpt werden und eine Ausgangsleistung von etwa 1 W erbringt.

Aktives Medium

Für allgemeine Anwendungen existieren auch Farbstofflaser mit höheren Leistungen, die medizinisch nutzbar sind. Das Energieniveauschema, das zum Verständnis des Laservorganges dient, hat für alle Farbstoffe eine ähnliche Struktur. Die elektronischen Energiezustände

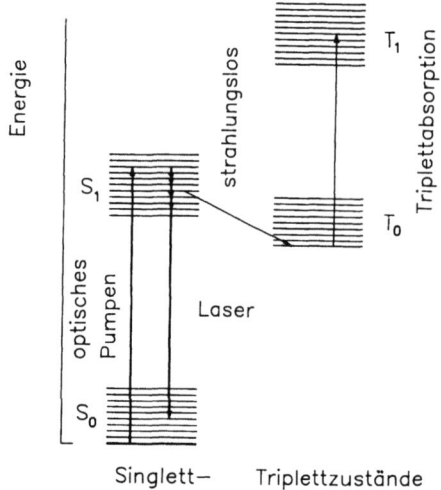

Bild 2.17.
Energieniveauschema eines Farbstofflasers. Die Absorption in den Triplettzuständen stört den Laserprozeß

können in Singulett- und Triplettzustände eingeteilt werden (Spin S = 0 und S = 1) (Bild 2.17). Die niedrigsten Niveaus werden mit S_0 und T_0 bezeichnet, die höheren mit S_1, T_1 usw.. Die Energiezustände sind durch Schwingungen und Rotationen der Farbstoffmoleküle und die Wechselwirkung mit dem Lösungsmittel stark verbreitert. Einzelne Unterniveaus überlagern sich, so daß ein Kontinuum entsteht. Farbstofflösungen zeigen eine starke Lichtabsorption in einem breiten Wellenlängenbereich, die durch $S_0 \rightarrow S_1$ Übergänge verursacht wird (Bild 2.17). Die angeregten Elektronen gelangen durch sehr schnelle strahlungslose Übergänge in 10^{-12} s von den höheren S_1-Zuständen in die tieferen. Von dort aus gehen sie innerhalb einiger ns unter Aussendung von Licht in die verschiedenen Zustände des S_0-Grundniveaus über. Das Fluoreszenzlicht, das durch spontane Emission entsteht, ist gegenüber dem absorbiertem Licht zum langwelligen hin verschoben (Bild 2.18).

Beim Laservorgang bildet der tiefste S_1-Zustand das untere Laserniveau. Von hier aus findet induzierte Emission in das S_0-Kontinuum statt. Bei einem breitbandigem Resonator zeigt die Laseremission ein Maximum, das gegenüber der Fluoreszenz-Strahlung bei etwas grösseren Wellenlängen liegt (Bild 2.18). Die Triplettzustände müssen erwähnt werden, da sie den Laserprozeß stören. Erstens können die S_1-Zustände strahlungslos in den Triplettzustand T_0 übergehen, wodurch die Laserstrahlung geschwächt wird. Der T_0-Zustand ist me-

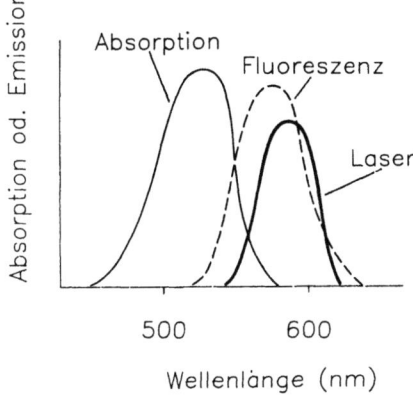

Bild 2.18.
Absorptions-, Fluoreszenz- und Laserstrahlung bei einem Farbstofflaser (z.B. Rhodamin 6 G, schematisch)

tastabil, so daß sich während des Pumpvorganges eine hohe Besetzung ansammelt. Als zweiter Störprozeß kann vom T_0-Zustand aus eine Absorption von Laserstrahlung auftreten, wodurch höhere Triplettniveaus angeregt werden. Die Zeit für den Übergang $S_1 \rightarrow T_1$ liegt bei 10 ns, so daß diese Störungen bei sehr schneller Anregung keine Rolle spielen.

Aufbau

Als Pumplichtquellen für Farbstofflaser können andere gepulste Laser Laser eingesetzt werden, wie frequenzverdoppelte oder verdreifachte Nd:YAG-Laser, Stickstoff-, Excimer- und seltener Kupferdampflaser. Daneben werden auch Blitzlampen verwendet. Für kontinuierliche Farbstofflaser werden zum Pumpen Ionenlaser, insbesondere Argonlaser, benutzt. Die Anregung durch Lichtpulse von einigen ns ist aus den oben genannten Gründen unproblematisch. Die Farbstofflösung wird in einer Küvette mit dem Pumplaser bestrahlt, wobei Lasertätigkeit bei einer Schwelleistung von etwa 10^5 W/cm^2 erreicht wird. Als Spiegel können die polierten Seitenflächen der Küvette in etwa 1 cm Abstand dienen, oder es werden separate Spiegel verwendet (Bild 2.19 a,b). In einer derartigen Anordnung lassen sich Wirkungsgrade bis zu 50% (bezogen auf das Pumplicht) erzielen. Relativ hohe Pulsenergien von einigen Joule bei Folgefrequenzen von 1 bis 100 Hz lassen sich durch Pumpen mit Blitzlampen erzeugen. Hierzu werden teilweise spezielle koaxiale Lampen eingesetzt, bei denen der Farbstoff durch eine Bohrung in der Lampenachse strömt.

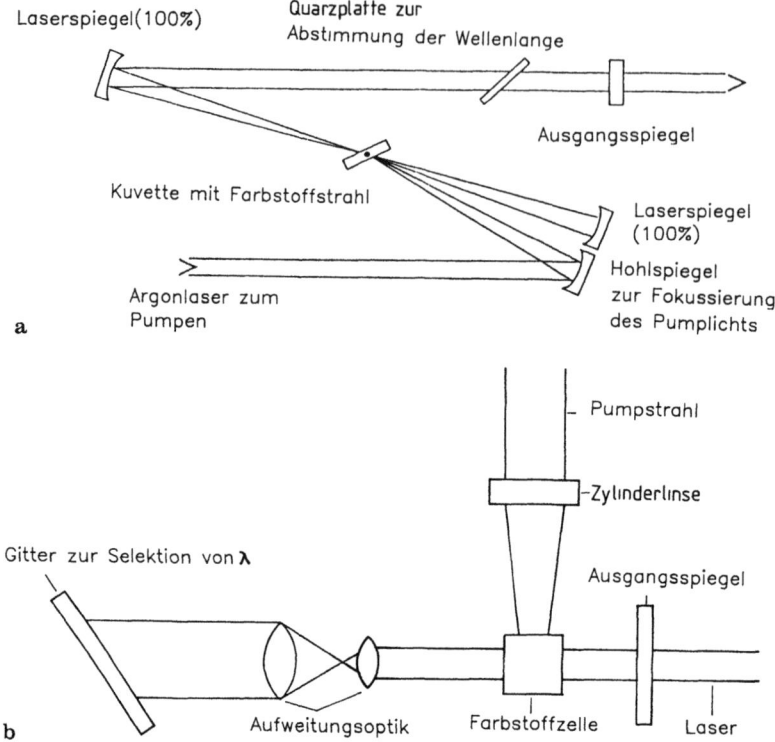

Bild 2.19. a) Typischer Farbstofflaser für Behandlungen an der Netzhaut. Der Laser wird mit einem Argonlaser gepumpt. Die Abstimmung erfolgt durch Kippen einer Quarzplatte
b) Abstimmen eines Farbstofflasers mit einem Reflexionsgitter

Für Operationen an der Netzhaut werden Farbstofflaser verwendet, die mit einem kontinuierlichen Argonlaser von einigen Watt gepumpt werden. Damit steht für die Behandlung sowohl das blau-grüne Licht des Argonlasers als auch das gelbe und rote Licht des Farbstofflasers zur Verfügung. Um die zum Pumpen erforderlichen Leistungsdichten zu erreichen, wird die Strahlung des Argonlaser mit einem Hohlspiegel in den Farbstoff mit einem Durchmesser im μm-Bereich fokussiert (Bild 2.19a). Zur Vermeidung einer Aufheizung und von Tripletteffekten strömt der Farbstoff mit hoher Geschwindigkeit durch den Pumpstrahl. Der Flüssigkeitsstrahl behält im Laserbereich konstante Dicke, Geschwindigkeit, Temperatur und Viskosität, was durch spezielle Düsen und Küvetten erreicht wird. Die flache Küvette mit dem parallelen Flüssigkeitstrahl steht zur Vermeidung von Reflexion unter dem Brewster-Winkel. Der optische Resonator wird durch drei Spiegel gebildet. Zwei Hohlspiegel mit 100% Reflexion sorgen dafür, daß der Strahl des Farbstofflasers im aktiven Medium im μm-Bereich bleibt. Der eine Hohlspiegel ist axial leicht verkippt. Da das aktive Medium im Brennpunkt dieses Spiegels steht, tritt der Strahl seitlich parallel aus. In den parallelen Strahl wird als frequenzselektives Element eine doppelbrechende dünne Quarzplatte eingebracht. Durch Kippen der Platte wird die Wellenlänge der Strahlung bestimmt. Danach trifft der Strahl auf einen teildurchlässigen Planspiegel, an welchem der Strahl austritt.

Als Farbstoff wird insbesondere Rhodamin 6G benutzt. Der Abstimmbereich liegt beim Pumpen mit dem Argonlaser zwischen 570 und 650 nm, wodurch der gelbe bis rote Spektralbereich erfaßt wird. Bei etwas geringerer Ausgangsleistung kann mit verschiedenen anderen Farbstoffen das gesamte sichtbare Spektrum erzeugt werden (Bild 2.20). Beispielsweise kann beim Pumpen mit einem Argonlaser

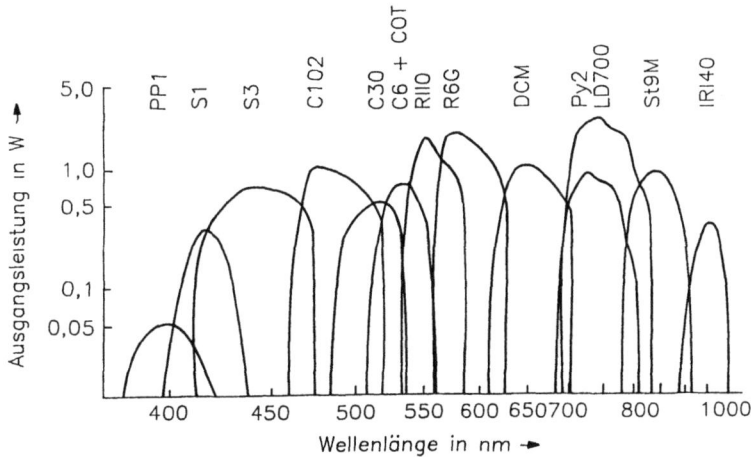

Bild 2.20. Leistung und Wellenlängenbereich von Farbstofflasern, die mit einem kontinuierlichen Argonlaser (ca. 4 W) gepumpt werden (1) Carbostyrik 135, (2) Conmarin 2 (3) Conmarin 102 (4) Conmarin 30 (5) Natriumfluoreszin (6) Rhodamin 6 G (7) Rhodamin 101 (8) Cresylviolett (9) Nilblau

von 4 W maximal eine Leistung von 0,9 W mit Rhodamin 6G erzeugt werden. Sehr häufig werden zur Frequenzeinstellung bei Farbstofflasern Reflexionsgitter montiert (Bild 2.19 b). Auch Prismen lassen sich einsetzen.

Farbstofflaser erlauben eine genaue Abstimmung der Wellenlänge auf das jeweilige medizinische Problem. Sie gewinnen daher in vielen Bereichen, insbesondere der Augenheilkunde und Dermatologie, zunehmend an Bedeutung.

2.2.6 Diodenlaser

In der Medizin werden Halbleiterlaser bisher hauptsächlich zur Biostimulation und in der Augenheilkunde eingesetzt. Es ist zu erwarten, daß die Leistung der Diodenlaser bis auf viele W gesteigert werden kann. Dies wird in Zukunft der Mikrochirurgie und Phototherapie neue Möglichkeiten eröffnen. Aufgrund des hohen Wirkungsgrades und der kompakten Bauweise sind kleine und billige Lasergeräte zukünftig denkbar. Gegenwärtig liegen die Wellenlängen von Diodenlasern zwischen etwa 700 nm und 1,7 µm und mehr.

Aktives Medium

Halbleiterlaser werden auch 'Diodenlaser' genannt. Die Bezeichnung weist darauf hin, daß die Lichtentstehung ähnlich wie bei einer Leuchtdiode abläuft. Der Halbleiterlaser besteht aus einem p-n-Übergang. Der Stromtransport wird im n-Bereich durch (negative) Elektronen und im p-Bereich durch positive Löcher vollzogen. Der Laser wird in Durchlaßrichtung geschaltet, so daß ein relativ großer Strom fließt. Die Elektronen und Löcher rekombinieren in der p-n-Grenzschicht, d.h. die Elektronen gehen von einem oberen Energiezustand in einen tieferen über. Im Gegensatz zu Halbleiter-Dioden, die die freiwerdende Energie in Wärme umsetzen, entsteht bei Halbleiterlasern, genau wie bei Leuchtdioden, Licht. Die Energie und Wellenlänge der Strahlung werden durch den Abstand der Leitungsbänder des Materials bestimmt. Die Wellenlängen für die wichtigsten Halbleiterlaser liegen zwischen 770 und 1500 nm.

Eine Bedingung für die Lasertätigkeit ist die Erzeugung einer Inversion, d.h. im oberen Laserniveau müssen sich mehr Elektronen befinden als im unteren. Dies bedeutet, daß hohe Stromdichten notwendig sind, wobei gegenwärtig bei Dauerstrichlasern ein Schwellstrom von 50 mA typisch ist. Unterhalb der Schwelle findet wie bei Leuchtdioden nur spontane Emission statt. Weiterhin sind zur Rückkopplung der Strahlung Spiegel erforderlich. Diese entstehen durch Spalten der Endflächen des Kristalls. Das Halbleitermaterial besitzt einen Brechungsindex von 3,6 und damit einen ausreichenden Reflexionsgrad, der einen Verzicht auf Verspiegelung ermöglicht.

Aufbau

Die p-n-Grenzschicht, in der die Lasertätigkeit stattfindet, ist etwa 100 nm dick. Zur besseren optischen Führung des Strahls ist es günstig, wenn das aktive Medium von einem Material mit niedrigerem Brechungsindex umgeben wird. Durch Totalreflexion wird der Strahl wie beim Lichtlaser (oder beim CO_2-Wellenleiter-Laser) stets ins aktive Medium zurückreflektiert.

Gepulste GaAs bestehen auf der einen Seite der Grenzschicht aus GaAlAs (Bild 2.21). Dadurch tritt nur auf dieser Seite der Effekt der Totalreflexion auf. Man nennt diese Schichtstruktur (p-GaAlAs, p-GaAs, n-GaAs) im englischen Sprachgebrauch 'single-heterojunction'. Die Lasertätigkeit findet in GaAs statt. Dieser Lasertyp liefert Pulse mit einer mittleren Leistung von 10 bis 20 mW; er wird bisweilen zur Biostimulation eingesetzt.

Für einen kontinuierlichen Betrieb bei Zimmertemperatur ist die oben gezeigte Struktur ungeeignet. Ein Dauerstrichbetrieb kann durch

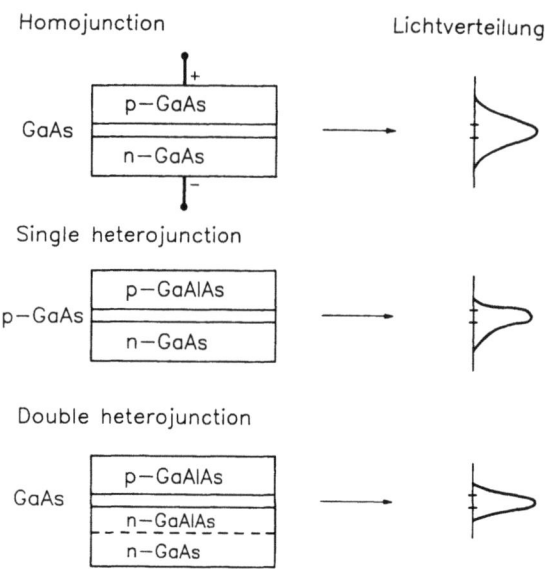

Bild 2.21. Schematische Darstellung von GaAs- und GaAlAs-Diodenlasern

'double-heterojunction'-Laser erzielt werden. Das aktive Medium ist dabei, wie oben erwähnt, von beiden Seiten durch ein Material mit niedrigerem Brechungsindex umgeben. Als technisch und wirtschaftlich am günstigsten hat sich als aktives Medium GaAlAs erwiesen (Bild 2.21), dessen Ausgangsleistung um 10 mW liegt. Der Vorteil des GaAlAs-Lasers besteht darin, daß der Strahl beliebig moduliert oder gepulst werden kann. Im Pulsbetrieb kann die mittlere Leistung höher liegen als im kontinuierlichen Betrieb, weil mit zunehmendem Strom der Wirkungsgrad ansteigt.

Neben dem GaAs und dem GaAlAs existieren noch andere Diodenlaser, wie z. B. der InGaAs (1060nm) und der InGaAsP (1300–1550 nm). Sie wurden bisher noch nicht medizinisch eingesetzt, da sie weder technische noch wirtschaftliche Vorteile erbringen.

Der GaAs-Laser bei 904 nm arbeitet nur im Pulsbetrieb bis zu einigen kHz. Die Pulsleistung mißt bis zu 100 W und die Pulsbreite 200 ns. Daraus ergibt sich eine mittlere Leistung von 10 bis 20 mW. Kontinuierlicher Betrieb bei Zimmertemperatur wird mit den GaAlAs erzielt, wobei die typische Leistung um 10 mW liegt. Laser mit Leistungen bis zu 100 mW sind im Handel zwar erhältlich, aber sehr teuer. Ihre Wellenlänge mißt zwischen 640 und 900 nm. Sie werden zur Biostimulation verwendet. Diodenlaser im roten Spektralbereich können in vielen Fällen den He-Ne-Laser ersetzen. Seit kurzem werden Diodenarrays mit Leistungen von einigen W im IR angeboten.

Aufgrund der kleinen Abmessungen des aktiven Mediums und des Resonators unterscheidet sich das Verhalten des Strahls stark von dem der anderen Laser. Durch die Beugung tritt der Strahl mit sehr hoher Divergenz aus dem Laser aus. Es ist verständlich, daß der Austrittswinkel in der Grenzschicht-Ebene kleiner ist als in der dazu senkrechten. Dies liegt an den geometrischen Abmessungen; die Dicke der Grenzschicht beträgt nur wenige 10 µm, die Breite mißt um 1 mm, Beispiele für die Divergenzwinkel eines GaAs-Lasers sind $\pm 7°$ und $\pm 15°$. Es handelt sich um kohärentes Licht, und die Divergenz kann durch eine Linse stark verringert werden. Die Strahlqualität von Halbleiterlasern ist daher nicht schlechter als die anderer Laser mit vergleichbarer Modenzahl. Abschließend sei bemerkt, daß es von der zukünftigen technischen Entwicklung abhängen kann, ob sich der Halbleiterlaser in der Medizin behaupten wird. In der Nachrichtentechnik, wo allerdings andere Anforderungen an den Laser gestellt werden, ist er nicht mehr wegzudenken.

Kapitel 2

2.1 Hecht, J.: The Laser Guidebook, London: McGraw-Hill 1987
2.2 Eichler, H.; Salk, J.: Laseroptik und -Elektronik. In: Handbuch der Hochfrequenz- und Elektrotechniker, Hrsg.: C. Rint, Heidelberg: Hüthig 1981
2.3 Weber, H.; Herziger, G.: Laser - Grundlagen und Anwendungen, Weinheim: Physik-Verlag 1978
2.4 Kneubühl, F.; Sigrist, M.: Laser, Stuttgart: Teubner, 1988
2.5 Eichler, J.; Eichler, H.J.: Laser - Bauformen, Strahlführung, Anwendungen, Berlin: Springer Verlag 1990

2.6 Tradowsky, K.: Laser - Kurz und bündig, Würzburg: Vogel-Verlag 1990
2.7 Lange, W.: Einführung in die Laserphysik, Darmstadt: Wiss. Buchges. 1983
2.8 Koechner, W.: Solid-State Laser Engineering, New York: Springer Verlag 1976
2.9 Schäfer, F: Dye Lasers, Berlin: Springer Verlag 1977
2.10 Brunner, W.; Junge, K.: Lasertechnik - Eine Einführung, Heidelberg: Hüthig 1990

3. Lasergeräte für medizinische Anwendungen

In den Kapiteln 1 und 2 wurden die optischen Grundlagen und der prinzipielle Aufbau von Lasern beschrieben. Im folgenden soll speziell auf die Konstruktionsprinzipien und die Eigenschaften von Lasern für verschiedene Bereiche der Medizin eingegangen werden. Ohne Zweifel ist der wichtigste Einsatzbereich die Ophthalmologie.

3.1 Laser in der Ophthalmologie

3.1.1 Ophthalmologischer Argonlaser

Der ophthalmologische Argonlaser ist heute der in der Medizin am weitesten verbreitete Laser. Er wird vornehmlich zur Koagulation am Augenhintergrund, an der Iris und am Lid eingesetzt. Bei den Anwendungen am Auge spielt ausschließlich die Koagulation von Gewebe eine Rolle, während Photovaporisation in aller Regel unerwünscht ist.

Im 'all-line-mode' betrieben, erzeugt der typische Argonlaser zwischen 2 und 5 W Dauerstrichleistung an der Hornhautoberfläche, d.h. er emittiert Linien zwischen 488 und 514,5 nm im TEM_{00}-Mode. Bei Koagulation im Netzhautzentrum (siehe Abschnitt 5.1) muß die Wirkung des blau-grünen Anteils des Emissionsspektrums verhindert werden. Deshalb wird für diese Zwecke nur die 514,4-nm-Linie gefiltert, wofür allerdings nur ca. 20% der Gesamtleistung zur Verfügung stehen; teilweise kann dieser Verlust durch einen höheren Anodenstrom ausgeglichen werden. Der Strahl hat einen typischen Durchmesser von 1 bis 1,5 mm, wenn er das Laserrohr verläßt. Da diese Rohre fast immer mit Brewster-Fenstern abgeschlossen werden, ist das austretende Licht in der Regel linear polarisiert. Die Kühlung der Rohre geschieht bei den meisten Fabrikaten mit Hilfe eines Wasserkreislaufs (typischer Durchlauf 7 bis 11 l/min), jedoch sind in den letzten Jahren vermehrt luftgekühlte Laser auf den Markt gekommen. Es werden etwa 2000 Betriebsstunden, mindestens aber 18 Monate Garantie auf ein Laserrohr gegeben. Für die meisten ophthalmologischen Argonlaser ist ein Drehstromanschluß mit 60 A auf 3 Phasen erforderlich. Insbesondere in den Praxen niedergelassener Augenärzte ist diese Bedingung nicht immer erfüllbar, und so bieten verschiedene Firmen Laser mit etwas geringerer Leistung, dafür aber mit Anschlußmöglichkiet an normalen Einphasenwechselstrom an.

In den meisten Fällen wird der Argonlaser im Zusammenhang mit der Spaltlampe eingesetzt (Bild 3.1), daneben wird dieser Lasertyp auch mit Handstücken für dermatologische Behandlungen und intraokulare Koagulation (sogenannte 'Endolaser') geliefert. Wurde in den siebziger Jahren die Koppelung von Laser und Spaltlampe mittels

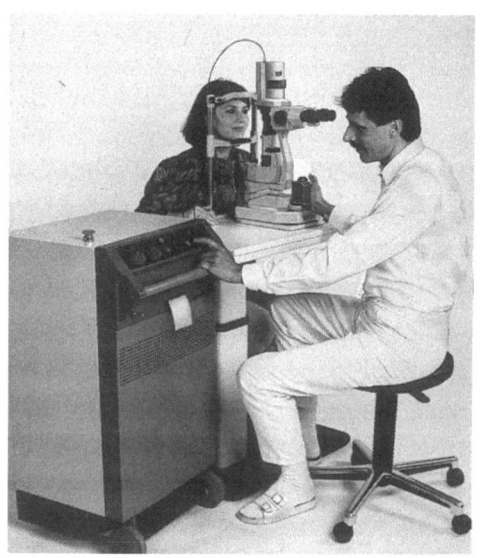

Bild 3.1.
Ophthalmologisches Lasersystem mit Spaltlampe und Laser. Die beiden Systeme sind über eine Glasfaser gekoppelt

Spiegelarmen bewerkstelligt, so ist diese Technik zunehmend durch den Einsatz von Glasfasern ersetzt worden. Hierbeit finden 50-µm-Fasern Verwendung, weil bei der Laserung im Kammerwinkel zur Lasertrabekuloplastik 50-µm-Spots notwendig sind. Die Einkoppelung kann in den Beobachtungs-, aber auch in den Beleuchtungsstrahlengang der Spaltlampe erfolgen, wobei die erste Möglichkeit Vorteile bei der Koagulation der Netzhautperipherie zeigt. Durch Zoom-Optiken werden Laserfleckgrößen zwischen 50 µm und 1 mm erzeugt und vom Operateur eingestellt. Der Laserstrahl läßt sich auf dem Zielgewebe über einen zusätzlichen Mikromanipulator bewegen, der bewegliche Spiegel oder Prismen mechanisch, pneumatisch oder elektrisch führt. Als Modul befindet sich im Beobachtungsstrahlengang außerdem ein Arztfilter, der während der Exposition die Augen des Operateurs schützt.

Die Leistung des Lasers wird ebenso wie die vorwählbare Expositionszeit an der Bedienungskonsole eingestellt. Üblich sind Leistungen zwischen 0,1 und 1 W und Zeiten von 0,05 bis 1 s. Die meisten Geräte verfügen über eine Option, die eine beliebig lange Exposition zuläßt, wobei die tatsächliche Bestrahlungszeit mit dem Fußschalter begrenzt wird. Neuere Einheiten bestrahlen auch repetierbar, wobei die vorgewählte Koagulation mit Frequenzen zwischen 0,3 und 1 Hz wiederholt wird, solange der Fußschalter gedrückt bleibt.

Neben dem oben beschriebenen Ar-Dauerstrichlaser existieren Argonlaser, die aufgrund ihrer Anregung eine hochfrequente Folge von kurzen Lichtimpulsen emittieren. Dabei ist die Folgefrequenz so hoch, daß die Wärmeausgleichzeit im Gewebe sehr viel größer ist als die Wiederholdauer, so daß das Zielgewebe eine nahezu homogene Erwärmung erfährt. Diese Geräte verfügen auch über einen sogenannten 'Perforationsmodus', der Laserpulse stärkerer Leistung (kürzere Pulse) generiert.

3.1.2 Alternativen zum Argonlaser

Für die Koagulation in der Netzhautmitte und bei Blutungen werden bevorzugt Wellenlängen über 600 nm benutzt. Klinisch eingesetzt werden Krypton- und Farbstofflaser (cw). In der experimentellen Erprobung befinden sich blitzlampengepumpte Farbstofflaser (gepulst) und Diodenlaser.

Der Kryptonlaser unterscheidet sich in seinem prinzipiellen Aufbau nicht vom Argonlaser. Die verwendete Wellenlänge liegt bei 647 nm bei maximalen Ausgangsleistungen um 1 W. Da alle optischen Komponenten im Strahlführungssystem ebenso wie in der Spaltlampe breitbandig verspiegelt sind, unterscheidet sich der technische Aufbau vom Argonlaser nur im Arztfilter, der die Augen des Arztes vor einer anderen Wellenlänge schützt. Am Fundus werden ähnliche Bestrahlungsparameter wie beim Argonlaser verwendet, jedoch sind in der Regel geringere Leistungen nötig.

Bei den ophthalmologischen Farbstofflasern haben sich bisher nur jene durchgesetzt, die von Argonlasern gepumpt werden. Als Farbstoff wird bei einfachen Farbstofflasern Rhodamin 6G mit einer Emission von 570 bis 620 nm verwendet. Bei einigen Geräten kann der Emissionsbereich ins Rote mit einer zweiten Farbstoffeinheit erweitert werden, die den Farbstoff DCM benutzt (620 bis 670 nm). Die Umschaltzeit zwischen den beiden Farbstoffen beträgt ca. 1 min. Typische Maximalleistungen für Rhodamin 6G liegen in Abhängigkeit von der Wellenlänge bei 1,0 bis 1,5 W. Die Leistungsanzeige am Gerät muß mittels einer elektronischen Wellenlängenkorrektur kalibriert werden. Der Farbstoff muß ca. alle halbe Jahre erneuert werden, jedoch hängt dieses Intervall sehr von der Nutzungshäufigkeit ab. Der angegebene Wert gilt für ca. 1 bis 2 Betriebsstunden pro Tag. Bei allen klinisch eingesetzten Geräten wird der Farbstoffstrahl frei gepumpt, er befindet sich also nicht in einer Küvette.

Die Bedienungseinheit ist gegenüber dem Ar-Laser um einen Wellenlängenselektor erweitert. Dabei können Festwellenlängen (z.B. 570 nm als Absorptionsmaximum des Hämoglobins oder 615 nm als Absorptionsminimum für Blut) eingestellt werden, aber auch der gesamte Wellenlängenbereich ist kontinuierlich durchstimmbar.

Bei all diesen technischen Finessen ist jedoch zu bedenken, daß in 90% der behandelten Fälle der Argonlaser allein (all-line oder 514 nm) ausreicht.

3.1.3 Gepulster Nd:YAG-Laser

Der Einsatzbereich dieser Festkörperlaser liegt auch heute noch hauptsächlich in den vorderen Augenabschnitten (Linsenkapsel, Iris). Hier soll mittels eines optischen Durchbruchs eine Mikroexplosion verursacht werden, die die erkrankten Strukturen zerreißt. Dieser optische Durchbruch kann sowohl mit gütegeschalteten als auch mit modengekoppelten Lasern erzielt werden. Obwohl anfangs der modengekoppelte Typ einen höheren Stellenwert hatte, spielt er heute kaum mehr eine Rolle. Er ist zu groß und sein Aufbau zu komplex, darüberhinaus muß der Farbstoff in Abhängigkeit von der Nutzungsdauer 1 bis 5 mal pro Jahr erneuert werden. Im klinischen Betrieb hat sich keiner der beiden Gerätetypen gegenüber dem anderen als medizinisch vorteilig erwiesen. Deshalb soll hier nur der gütegeschaltete Nd:YAG-Laser vorgestellt werden.

Die meisten Hersteller geben an, daß ihre Laser im TEM_{00}-Mode arbeiten, weil bei dieser Betriebsart der Strahl auf den kleinsten Fleck fokussiert werden kann. Theoretisch mißt der minimale Fleckdurchmesser 2 bis 3 µm. Ob die von manchen Herstellern angegebene Fleckgröße von 4 µm tatsächlich erreicht wird, darf bezweifelt werden. Realistischer sind Angaben von 15 bis 50 µm. Die Durchbruchstiefe soll bei 50 bis 100 µm liegen, um benachbarte Strukturen (PMMA-Linse, Hornhautendothel) zu schonen. Die Pulslänge variiert von Gerät zu Gerät zwischen 3 und 15 ns. Die Divergenz des Nd:YAG-Strahles liegt unter 3 mrad. Für ophthalmologische Behandlungen liegt die maximal notwendige Energie bei 10 bis 20 mJ pro Puls, erfahrungsgemäß müssen aber selten höhere Energien als 5 mJ verwendet werden. Die Repetitionsfrequenz der Pulse liegt selten über 2 bis 3 Hz. Allerdings verfügen die meisten Geräte über den sogenannten 'burst-mode', bei dem eine Pulserie von 2 bis 9 Schüssen mit wesentlich höherer Repetitionsfrequenz (50 Hz bis 50 kHz) emittiert wird. Die Puls-zu-Puls-Stabilität der Laser soll nach den Erfordernissen des Bureau of Radiologic Health besser als ±10% sein. Es sind nur Luftkühlung und ein 220-V-Ein-Phasenanschluß nötig. Nicht unbedeutend für intraokulare Operationen ist der Konvergenzwinkel beim Eintritt in das Auge. Er bestimmt nämlich die Belastung tiefer gelegener Strukturen (Glaskörper, Retina) ebenso wie die Zielgenauigkeit und räumliche Reproduzierbarkeit des optischen Durchbruchs. Daher sind größtmögliche Konvergenzwinkel anzustreben. Andererseits stellt die Pupille für tiefer gelegene Eingriffe eine obere Grenze der Konvergenz dar. Übliche Konvergenzwinkel messen zwischen 9° und 16°, bei einigen Geräten können sie variiert werden.

Die Routinebehandlung findet an der Spaltlampe statt, jedoch gibt es auch einzelne Gerätetypen, die an ein Operationsmikroskop angekoppelt werden können. Da der gütegeschaltete Nd:YAG-Laser relativ klein ist (Resonatorlänge 10 cm) und die gepulste Strahlung nicht über eine Glasfiber geleitet werden kann, ist der Laserkopf meist fest mit der Spaltlampe verbunden, und die Einkoppelung geschieht über Spiegel. Die elektrische Versorgung ist in der Regel in den Spaltlampentisch integriert. Da der Resonator beim modengekoppelten Nd:YAG-Laser erheblich länger ist, kann dieser Laser nicht integriert werden und muß über bewegliche Spiegelarme eingekoppelt werden.

Wichtig für die genaue Lokalisation des Durchbruchs im Auge ist das Zielverfahren, das in verschiedenen Variationen zur Auswahl steht. Alle Geräte arbeiten mit He-Ne-Ziellasern, deren Licht koaxial zum Infrarotstrahl liegt und über einen achromatischen Aufbau konfokal fokussiert wird. Dabei reicht der Erfindungsreichtum vom einfachen roten Fleck, der im gemeinsamen Fokus sehr klein wird, bis zum rotierenden Rad, das in der Fokusebene stillsteht. Gut bewährt hat sich die Kreuzung zweier He-Ne-Strahlen im Fokus.

Vereinzelt werden Kontaktgläser eingesetzt, um die Konvergenz der Nd:YAG-Strahlen zu erhöhen, aber auch zur Stabilisierung des Patientenauges. Insbesondere bei der Arbeit im Kammerwinkel ist ein Kontaktglas unabdingbar.

Bei einigen wenigen Geräten gibt es den sogenannten 'free-running-mode'. Darunter versteht man eine Unterdrückung der Güteschaltung, so daß lange Laserpulse (200 µs bis 10 ms) mit höherer Repetitionsrate zu Koagulationszwecken zur Verfügung stehen.

3.1.4 Neuere Entwicklungen - Excimerlaser, cw-Nd:YAG-Laser

Mit dem Excimerlaser (193 nm) wurde eine neue Behandlungsform in der Augenheilkunde durchführbar: präzises Schneiden in der Cornea. Die dazu verwendeten Energiedichten variieren zur Zeit noch und liegen zwischen 200 und 700 mJ/cm^2. Da die Energiedichte bei Austritt aus dem Resonator um 100 mJ/cm^2 mißt, muß der Strahl in Teleskopen komprimiert werden. Um Beschädigungen an Spiegeln, Linsen und Prismen zu verhindern, wird bei manchen Geräten der gesamte Strahlführungspfad mit Stickstoff gespült. Übliche Repetitionsraten sind 10 bis 20 Hz. Da das verwendete Fluorgas giftig ist, muß der gesamte Laser luftdicht gekapselt sein, wobei durch Fluorgassensoren die Luft innerhalb der Sicherheitskapsel kontinuierlich auf eventuelle Lecks geprüft wird.

Während der Behandlung mit dem Excimerlaser liegt der Patient in der Waagerechten. Ein koaxialer He-Ne-Laser dient als Zielstrahl. Üblich ist ein integriertes Operationsmikroskop. Die Ausgangsenergie wird mit Energiemonitoren gemessen und über die Entladungsspannung reguliert. An der Bedienungskonsole kann entweder die Anzahl der Impulse oder aber die maximal abzutragende Hornhautschichtdicke bei bekannter Ablationsrate eingegeben werden. Zur flächigen Photoablation der Hornhaut zur Korrektur von Kurz- und Weitsichtigkeit wird der Strahldurchmesser von einer Irisblende begrenzt, die von einem Schrittmotor gesteuert wird. Das System wird von einem Mikroprozessor gesteuert, der als Eingabe die Dioptrienstärke und den Durchmesser der zu behandelnden Fläche benötigt. Alle Geräte brauchen Drehstrom.

Zur transskleralen Koagulation des Ziliarkörpers beim Glaukom kann der cw-Nd:YAG-Laser benutzt werden. Dabei finden entweder 'free-running' gepulste Nd:YAG-Laser Anwendung oder aber chirurgische cw-Nd:YAG-Laser, die weiter unten besprochen werden. Die benötigte Leistung liegt bei 30 W. Der Strahl wird über Glasfasern entweder in eine Spaltlampe eingekoppelt oder mit einem Handstück in Kontakt mit dem Auge appliziert.

3.2 Chirurgische Laser

Ein weitere wichtige Klasse von Lasern für die Medizin bilden Geräte mittlerer Leistung von mehreren W bis zu 100 W. Die bedeutsamsten Vertreter sind der CO_2-, der Nd:YAG- und der Argonlaser.

3.2.1 Chirurgischer CO_2-Laser

Einer der ersten medizinisch erfolgreichen Laser war der CO_2-Laser. Er strahlt normalerweise in mehreren Linien im infraroten Bereich um 10,6 µm. Die Strahlung wird vom Gewebewasser mit einer typischen Eindringtiefe von etwa 1/100 mm stark absorbiert. Bei dieser hohen Absorption tritt eine schnelle Erwärmung des Gewebes ein, und es wird eine hohe Oberflächentemperatur erreicht. Dies führt bei fokussierter Strahlung zu einer schnellen Verdampfung des Gewebes. Verglichen mit dem Nd:YAG-Laser, ist die Koagulationszone relativ dünn, und der CO_2-Laser kann als typischer 'Schneidelaser' bezeichnet werden.

Kommerzielle medizinische Laser arbeiten in der Regel im Dauerstrichbetrieb, wobei Geräte mit Leistungen zwischen 20 und 100 W erhältlich sind. Die Konstruktion der Laser verschiedener Hersteller ist ähnlich; unterschiedlich sind das Zubehör, wie Strahlführungssysteme, und die angekoppelten optischen Geräte, z.B. Operationsmikroskope, Colposkope, Laparoskope und Bronchoskope.

Netzgerät

Grundsätzlich besteht der Laser aus dem Netzgerät, in welches fast immer die Gasflasche integriert ist, dem Laserkopf und dem Strahlführungssystem (Bild 3.2). Das Netzgerät liefert den Strom für die Gleichstromentladung im CO_2-He-N_2-Gasgemisch des Laserrohres. Der typische Strom für ein Laserrohr von 2,5 cm Durchmesser mißt

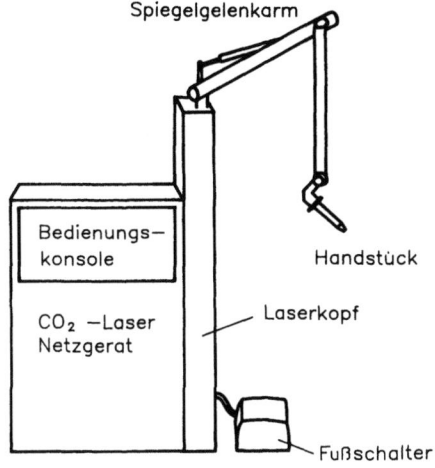

Bild 3.2. CO_2-Lasersystem für die Medizin mit Leistungen zwischen 25 und 100 W

einige 100 mA. Der Wirkungsgrad ist mit ungefähr 5% sehr hoch, so daß die Nennleistung der Netzgeräte nur wenige kW beträgt.

Im Netzgerät befindet sich die automatische Regelung für die Gaszufuhr zum Laserrohr. Die Gasflasche hat ein Volumen von 5 bis 10 l bei einem Fülldruck von 140 bar. Das Gemisch setzt sich, je nach Laser-Hersteller, aus 4,5% bis 7% CO_2, 5% bis 14% N_2 und 79% bis 82% He zusammen, es reicht für 25 bis 50 Stunden. In Zukunft werden auch Systeme Anwendung finden, die das Lasergas über Katalysatoren in einem geschlossenen Kreislauf regenerieren.

Betriebsarten

Die Ausgangsleistung des Lasers läßt sich über das Netzgerät kontinuierlich variieren. Zusätzlich existiert zum Sparen von Gas die Betriebsart 'stand-by'. Zur Stabilisierung der Leistung wird mit einem Strahlteiler und einem Detektor die Laserleistung gemessen und nachgeregelt. An der Bedienungskonsole kann die Bestrahlungszeit von 0,01 bis zu einigen s eingestellt werden. Weiterhin ist ein Pulsbetrieb mit variablen Pulsbreiten und Frequenzen möglich. Dabei sind normale Pulse und Superpulse einschaltbar. Im ersten Fall wird der Pulsbetrieb durch einen periodisch arbeitenden Verschluß im Laserstrahl erreicht. Bei Superpulsen wird die Entladung im Bereich von

0,1 bis 1 ms gepulst. Dabei steigt die momentane Laserleistung um den Faktor 5 bis 10 an. Die mittlere Leistung bleibt konstant oder fällt etwas. Durch die Superpulse kann die Wärmeleitung in das Gewebe reduziert werden. Das Schalten des Lasers erfolgt mittels eines Hand- oder Fußschalters.

Laserkopf

Die bisherigen kommerziellen Systeme über 25 W arbeiten mit longitudinal durchströmten Laserrohren. Das Rohr wird mit einem geschlossenen Wasserkreislauf (ca. 3 l) gekühlt, wozu ein Wasser-Luft-Wärmeaustauscher eingesetzt wird. Die Laser strahlen vorzugsweise in der Grundmode TEM_{00}. Höhere Leistungen werden im Multimode-Betrieb erzielt, wobei oft die TEM_{11}^*-Mode auftritt. Der Durchmesser dieser Mode ist etwa doppelt so groß wie die der Grundmode. Demensprechend verhalten sich die Brennflecke bei Fokussierung durch eine Linse. Der Laserkopf kann waagerecht auf einem verstellbaren Stativ über dem Netzgerät angeordnet werden. Oft steht der Laserkopf auch senkrecht neben dem Netzgerät und kann von diesem auch räumlich getrennt werden (Bild 3.3). Bei niedrigen Leistungen sind auch abgeschlossene Laserrohre, meist als Wellenleiter-Systeme, im Einsatz. Im Handel sind sehr kompakte Rohre, die in der Hand gehalten werden können (Bild 3.4).

Strahlführungssysteme

Obwohl flexible Lichtleiter in Labormustern erhältlich sind, arbeiten bisher alle kommerziellen medizinischen CO_2-Laser mit Spiegelgelenkarmen zur Strahlführung (Bild 3.2 und 3.3). Einige leichte Laser kommen ohne Strahlführungssysteme aus (Bild 3.4). Die Strahlführungssysteme sind in der Regel aus zwei etwa gleich langen Armen zusammengesetzt, die durch rotierende Gelenke verbunden sind. Jedes Gelenk besteht aus zwei 90°-Ablenkungen (Bild 3.5). Das Handstück enthält eine langbrennweitige Linse zur Fokussierung des Laserstrahls. Je nach Brennweite mißt der Durchmesser im Fokus um 0,2 mm für die TEM_{00}-Mode und doppelt so breit für TEM_{11}^*. Der

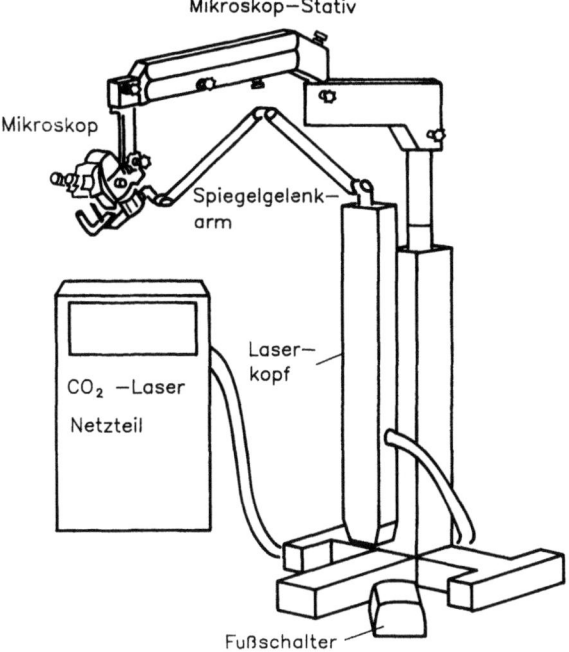

Bild 3.3. Ankoppelung eines CO_2-Lasersystems an ein Operationsmikroskop

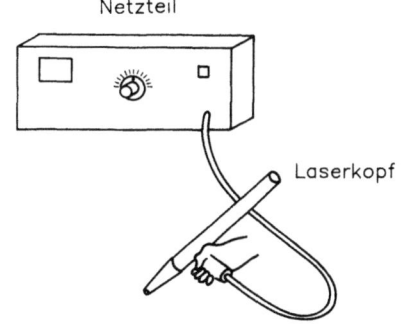

Bild 3.4. CO_2-Waveguide-Laser bis 30 W ohne Gasaustausch

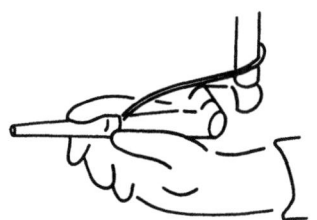

Bild 3.5. Handstück am Ende des Spiegelgelenkarmes

CO_2-Laserstrahl ist nicht sichtbar. Daher wird der Strahl eines He-Ne-Lasers um 1 mW koaxial in den CO_2-Laserstrahl eingespiegelt.

Systeme

Bild 3.2 zeigt ein typisches Standardsystem eines medizinischen CO_2-Lasers. Derartige Anlagen werden zwischen 25 und 100 W geliefert. Der Laserstrahl wird mit einem Handstück geführt. Zur Kühlung und zur Verhinderung der Kontamination der Fokussierlinse ist ein Anschlußstutzen für einen Gasschlauch, z.B. N_2 oder CO_2, vorhanden. Der Fokus liegt ca. 25 mm vor dem distalen Ende des Handstückes. Die Ankoppelung an ein Operationsmikroskop veranschaulicht Bild 3.3. Vor das Objektiv des Mikroskops ist ein sogenannter 'mikrochirurgischer Adapter' gesetzt. Der Laserstrahl wird koaxial zur optischen Achse des Beobachtungsstrahlenganges eingespiegelt. Mit einem Mikromanipulator kann der Strahl über ein Operationsfeld von ca. 25 mm frei bewegt werden. Durch austauschbare Fokussierelemente im Adapter mit Brennweiten f = 200 bis 400 mm sind Arbeitsabstände von 200 bis 400 mm einstellbar. Die Elemente haben dieselben Brennweiten wie die Objektive der Operationsmikroskope. Dadurch liegt der Fokus automatisch in der Ebene größter Sehschärfe. Durch Einschwenken einer Zerstreuungslinse kann der Fokusdurchmesser verdoppelt werden. Typische Durchmesser sind, je nach Brennweite, 0,5 bis 1 mm für TEM_{00} und doppelt so groß für TEM_{11}^*.

Die Ankoppelung an ein Bronchoskop illustriert Bild 3.6. Der Fokusdurchmesser liegt in diesem Fall um 2 mm bei einem 300-mm-Bronchoskop und um 3 mm beim 400-mm-Gerät. Ähnlich wie beim Operationsmikroskop kann die Ankoppelung an ein Kolposkop erfolgen, da der Unterschied zwischen beiden Geräten nur in der Richtung der optischen Achsen besteht. Gehandelt werden Geräte mit 25 W, bei denen der relativ kleine Laserkopf direkt mit dem Kolposkop verbunden ist und mit diesem bewegt wird. Diese Lösung erspart ein Spiegelgelenksystem.

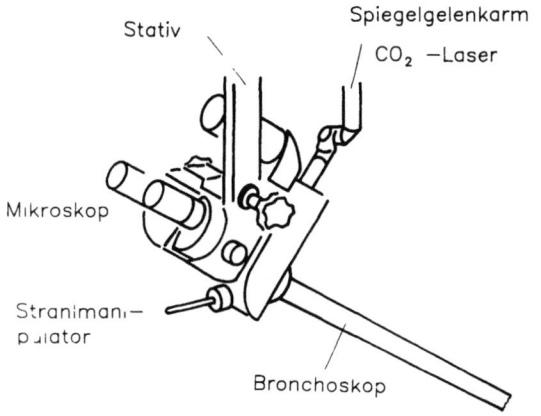

Bild 3.6. Ankoppelung eines Spiegelgelenkarmes (CO_2-Laser) an ein Bronchoskop

Vorteile

Als bedeutsamste Vorteile der CO_2-Laserchirurgie sind zu nennen:

- hohe Präzision bei mikrochirurgischen Eingriffen
- berührungsloses, steriles Operieren
- minimaler oder kein Blutverlust, kleine Blut- und Lymphgefäße werden durch Koagulation verschlossen
- übersichtliches und trockenes Operationsfeld
- genaue dosierbare und kontrollierbare Wirkung auf das Gewebe
- präzise Gewebeabtragung
- geringe postoperative Schmerzen und geringe Ödembildung
- Eingriffe auch in schwer zugänglichen Bereichen (Kehlkopf, Rachenraum, Luftröhre)
- Kopplungmöglichkeiten mit optischen Geräten.

3.2.2 Neodym-Koagulationslaser

Einer der in der Medizin gut und erfolgreich eingeführten Laser ist der Nd:YAG-Laser im Dauerstrichbetrieb. Er besitzt eine robuste Bauweise und strahlt im nahen infraroten Bereich bei 1,06 µm. Die Strahlung wird vom Gewebswasser kaum absorbiert; die Eindringtiefe beträgt bis zu 9 mm (1/e-Wert). Die entsprechende Eindringtiefe in Blut ist mit 2,5 mm immer noch relativ groß. Bei diesen geringen Absorptionswerten im Gewebe tritt eine starke Lichtstreuung auf. Die Streuung entsteht durch mehrfache Umlenkung des Lichtes durch Reflexion, Brechung und Beugung. Durch diese Effekte werden etwa 30% bis 40% der einfallenden Strahlung aus dem Gewebe hinausgestreut. Dieser Anteil der Strahlleistung geht grundsätzlich bei der Laserchirurgie verloren. Eine weitere Folge der starken Lichtstreuung im Gewebe besteht darin, daß die Wechselwirkung zwischen Strahlung und Gewebe über einen relativ großen Gewebsbereich räumlich verteilt ist. Selbst bei fokussierter Strahlung entsteht Wärme in einem großen Volumen auch seitlich außerhalb der bestrahlten Stelle. Diese Eigenschaften der 1,06-µm-Strahlung bedingen, daß sich der Neodym-Laser hauptsächlich zur Koagulation von Gewebe eignet. Die Koagulationszone kann sich je nach Bestrahlungsdauer bis etwa 5 mm in die Tiefe des Gewebes ausdehnen. Zum Schneiden und Verdampfen größerer Gewebsbereiche ist dieser Laser deshalb nicht besonders geeignet. Wegen der starken Streuung sind zur Erzeugung vergleichbarer Läsionen wesentlich höhere Strahlleistungen als beim CO_2-Laser notwendig. Im folgenden soll der technische Aufbau kommerzieller Nd-Laser mit Leistungen bis zu 100 W erklärt werden.

Netzgerät

Ein typisches Lasersystem besteht aus einem fahrbaren Gehäuse mit Netzteil und Wasserkühlung, einer Bedienungskonsole und dem Laserkopf, der auf einem Haltearm befestigt oder direkt über dem Netzteil angeordnet ist (Bild 3.7). Das optische Pumpen des Laserstabes erfolgt meist durch zwei Krypton-Bogenlampen, die sich in einer doppel-elliptischen Pumpkammer befinden. Bei einem 100-W-Laser (multimode) beträgt die Leistung jeder Lampe 2,5 kW oder mehr. Beide Lampen sind in Reihe geschaltet, so daß sie von dem gleichen Strom durchflossen werden; es wird 380-V-Drehstrom mit 3 Phasen benötigt. Jede Phase wird typischerweise mit einer 20-A-Sicherung geschützt. Die Spannung wird durch einen Transformator umgewandelt und mit einem normalen Dreiphasen-Gleichrichter gleichgerichtet. Statt der üblichen Dioden werden Thyristoren be-

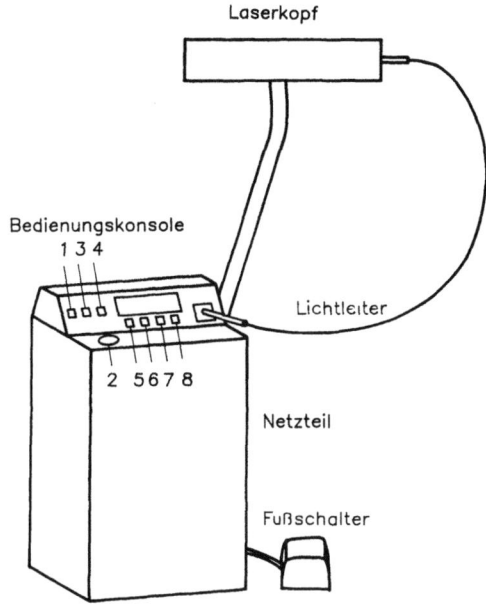

Bild 3.7. Medizinischer Nd:YAG-Laser mit Netzteil, Bedienungskonsole und Laserkopf. Die Faser befindet sich im Leistungsmesser. (1) Netz ein/aus, (2) Not-Ausschalter, (3) Lampen ein, (4) Pilotlicht ein, (5) Laserleistung, (6) Pulsdauer, (7) Energie, (8) Zahl der Pulse

nutzt, mit denen die Leistung der Lampen eingestellt wird. Die Thyristorsteuerung wird durch den Drehknopf "Laserleistung" reguliert. Die Ausgangsspannung des Gleichrichters hat eine starke Welligkeit. Zur Glättung dient ein L/C-Filter. Ein Vorwiderstand (Shunt) begrenzt und stabilisiert den Lampenstrom, der (bei 100 W Laserleistung) etwa 30 A beträgt. In diesem Fall liegt die Spannung an einer Lampe um 100 V. Zum Einschalten der Bogenlampen ist eine kurzzeitige Zünd-Spannung um 30 kV notwendig. Sie wird durch den Druckschalter "Laserlampen ein" ausgelöst. Für ein zuverlässiges Starten muß während der Triggerphase die Spannung des Versorgungsgerätes kurzzeitig auf bis zu 1 kV erhöht werden. Dies geschieht mittels einer 'Booster-Spannung'. Durch eine Hochspannungsquelle mit geringem Strom wird der Filter-Kondensator vor dem Zünden auf diese Spannung aufgeladen.

Optische Elemente

Der Nd:YAG-Stab ist bei einem 100-W-Laser etwa 80 mm lang und hat einen Durchmesser von 4 mm. Eine ähnliche Geometrie besitzen die Krypton-Bogenlampen. In den Entladungslampen werden je 2,5 kW Leistung umgesetzt. Da nur circa 100 W optische Laserleistung entsteht, muß der größte Teil als Wärme abgeführt werden. Deshalb können die Lampen in ein konzentrisches Quarzrohr eingebaut werden, das zur Kühlung von einer schnellen Wasserströmung durchflossen wird. Der Laserstab wird auf die gleiche Art gekühlt, und auch für die Pumpkammer ist eine Wasserkühlung vorgesehen. Die Kühlung ist meist an die Wasserleitung angeschlossen, und der Verbrauch beträgt typischerweise 8 l/min bei einem notwendigen Druck von 2,5 bar. Ein spezieller Filter schützt den Kühlkreislauf vor Verunreinigungen. Die mittlere Lebensdauer der Lampen umfaßt etwa 600 Betriebsstunden, während der Kristall eine unbegrenzte Lebensdauer hat, sofern er nicht mechanisch beschädigt wird. Die Pumpkammer hat eine doppel-elliptische Form, wobei die große und die kleine Achse beispielsweise 38 mm und 33 mm lang sein können. Um einen hohen Reflexionsgrad für das Pumplicht zu erzielen, muß die Oberfläche gut poliert und mit Gold oder anderen reflektierenden Schichten bedampft sein.

Der Laserstab ist in einem Resonator von etwa 0,4 m Länge untergebracht. Der Strahldurchmesser wird durch den Durchmesser des Laserstabs von einigen mm bestimmt; die Divergenz mißt ca. 15 mrad. Die am häufigsten verwendete Lichtleitfaser besteht aus Quarz mit einem Durchmesser von 0,6 mm. Zur Einkoppelung in die Faser wird der Strahl mit einer langbrennweitigen Linse fokussiert, die justierbar im Laserkopf angebracht ist. Der Strahldurchmesser an der Einkoppelungsstelle ist etwas kleiner als der Faserdurchmesser. Der Fokus sollte vor der Faserfläche liegen, damit hohe Leistungsdichten im Quarz vermieden werden. Die Faserenden sind poliert. Ein Ende wird in ein Kupplungsstück eingebaut und mit hoher Präzision in den Laserkopf eingeschoben. Die Kupplung ist so beschaffen, daß ein schneller Wechsel des Fasersystems vom Arzt durchgeführt werden kann. Bei hoher Laserleistung um 200 W und mehr erwärmt sich die Faser, so daß eine Gaskühlung zweckmäßig ist. Dazu wird über die

Faser ein flexibler Kunststoffschlauch von 2 bis 2,6 mm geschoben (Bild 3.11). Dieser Schlauch ist am Kupplungsstück montiert, an dem sich auch der Einlaßstutzen für die Gaskühlung befindet. Am distalen Ende wird die Faser durch ein Drehteil zentral im Schutzschlauch gehalten. In diesem Teil befinden sich auch die Öffnungen für den Gasaustritt. Sie sind so gestaltet, daß die polierte Endfläche der Faser vor Verunreinigungen geschützt wird. Als Gas wird sterile Luft oder CO_2 bei einem Fluß von 100 bis 200 ml/min verwendet. Diese geringe Menge wirkt sich bei der Behandlung nicht störend aus. Zur Kühlung der Gewebsoberfläche werden auch flüssigkeitsumspülte Lichtleiter hergestellt. Das in Bild 3.11 gezeigte System dient dazu, direkt in starre und flexible Endoskope eingeschoben zu werden.

Die Transmission der Quarzfaser liegt bei 90%. Die Verluste werden hauptsächlich durch die übliche Reflexion von je 4% an den Grenzflächen Glas-Luft am Ein- und Ausgang der Faser verursacht. Eine reflexionsmindernde Verspiegelung bewährt sich im Routinebetrieb nicht, da die Faserenden gelegentlich nachpoliert werden müssen, weil hauptsächlich das distale Ende während der Behandlung verschmutzt. Durch Absorption an diesen Stellen können thermische Schäden auftreten. Die Strahlung des Nd:YAG- Lasers liegt bei 1,06 µm im Infraroten und ist nicht sichtbar. Aus diesem Grund wird in den Laserkopf ein He-Ne-Laser mit einer Leistung um 1 mW eingebaut. Die rote Strahlung wird als Pilotlicht in den Infrarotstrahl eingespiegelt. Manche Hersteller benutzten auch eine Xenon-Lampe als Pilotlichtquelle, da weißes Licht auf dem roten Untergrund des Gewebes kontrastreicher ist. Wichtig ist, daß der Pilotstrahl möglichst deckungsgleich mit dem starken Nd:YAG-Laserstrahl ist.

Bedienungskonsole

Der Arzt steuert den Laserstrahl meist mit einem Fußschalter. Zusätzlich ist eine Steuerkonsole mit einigen Bedienungs- und Anzeigeeinheiten vorhanden. Das Netz wird mit einem Schlüssel "Netz ein/aus" eingeschaltet. Zusätzlich muß ein deutlich sichtbarer großer "Not-Ausschalter" vorhanden sein. Die Kryptonlampen werden durch einen Schalter "Lampen ein" gezündet. Dadurch wird der sogenannte 'Standby-Betrieb' gestartet, bei welchem die Lampen mit geringem Strom betrieben werden und der Laserstrahl mechanisch unterbrochen wird. Der Lampenstrom kann zur technischen Kontrolle des Gerätes an einem Instrument abgelesen werden. Vor der Bestrahlung werden die Drehknöpfe "Laserleistung" und "Pulsdauer" in die gewünschte Position gebracht, wobei die entsprechenden Daten auf einer Digitalanzeige erscheinen. Es existieren zwei weitere Anzeigen "Zahl der Pulse" und "Energie". Während der Behandlung wird die Pulszahl automatisch gemessen und daraus die Energie (=Laserleistung x Pulsdauer x Pulszahl) berechnet und laufend angezeigt. Über einen eingebauten Drucker werden alle obigen Daten der Laserbestrahlung protokolliert und ausgegeben. Vor der Bestrahlung werden die Schalter "Pilotlicht" und "Laser ein" betätigt. Der Laser läuft dann mit der eingestellten Leistung; die Strahlung wird aber noch durch einen elektromagnetischen Schalter unterbrochen. Erst bei Betätigung des Fußschalters durch den Arzt tritt der Strahl aus dem Faserende während der eingestellten Pulsdauer aus. Ein vorheriger Abbruch ist jederzeit durch Loslassen des Fußschalters möglich.

Den Arzt interessiert die am Faserende austretende Leistung, deren Messung ein bisher noch unbefriedigend gelöstes Problem darstellt. Sie ist meßtechnisch während der Laseranwendung nur schwer zu überwachen. Daher wird die Laserleistung in der Nähe des Lasers gemessen und mit dem eingestellten Sollwert verglichen. Da bei der Einkoppelung des Strahles in die Faser Verluste entstehen und außerdem eine Fehljustierung oder Beschädigung der Faser vorliegen kann, ist die Messung am Laserausgang nicht ausreichend. Eine Verbesserung wird dadurch erzielt, daß vor der Bestrahlung die Laserleistung am Faserende gemessen wird. Dazu befindet sich in der Konsole ein eingebautes Meßgerät, in das die Faser geführt wird (Bild 3.7). Danach wird der Laserstrahl freigegeben. Durch eine automatische Kalibrierung wird der Meßbereich der Leistungsanzeige am Drehknopf "Laserleistung" so eingestellt, daß die Leistung am Faserende angezeigt wird. Dieser Eichvorgang berücksichtigt die Verluste in der Faser.

3.2.3 Medizinischer Ar-Laser

Eine Mittelstellung zwischen CO_2- und Nd-Laser nimmt der Argonlaser in der Medizin ein. Die Strahlung des Nd-Lasers (1,06 µm) dringt mehrere mm in das Gewebe ein, wobei größere Bereiche koaguliert werden. Dagegen wird die Strahlung des CO_2-Lasers (10,6 µm) innerhalb von weniger als 0,1 mm an der Gewebsoberfläche absorbiert. Daher eignet sich dieser Laser insbesondere zum Schneiden und Abtragen von Gewebe. Der Argonlaser zeichnet sich durch eine Eindringtiefe der Strahlung in der Größenordnung von 1 mm aus; damit wird er für die Mikrochirurgie ein nützliches Instrument zum Schneiden und Koagulieren. Die Koagulationszonen sind kleiner und präziser als beim Nd-Laser, der Schneidevorgang ist jedoch mit einer höheren thermischen Belastung des Gewebes als beim CO_2-Laser verbunden.

Der Ar-Laser strahlt im Blau-Grünen (488-514 nm). Dies hat zur Folge, daß er insbesondere von roten Farbpigmenten absorbiert wird. Neben der Augenheilkunde (Abschnitt 3.1) findet dieser Laser daher insbesondere Verwendung in der Dermatologie an stark vaskularisierten Geweben und Gefäßen. Der Einsatz des Argonlasers zur Rekanalisation von Gefäßen wird in Abschnitt 3.4.3 erklärt.

Für medizinische Behandlungen wird der Argonlaser mit Leistungen zwischen 5 und 20 W kommerziell angeboten. Der Wirkungsgrad ist kleiner als ein Promille, so daß ein 5-W-Laser eine elektrische Leistung von 8 kW benötigt. Für einen 10-W-Laser und bisweilen auch bei 5-W-Lasern ist daher 380-V-Drehstrom erforderlich. Zur Kühlung benötigt man 10 l Wasser pro Minute bei einem Druck von 2 bis 5 bar. Bisweilen sind normale Wasseranschlüsse daher im Rohrquerschnitt zu klein. Chirurgische 10-W-Laser bestehen manchmal aus zwei in Serie geschalteten Laserrohren mit je 5 W. Der technische Aufbau der Laserrohre ist relativ kompliziert, da sehr hohe Stromdichten erforderlich sind. Dies führt dazu, daß die Lebensdauer begrenzt und ein Austausch relativ teuer ist. Aufgrund der hohen Wartungskosten, der im Vergleich mit dem CO_2- und dem Nd-Laser relativ geringen Leistung und den hohen Anschlußwerten für Strom und Wasserkühlung wird der Argonlaser seltener eingesetzt als die anderen beiden Lasertypen.

Bei den medizinischen Ar-Lasern ist der Laserkopf in der Regel in einem Gehäuse mit dem Netzgerät untergebracht. Der 5-W-Laser (50 cm x 25 cm x 80 cm, 50 kg) kann auf einen Tisch gestellt werden. Der 10-W-Laser dagegen ist als rollbarer kleiner Schrank konstruiert. Der Strahl tritt an einem Kupplungsstück zum Anschluß von Lichtleitfasern aus. Die oben zitierten Leistungen beziehen sich auf den multiline-Betrieb mit verschiedenen Linien im Blau-Grünen Durch eine zusätzliche Wellenlängenselektion kann auch die grüne Linie (514 nm) ausgewählt werden. Ein 5-W-Laser liefert 2 W im Grünen. Durch einen Austausch der Röhren läßt sich ein Ar-Laser auch als Kr-Laser betreiben. Er strahlt dann im Roten bei 647 nm, und die Leistung ist in diesem Fall auf etwa 1/3 gefallen.

Der Ar-Laser arbeitet im Dauerstrichbetrieb, durch Unterbrechung der Strahlen kann der Laser gepulst werden. An der Bedienungskonsole lassen sich Pulse ab 0,05 s eingestellt. Dabei können einzelne Pulse oder Pulszüge vorgewählt werden. In der Regel archiviert das Gerät die Daten der Behandlung, wie Laserleistung, Zahl und Dauer der Pulse, Bestrahlungszeit usw..

Die Quarzfaser für den Laserstrahl, die sich in einem Schutzschlauch befindet, kann durch einen CO_2-Gasstrom aus dem Netzgerät gekühlt werden. Zusätzlich wird dadurch das distale Ende vor Verschmutzung geschützt. Benutzt werden Quarzfasern von 0,05 bis 0,6 mm Durchmesser. Die Faser kann in einem Handstück enden oder mit Endoskopen, Operationsmikroskopen, Spaltlampen oder speziellen Endrohren kombiniert werden. Strahlführung und Anwendung unterscheiden sich nur in der Ophthalmologie von denen des Nd-Lasers.

3.3 Lasergeräte zur Biostimulation

Obwohl die biologische Wirkung schwacher Laser- und Lichtstrahlung auf Zellen und Gewebe noch weitgehend ungeklärt ist, werden leistungsarme Laser in der Medizin eingesetzt. Es handelt sich dabei insbesondere um rot strahlende He-Ne-Laser im mW-Bereich und um gepulste Halbleiterlaser; sie strahlen Pulse im nahen infraroten Bereich, wobei die mittlere Leistung um 10 mW liegt. Bei derart niedrigen Leistungen ist die thermische Wirkung durch die Absorption der Strahlung vernachlässigbar; es könnten andere Wirkungsmechanismen vorliegen. Bisher gibt es darüber nur wenige Untersuchungen, die einer ernsthaften wissenschaftlichen Überprüfung standhalten können. Die gefundenen Ergebnisse sind widersprüchlich. Dennoch erscheint es sinnvoll, die verschiedenen Typen von Lasergeräten in ihrem Aufbau zusammenzufassen und zu beschreiben. Von den Herstellern werden Laser zur Biostimulation als 'Softlaser' oder bei Leistungen um 10 mW als 'Midlaser' bezeichnet.

3.3.1 Medizinische Bestrahlungslaser

Zahlreiche Autoren berichten über positive therapeutische Erfahrungen bei Bestrahlungen mit dem roten Licht des He-Ne-Lasers. Leider wurden die meisten Untersuchungen darüber so durchgeführt oder dargestellt, daß sie wissenschaftlichen Kriterien nicht standhalten können. Besonders bekannt sind Berichte über Erfolge in der Dermatologie /3.1/ und in der Wundheilung /3.2/. Die He-Ne-Laserbestrahlung ist kassenabrechnungsfähig nach BMÄ- Nr: 568 /3.3/.

He-Ne-Bestrahlungslaser

Dieser Bestrahlungslaser ist relativ einfach aufgebaut. Die Strahlung wird durch einen multimode-He-Ne-Laser von etwa 5 mW produziert.

Sie liegt im Roten bei 632 nm, wo Gewebe eine hohe Transparenz besitzt. Die Eindringtiefe beträgt einige mm. Die Laserstrahlung wird mit Hilfe einer Linse in eine Lichtleitfaser eingekoppelt. Bei einer häufig benutzten Faser mit einem Durchmesser von 0,6 mm tritt der Laserstrahl mit einem Öffnungswinkel von ca. ± 5° aus. Beim Bestrahlungslaser soll eine flächenhafte Bestrahlung über einige cm² erfolgen. Dementsprechend liegt die Leistungsdichte bei einem 5- bis 10-mW-Laser im Bereich mW/cm². Typische Bestrahlungsdauern umfassen einige Minuten. Die Strahlung ist in der Regel unpolarisiert. Dies ist nicht davon unabhängig, ob der Laser selbst polarisierte oder unpolarisierte Strahlung liefert, da durch die häufig vorkommende Totalreflexion in der Faser eine starke Depolarisation auftritt. Es existieren Vermutungen, daß die Polarisation des Lichtes bei der Biostimulation von Bedeutung ist. Einen Gerätetyp zur flächenhaften Strahlungstherapie zeigt Bild 3.8.

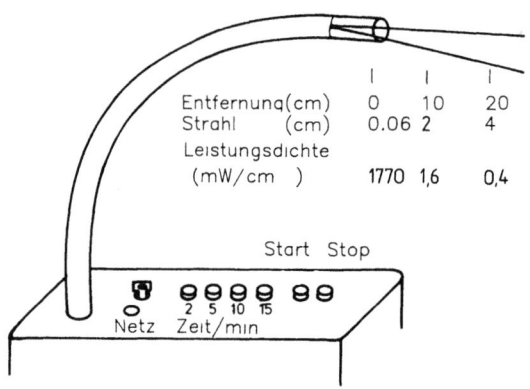

Bild 3.8. Lasergerät zur flächenhaften Bestrahlung bei der Biostimulation

Im Gehäuse befindet sich ein He-Ne-Laser mit ca. 5 mW. Die Quarzfaser verläuft in dem rohrförmigen Arm. Dieser ist flexibel, selbsttragend und kann leicht auf die zu bestrahlende Fläche gerichtet werden. Der Arm reicht über das Ende der Faser hinaus. Damit wird vermieden, daß man zu nah an das Faserende herankommt, an dem hohe Leistungsdichten und kleine Strahldurchmesser auftreten. Die kleinste zu bestrahlende Fläche hat einen Durchmesser von ca. 2 cm bei einer Leistungsdichte um 1 mW/cm². Die Leistungsdichte kann in gewissen Grenzen über den Abstand reguliert werden. Bei größeren Wunden erfolgt die Bestrahlung abschnittsweise, wobei auch Randzonen mitbestrahlt werden. Im allgemeinen wird alle 1 bis 3 Tage bestrahlt. Ein Augenschutz ist nicht notwendig, da durch die im Arm versenkte Faser nur kleine Leistungsdichten auftreten können. Trotzdem sollte man nicht ins direkte Laserlicht blicken. Das Gerät wird in die Laserklasse 3a eingeordnet (Abschnitt 3.6.3). Auf der Bedienungsseite des Gerätes ist eine Wahlmöglichkeit für die Bestrahlungszeit vorhanden. Die Leistungsaufnahme mißt etwa 30 W.

He-Ne-GaAs-Geräte

Bestrahlungslaser können auch auf Lichtleiter verzichten. He-Ne-Laser zwischen 5 und 10 mW sind relativ klein und können auf ein bewegliches Stativ aufgebaut werden (Bild 3.9). Durch eine Linse oder eine teleskopartige Optik wird der Strahldurchmesser auf einige cm gebracht. Je nach Laserkonstruktion kann in diesem Fall das Laser-

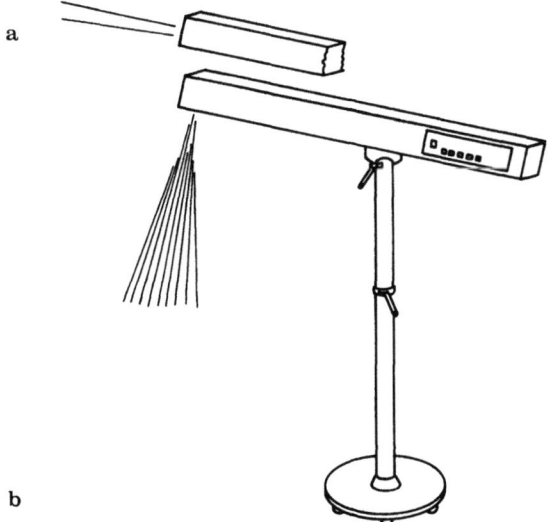

Bild 3.9. Bestrahlungsgerät mit He-Ne-Laser (und Halbleiterlaser)
  a) Bestrahlungslaser mit aufgeweitetem He-Ne-Laserstrahl (und einigen GaAs-Lasern)
  b) Bestrahlungsscanner mit nicht-aufgeweitetem He-Ne-Laserstrahl

licht polarisiert oder unpolarisiert sein. Mit Hilfe des Stativs wird der Laser auf die zu behandelnde Stelle gerichtet. Ein typischer Arbeitsabstand liegt um 20 cm. Um auch tiefer liegende Gewebsregionen zu erreichen, kann bei manchen Geräten die He-Ne-Strahlung mit der Infrarotstrahlung von Halbleiterlasern kombiniert werden. Dazu können GaAs-Diodenlaser eingesetzt werden, die bei 904 nm strahlen. Diese Strahlung besitzt eine höhere Eindringtiefe in das Gewebe als die des He-Ne-Lasers. Bei manchen Geräten werden beispielsweise 5 Diodenlaser konzentrisch um den noch unaufgeweiteten He-Ne-Strahl angebracht. Durch eine Optik wird die gemischte 632-nm- und 904-nm-Strahlung im Arbeitsabstand auf einen Durchmesser im cm-Bereich aufgeweitet. Dabei können, je nach Hersteller, die rote und infrarote Strahlung direkt übereinander oder auch konzentrisch angeordnet nebeneinander liegen. Es ist zu bemerken, daß die He-Ne-Strahlung kontinuierlich und der GaAs-Laser oft gepulst ist. Bei Pulsdauern um 0,2 µs mißt die Spitzenleistung eines GaAs-Lasers zwischen 10 und 100 W. Je nach Pulsfolgefrequenz ergibt sich eine mittlere Leistung im Infraroten zwischen 5 bis 10 mW. Damit kann ein derartiges Gerät mit fünf GaAs-Lasern und einem He-Ne-Laser eine mittlere Leistung um 50 mW liefern. Im Gegensatz zu den sogenannten 'Softlasern' mit einigen mW spricht man bei den Lasern höherer Leistung von 'Midlasern'. Auch hier sind thermische Wirkungen im Gewebe ausgeschlossen. Allerdings wird der Gebrauch von Schutzbrillen bei der Behandlung empfohlen.

3.3.2. Bestrahlungs-Scanner

Eine großflächige Bestrahlung (einige cm^2) läßt sich auch durch eine andere Methode erzielen. Dabei wird die zu behandelnde Fläche periodisch mit einem He-Ne-Laserstrahl von etwa 1 mm Durchmesser überstrichen. Die Geschwindigkeit dieses Scanning-Vorganges ist meist so hoch, daß das Auge eine kontinuierlich bestrahlte Fläche wahrnimmt. Die Anwendungsbereiche für dieses Verfahren sind die gleichen wie für die medizinischen Bestrahlungslaser. Die mittlere

Leistungsdichte beider Verfahren ist ebenfalls gleich, wobei mit dem He-Ne-Laser mit geringer Leistungsdichte einmal kontinuierlich bestrahlt, beim zweiten Verfahren hingegen mit etwa 1000fach höherer Leistungsdichte häufig über die bestrahlte Fläche gefächert wird. Allerdings ist auch diese höhere Leistungsdichte von etwa 20 mW/mm^2 noch weit davon entfernt, thermisch zu wirken. Es ist durchaus denkbar, aber noch nicht nachgewiesen, daß beide Bestrahlungsarten unterschiedlich auf das Gewebe wirken.

He-Ne-GaAs-Geräte

Die Kosten für einen Scanning-Laser erhöhen sich nur unwesentlich, wenn die He-Ne-Strahlung mit der Infrarot-Strahlung eines Halbleiterlasers kombiniert wird. Die Eindringtiefe dieser Strahlung ist größer, so daß auch tiefere Gewebebereiche mitbestrahlt werden.

Ein typisches Gerät mit einem beweglichen Stativ zeigt Bild 3.9b. Der Strahl tritt unter 90° zur Laserachse aus. Der Scanning-Bereich beträgt maximal ± 15°; er kann variabel eingestellt werden. Die Abtastfrequenz des Scanners kann ebenfalls zwischen 0,3 bis 30 Hz und mehr frei gewählt werden. Auch die Pulsfolgefrequenz der Halbleiterlaser ist bis zu etwa 2 kHz regelbar. Derartige Laser-Scanner sind für das Auge nicht völlig ungefährlich, da ein nicht aufgeweiteter He-Ne-Laserstrahl und der leicht gebündelte Infrarot-Strahl eines GaAs-Lasers verwendet werden. Außerdem gibt es eine Betriebsart ohne Scannen. Bei der Anwendung soll eine Schutzbrille getragen werden. Solche Geräte werden im allgemeinen in die Klasse 3B eingeordnet (Abschnitt 3.6.3). Bisher ist wissenschaftlich nicht belegt, ob der Bestrahlungslaser und der Bestrahlungs-Scanner unterschiedliche biologische Wirkungen hervorrufen. Außerdem sind sowohl die biologischen Mechanismen als auch die medizinischen Einsatzmöglichkeiten bisher nur unzureichend erforscht. Es bleibt abzuwarten, ob alle bisherigen Anwendungen einer ernsthaften Überprüfung standhalten werden.

3.3.3 Reiztherapie-Laser

In den beiden letzten Abschnitten "Medizinische Bestrahlungslaser" und "Bestrahlungs-Scanner" wurde die großflächige Bestrahlung von Gewebebereichen thematisiert. Die Geräte dienen zur Biostimulation, ein Begriff und Effekt, der gegenwärtig noch weitgehend unverstanden ist. Daneben exisitiert eine Lasertherapie, bei der kleine Bezirke mit Durchmessern um 1 mm bestrahlt werden. Schlagworte, die dieses Einsatzfeld beschreiben, sind 'Laser-Akupunktur' und 'Laser-Reiztherapie'.

He-Ne-Reiztherapie

Das technische Prinzip eines He-Ne-Lasers zur Reiztherapie ist in Bild 3.10 veranschaulicht. Verwendet wird ein multimode-Laser von ca. 2 bis 10 mW. Da der Strahldurchmesser derartiger Laser etwa 0,7 mm beträgt, kann die Strahlung ohne Linse direkt in eine flexible Lichtleitfaser eingekoppelt werden, sofern der Durchmesser um 1 mm

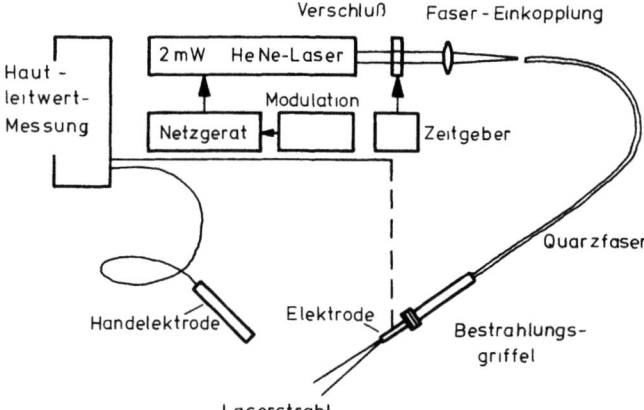

Bild 3.10. He-Ne-Reiztherapie-Laser mit Anordnung zur Messung des Hautleitwertes

liegt. Da 1-mm-Quarzfasern mit hoher Transmission erst seit kurzem erhältlich sind, lieferten einige Hersteller Kunststoff-Fasern mit einer Transparenz von nur 60%. Bei Verwendung einer Standard-Faser von 0,6 mm Durchmesser wird zur Einkoppelung eine Linse benutzt. Sofern diese entspiegelt ist, läßt sich eine Transmission von 90% erreichen. Die Faser wird durch einen flexiblen Schutzschlauch geführt und endet im Bestrahlungsgriffel. Der Strahl tritt mit einer Divergenz von ±5° aus. Bei Kunststoff-Fasern ist dieser Winkel größer. Im allgemeinen wird punktförmig bestrahlt, wobei der Bestrahlungsgriffel in direktem Kontakt oder etwas über der bestrahlten Fläche gehalten wird. Typische Bestrahlungszeiten liegen bei 10 bis 100 s; sie lassen sich am Gerät einstellen. Bei größerem Abstand ist auch eine flächenhafte Bestrahlung möglich; der Reiztherapie-Laser erfüllt dann die gleichen Aufgaben wie der Bestrahlungslaser. Allerdings ist die Laserleistung oft geringer.

In der Neuraltherapie und Akupunktur sind spezielle Punkte oder Reizzentren von großer Bedeutung, die sich durch einen hohen elektrischen Leitwert auszeichnen. Bei vielen Reiztherapie-Lasern ist eine Elektronik zum Auffinden dieser Punkte eingebaut. Der Patient hält eine rohrförmige Elektrode in einer Hand (Bild 3.10). Das Endstück des Bestrahlungsgriffels bildet die andere Elektrode. Dabei wird eine Wechselspannung angelegt. Zur Punktsuche fährt man mit dem Griffel über die Haut und beobachtet die Anzeige für den durch den Körper fließenden Strom, oder man hört ein akustisches Signal. Zeigt der Strom ein Maximum (einige µA) gegenüber seiner Umgebung, so kann eine Therapiestelle vorliegen.

Modulationsfrequenzen

Einige Autoren und Hersteller übernehmen die Angaben zu speziellen Frequenzen, die in der Elektroreiztherapie existieren sollen /3.4/. Da diese sogenannten 'Nogier-Frequenzen' in die Gerätekonstruktion und -beschreibung eingehen, sollen sie hier kurz zitiert werden. Es werden Grundfrequenzen A bis G und potenzierte Frequenzen, z.B. mit $2^7 = 128$ multiplizierte Frequenzen A' bis G' (Werte in Klammern), wie folgt definiert:

A = 2,28 Hz (292 Hz)
B = 4,56 Hz (584 Hz)
C = 9,12 Hz (1168 Hz)
D = 18,25 Hz (2336 Hz)
E = 36,5 Hz (4672 Hz)
F = 73   Hz (9344 Hz)
G = 146 Hz (18688 Hz).

Jeder Frequenz wird eine bestimmte therapeutische Bedeutung zugeschrieben. Weiterhin wird eine Universalfrequenz U = 1,14 Hz definiert. Zur Therapie in verschiedenen Gewebsschichten sollen TMO-Frequenzen dienen, für tiefe Schichten T = 599,5 Hz, für mittlere M = 1199 Hz und für oberflächliche O = 2388 Hz. Fast alle Reiztherapie-Laser besitzen daher eine Vorrichtung zur Frequenzmodulation. Bei He-Ne-Lasern kann dies durch Steuerung des Plasmastroms oder durch mechanisches Zerhacken des Laserstrahls mit einer Lochscheibe erzielt werden. Dabei kann eine sinus- oder rechteckförmige Modulation erreicht werden, die unterschiedlich biologisch wirken soll. Von einigen Anwendern wird eine 100%ige Modulation mit Nulldurchgang gefordert. Bei Halbleiterlasern ist die Modulationsfrequenz gleich der Pulsfolgefrequenz. Manche Laser-Geräte verfügen über eine variable Skala für eine beliebige Frequenzwahl. Bei anderen Geräten existieren feste Tasten für einige der zitierten Nogier-Frequenzen, z. B. A bis G'. Auf dem Markt sind auch sogenannte 'TMO-Laser', für die nur "Gewebsschichtfrequenzen" einstellbar sind. Eine wissenschaftliche Begründung für die Frequenzfestlegungen existiert nicht.

GaAs-Laser

Bei manchen Reiztherapie-Lasern wird zusätzlich zum HeNe-Laser ein Infrarot-Halbleiterlaser in die Spitze des Bestrahlungsgriffels eingebaut. Aus Kostengründen wird in diesem Fall meist auf die Modulation des He-Ne-Lasers verzichtet. Stattdessen wird die Pulsfolgefrequenz des GaAs-Lasers moduliert. Die Strahlung beider Laser zeigt eine unterschiedliche Divergenz, so daß die Strahldurchmesser verschieden sind. Wahlweise ist ein Betrieb des He-Ne-Lasers mit und ohne Infrarotlaser möglich.

Relativ kompakt sind Reiztherapie-Geräte, die nur IR-Halbleiterlaser enthalten. Sie existieren in den unterschiedlichsten Formen, beispielsweise auch als batteriebetriebenes Handgerät. Fast immer sind sie mit variabler Pulsfrequenz ausgerüstet, wobei die erwähnten speziellen Frequenzen eine Rolle spielen. Die mittlere Leistung variiert von 2 mW bei Batteriegeräten bis 20 mW bei Netzbetrieb. Da die Strahlung der Halbleiter-Laser relativ divergent ist ($\pm 7°$), wird von manchen Herstellern eine Linse zur Verringerung der Divergenz eingebaut. Einige Geräte besitzen die Betriebsart "Diagnose" (= niedrige Leistung) und "Therapie" (= hohe Leistung). Bei der Diagnose (RAC = Reflex Auricular Cardial) wird durch Abtasten des Pulsschlages die Reaktion bei der Laserakupunktur überprüft, wobei auf eine Veränderung des Druckes geachtet wird. Nur wenige Geräte sind mit einer Anordnung zur Leistungsmessung ausgestattet. Das gleiche gilt für He-Ne-Reiztherapielaser, bei denen selbst ein starker Leistungsabfall meist nicht bemerkt wird.

Es bleibt abzuwarten, ob der Einsatz der beschriebenen Lasergeräte einer wissenschaftlichen Überprüfung standhalten wird.

3.4 Laser-Endoskope und -Mikroskope

3.4.1 Laser-Endoskope

Bisher wurden Laser in der Endoskopie hauptsächlich mit konventionellen Geräten gekoppelt, die es schon vor der Einführung der Lasertechnik gab. Dabei sind nur relativ geringfügige Anpassungen und Änderungen an den Endoskopen erforderlich.

Lichtleiter

Kommerzielle Systeme mit Lichtleitfasern sind zur Strahlführung vom nahen Infrarot (Nd:YAG-Laser) über das Sichtbare bis zum nahen Ultravioletten (Excimerlaser) erhältlich. Im wesentlichen werden dafür Quarzfasern mit Kerndurchmessern von 0,05 bis 1 mm eingesetzt. Dabei bieten die Hersteller mehrere Quarz-Sorten an, die in speziellen spektralen Bereichen unterschiedliche Dämpfung zeigen (Bild 1.24). Dies bedeutet, daß es unterschiedliche Fasern für die jeweiligen Lasertypen gibt. Der grundlegende Aufbau der Systeme ist jedoch gleich (Bild 3.11). Mit Hilfe eines präzisen Kupplungsstücks wird die Faser in den Laserkopf eingesteckt. Die Einkoppelung des Lichtes erfolgt mit Hilfe einer Linse, die im Kupplungsstück untergebracht sein kann. Bei Lasern mit transversalem Multimode-Betrieb, z.B. bei Excimerlasern mit rechteckigem Strahlquerschnitt, wird zusätzlich noch eine Blende angebracht. Die dünne Lichtleitfaser wird in einen Schutzschlauch aus Kunststoff mit einem Außendurchmesser von etwa 2,5 mm eingeschoben. Am distalen Ende wird die Faser durch ein Endstück zentriert.

Zur Kühlung der Faser und zum Schutz der Endfläche vor Verschmutzung wird ein Gasstrom (CO_2 oder N_2) mit einem Fluß von

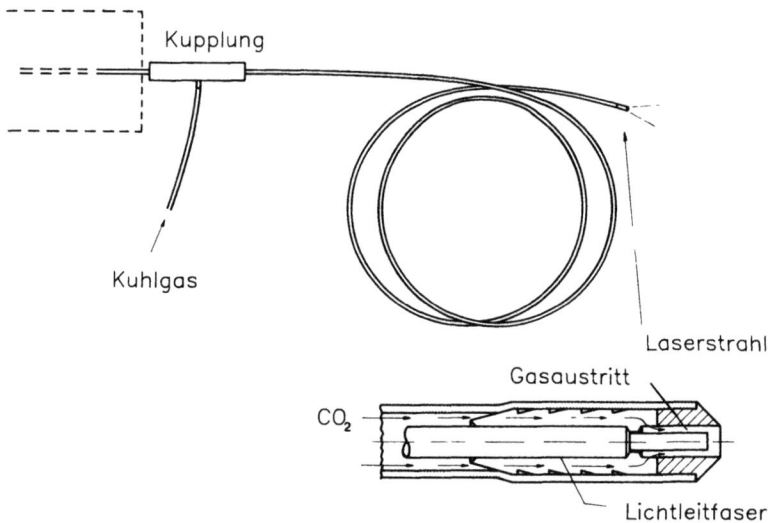

Bild 3.11. Anordnung einer Lichtleitfaser mit Kupplung, Schutzschlauch und Endstück. Zur Kühlung und zum Schutz der Endfläche wird ein Schutzgas (CO_2) in den Schutzschlauch eingeleitet

100 ml/min (Broncho- und Kolonoskopie) bis 200 ml/min (Gastro- und Laparoskopie) gepumpt (siehe Abschnitt 3.5.3). Derart geringe Gasströme werden vom Patienten noch toleriert. Am Kupplungsstück befindet sich ein Stutzen zum Einleiten des Gases. In der Urologie, Gynäkologie, Nephro- und Neurochirurgie sind flüssigkeitsumspülte Lichtleiter einsetzbar. Die Flüssigkeitsspülung reinigt die Endfläche der Faser besonders gründlich und kann zusätzlich die bestrahlte Gewebeoberfläche kühlen. Damit ist bei der Koagulation von Gewebe eine längere Bestrahlung möglich, ohne daß die Oberfläche verkohlt. Dies verursacht größere Koagulationszonen im Gewebeinneren.

Starre Endoskope

Von verschiedenen Herstellern werden Endoskope mit Zubehör für die Laserchirurgie angeboten. Dabei stammt das eigentliche Endoskop mit Optik und Beleuchtung aus dem üblichen Geräteprogramm. Es wird in einen speziellen Laser- und Arbeitseinsatz geschoben, in dem sich auch die optische Faser für den Laserstrahl befindet (Bild 3.12). Am distalen Ende kann sich eine Mechanik zur Bewegung der Faser befinden, die mit einem Lenkhebel gesteuert wird. Die Faser ist am Ausgang poliert (oder durch Brechen plan) und wird an der Ankopp-

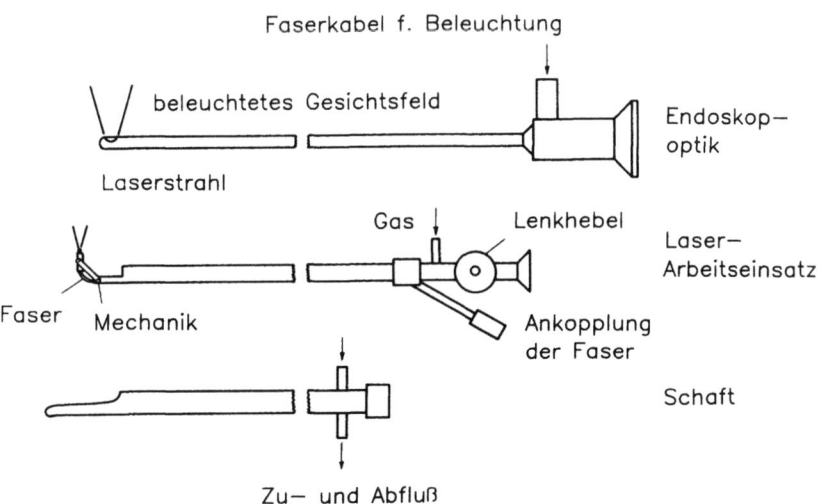

Bild 3.12. Laserendoskop, bestehend aus Endoskop-Optik, Laser-Arbeitseinsatz und Schaft

lungsstelle in den Arbeitseinsatz eingeführt, der mit dem eigentlichen Endoskop verbunden ist. Mit Hilfe eines Obturators wird ein Schaft in die betreffende Körperöffnung eingebracht; in diesen wird dann das Endoskop mit dem Laser-Arbeitseinsatz geschoben. Auf diese Weise läßt sich der Laserstrahl im beleuchteten Gesichtsfeld des Endoskops am Gewebe applizieren.

Derartige Systeme sind in unterschiedlicher Form für verschiedene medizinische Disziplinen im Handel (Bild 3.12). Für die Urologie gelten beispielsweise folgende Daten: Optik 4 mm Durchmesser, Schaft 22 charr. (= 22 french ~ 7 mm Durchmesser). Bei dünnen Systemen wird die Faser ohne zusätzlichen Schutzschlauch in den Arbeitseinsatz geschoben. Bei dickeren Endoskopen, z.B. Laparoskopen, ist die Faser bis an das Ende mit dem in Bild 3.11 dargestellten Schutzschlauch umgeben. Verschiedene Kombinationen am Ende des Endoskops präsentiert Bild 3.13.

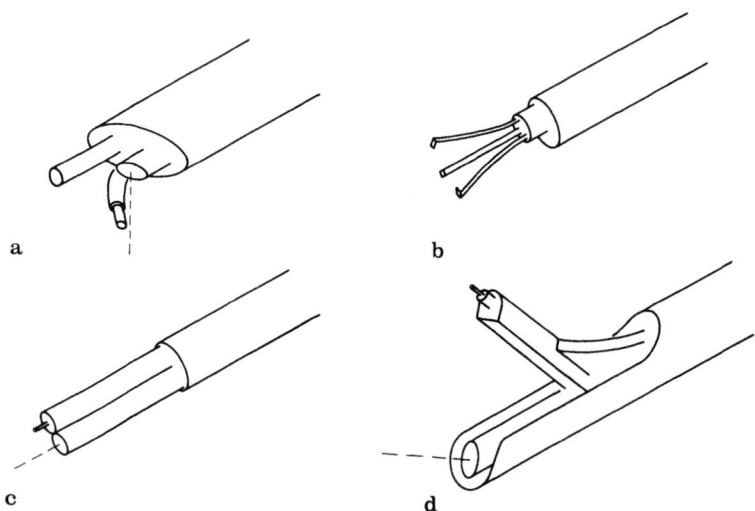

Bild 3.13. Endstücke verschiedener Endoskope
  a) Starres Bronchoskop mit Absaug-, Beatmungs- und Arbeitskanal mit Lichtleiter
  b) Laparoskop mit Lichtleiter und Biopsiezange
  c) Laser-Urethoskop mit Schaft (Durchmesser 20 french = 20 charr. = 7 mm)
  d) Cystoskop mit beweglichem Lichtleiter (ohne Schutzschlauch) (Durchmesser 24 french = 8 mm)

Flexible Endoskope

Bereits vor der Einführung der Laserchirurgie waren flexible Endoskope mit mehreren Kanälen versehen, z.B. für die Biopsie, so daß spezielle neue Endoskop-Konstruktionen nicht entwickelt werden müssen. In einen der Kanäle wird die Lichtleitfaser eingeführt, die meist mit einem Schutzschlauch von etwa 2,5 mm Außendurchmesser umhüllt ist. Ein spezielles Endstück, das mit Hilfe eines Gas- oder Flüssigkeitsstromes gesäubert wird, zeigt Bild 3.11.

Kontaktmethode

Die endoskopische Laserbestrahlung kann mit oder ohne direkten Kontakt des Faserendes mit dem Gewebe erfolgen. Bei der Kontaktmethode kann die Faser direkt auf das Gewebe aufgesetzt werden. Dabei darf die Laserleistung nicht so hoch sein, daß durch thermische Aufheizung das Faserende zerstört wird. Üblicherweise werden beim Nd:YAG-Laser Leistungen bis zu 20 W eingesetzt, bei denen eine Koagulationszone entsteht. Auf die Faserenden können auch Metallkappen aufgesetzt werden. Die Laserleistung wird in diesen 'hot tips' oder 'heater probes' in Wärme umgesetzt (Bild 3.21). Dabei kann in der Kappe eine kleine Öffnung vorhanden sein, um einen Teil der Laserstrahlung hinauszulassen. (Ein mögliches Anwendungsfeld ist die Rekanalisation verschlossener Blutgefäße (Abschnitt 3.43).) Ähnliche Aufgaben erfüllen auch Saphirspitzen, die an den Faserenden mit Hilfe eines kleinen Adapters montiert werden (Bild 3.21). Kugelförmige Enden dienen zur Erzeugung einer homogenen Lichtverteilung, wodurch die Leistungsdichte am Gewebe etwas verringert wird. Flache zylinderförmige Enden ermöglichen im direkten Kontakt eine effektive Hämostase. Konische Spitzen addieren zur Koagulationswirkung des Nd:YAG-Lasers einen Schneideffekt. Sie bündeln die Strahlung an der Berührungsstelle, so daß es zu einer Karbonisierung (Schwärzung) kommt. Dadurch wird die Strahlung stark absorbiert und ein Leistungsverlust durch Rücksstreuung vermieden. Die Kontaktmethode ist auch mit Handstücken durchführbar (Kapitel 3.5.1).

Endoskopische Systeme

Je nach Anwendungsbereich kann verschiedenes Zubehör benutzt werden. Bild 3.14 führt eine Kombination mit Fernsehkamera und Diagnosesystem vor. Dabei wird mit dem Laser Fluoreszenzstrahlung

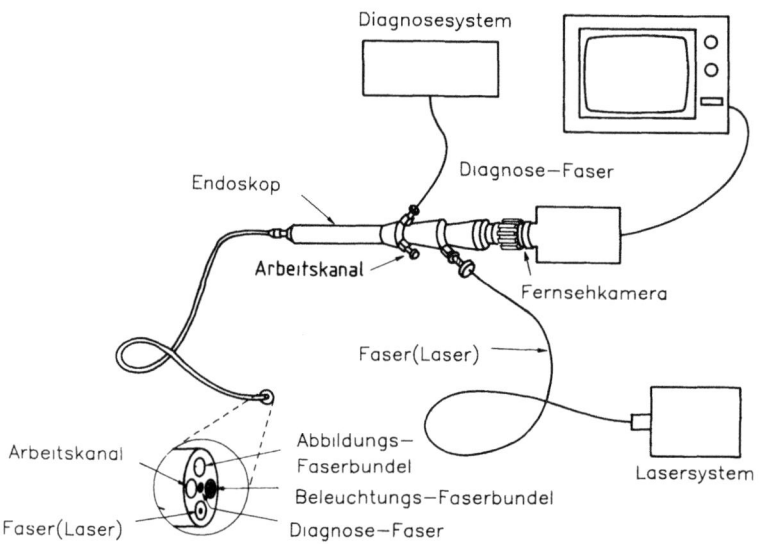

Bild 3.14. Flexibles Endoskop mit einem Laser- und Diagnosesystem

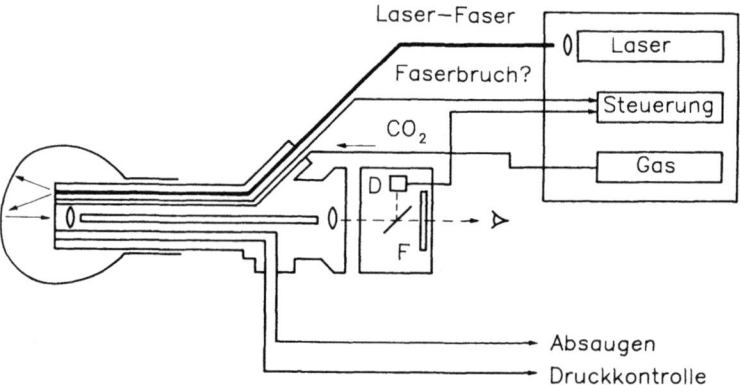

Bild 3.15. Schema eines Laser-Endoskop-Systems mit folgenden Einheiten: Laser-Faser, Kontrolle auf Faserbruch, System für Kühl- und Schutzgas (CO_2), Detektor D für Laser-Streulicht, Filter gegen Laserstreustrahlung, Absaugung und Druckkontrolle

angeregt, die mit einer weiteren Faser detektiert wird. Bild 3.15 präsentiert ein chirurgisches System mit verschiedenen Kontrollvorrichtungen. Das Streulicht am Gewebe wird durch das Abbildungssystem und einen speziellen Filter auf einen Photodetektor gelenkt. Das Signal kann als Sicherheitskontrolle und zur Dosimetrie verwendet werden. In Zukunft werden Systeme Bedeutung gewinnen, welche die Laserleistung am distalen Ende der Faser messen. Wird unter Sicht gearbeitet, so muß zum Schutz der Augen vor Laser-Streulicht ein spezieller Filter auf das Okular gesetzt werden.

3.4.2. Laser-Mikroskope

Im Prinzip sind alle Operationsmikroskope in der Laserchirurgie einsetzbar. Zur Ankopplung der Laserstrahlung dient ein Mikroskopadapter, der vor dem Objektiv des Mikroskops angebracht wird. Mit Hilfe eines selektiven Spiegels wird die Laserstrahlung in die optische Beobachtungsachse eingespiegelt. In Bild 3.16 ist ein Adapter dargestellt, bei dem der Laserstrahl über eine optische Faser herangeführt wird. Ein Linsensystem bildet die Faserendfläche in den Arbeitsabstand des Mikroskops ab. Dies bedeutet, daß bei einer Verän-

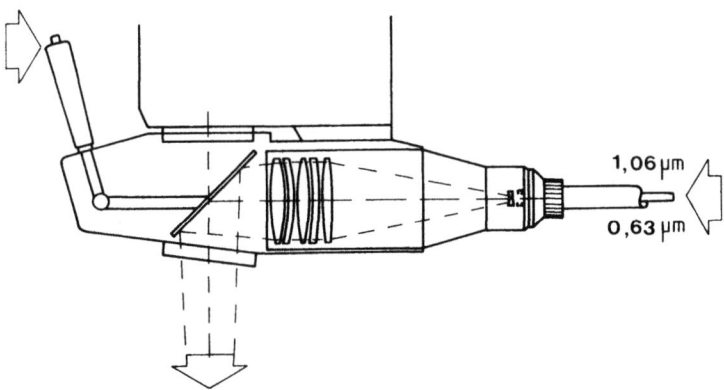

Bild 3.16. Schema eines Adapters zur Anpassung einer Faser an ein Operationsmikroskop mit Mikromanipulator

derung des Arbeitsabstandes das Linsensystem für die Laserstrahlung ebenfalls entsprechend variiert werden muß. Der Laserfokus läßt sich mit einem Mikromanipulator (joy-stick) im Gesichtsfeld des Mikroskops frei bewegen.

Der Durchmesser des Laser-Fokus' im Gesichtsfeld des Mikroskops ist proportional zum Faserdurchmesser. Dünne Fasern ergeben kleine Brennflecke. Ist dies nicht erwünscht, so kann bei dünnen Fasern die Vergrößerung der Abbildungen herabgesetzt werden. Damit wird eine größere Tiefenschärfe erzielt, die von Vorteil ist. Dünne Fasern erfordern jedoch eine höhere mechanische Präzision der Justiervorrichtungen; die Zerstörschwelle, insbesondere bei Pulsen hoher Leistung, ist geringer.

Ähnliche Adapter werden für CO_2- oder UV-Laser benutzt, bei denen der Strahltransport durch Spiegelarmsysteme erfolgt. Hier wirkt es sich vorteilhaft aus, daß der Divergenzwinkel der austretenden

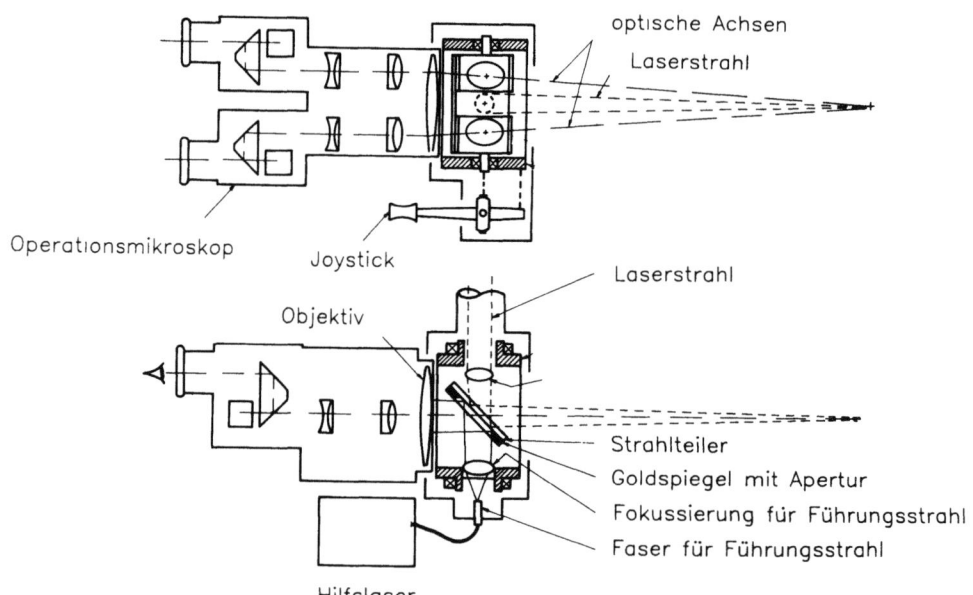

Bild 3.17. Adapter für ein Spiegelarmsystem eines CO_2-Lasers. Die Einspiegelung kann zwischen den Strahlengängen für beide Augen erfolgen

Strahlung geringer als bei Fasern ist. Daher kann der Spiegel eines Adapters nach Bild 3.14 wesentlich kleiner sein. Dadurch läßt sich der Laserstrahl im Steromikroskop in der Mitte des Objektivs führen, durch die nicht beobachtet wird (Bild 3.17). In der Ophthalmologie werden spezielle Laser-Mikroskope verwendet, die in Abschnitt 3.1 beschrieben sind.

3.4.3 Geräte für die Angioplastie

Laser-Angioplastie ist eine vielversprechende Methode, um intraarterielle Verschlüsse, die durch Arteriosklerose verursacht worden sind, zu öffnen. Bisher wurden Dauerstrichlaser im Sichtbaren (z.B. Argonlaser) und Infraroten (z.B. Nd:YAG- und CO_2-Laser) verwendet. In neuerer Zeit setzen sich stärker Pulslaser vom Ultravioletten bis ins Infrarote durch, vor allem Excimer-, Farbstoff-, Nd:YAG- (incl. Frequenzverdopplung und Verdreifachung), Erbium- und CO_2-Laser /3.5, 3,6/.

Bei den Dauerstrichlasern existieren kommerzielle Systeme mit Argon- (10 W) und Nd:YAG- (einige 10 W) Lasern. Beim CO_2-Laser treten im Routinebetrieb noch Probleme mit der optischen Faser auf. Im Dauerstrichbetrieb wirken diese Laser rein thermisch, wodurch das umgebende biologische Material geschädigt werden kann. Die thermische Belastung läßt sich bei Pulslasern niedriger halten.

Große Erfolge erzielen Excimerlaser, die im UV strahlen, insbesondere Laser mit ArF (193 nm) sowie XeCl (308 nm). Aufgrund der hohen Quantenenergie (6 eV) und der geringen thermischen Schädigung wurden für den Mechanismus der Ablation nichtlineare optische Prozesse verantwortlich gemacht. Die Praxis zeigt jedoch, daß ähnliche Effekte bei der Angioplastie auch mit den anderen zitierten Pulslasern erzeugt werden können. Zumindest einige dieser Laser, insbesondere der CO_2-Laser (0,1 eV), wirken vermutlich rein thermisch. Die gasförmigen Reaktionsprodukte bei Excimer- und CO_2-Lasern sind ähnlich, so daß die Erklärung der Wirkungsmechanismen noch nicht abgeschlossen ist. Bei gepulsten Systemen werden in letzter Zeit hauptsächlich Excimer- und Nd:YAG-Laser eingesetzt.

Ein komplettes System zur Angioplastie stellt Bild 3.18 vor. In ein Laser-Endoskop wird ein Laser, der nach dem heutigen Stand der Technik unterschiedlichen Typs sein kann, mit Hilfe einer optischen Faser eingeführt. Hauptsächlich wird auf Quarzfasern zwischen 0,2 und 0,4 mm Kerndurchmesser zurückgegriffen. Bei der Verwendung von Dauerstrichlasern ist die Einkopplung unproblematisch. Bei Pulslasern mit Pulsdauern im ns-Bereich treten bei Pulsenergien um 10 mJ hohe Leistungen auf. Bei der Strahleinkopplung muß die Strahlung fokussiert werden, was zu sehr hohen Leistungsdichten führt. Deshalb muß vermieden werden, daß sich Brennflecke bilden, die wesentlich kleiner als die Faserfläche sind. Andernfalls können Durchschläge in der Luft oder dem Fasermaterial entstehen. Es ist vorteilhaft, den Raum zwischen Linse und Faser mit einer geeigneten Flüssigkeit auszufüllen. Dadurch wird der Unterschied im Brechungsindex an der Faserfläche kleiner. Zusätzlich sollte die Grenzfläche an der Faser möglichst plan sein, damit eine Fokussierung in der Faser durch eine ungewollte Linsenwirkung verhindert wird. Bei Excimerlasern ist das Strahlprofil meist rechteckig. Daher wird bei der Einkoppelung zusätzlich zur Linse noch eine runde Blende montiert. Als

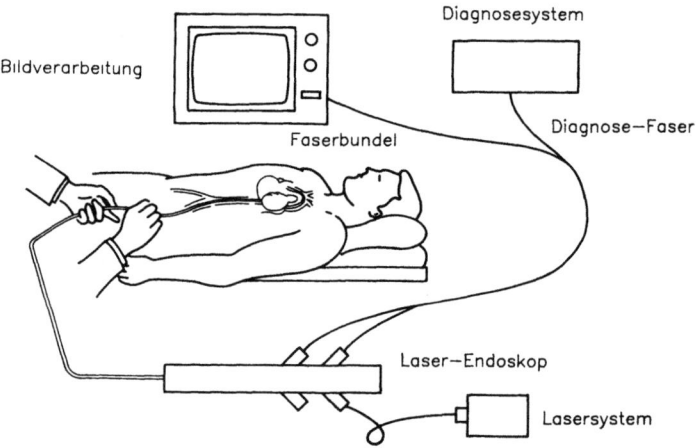

Bild 3.18. Lasersystem für die Angioplastie. Im Diagnosesystem wird das am Gewebe entstehende Licht spektral analysiert

Ergänzung sollen hier einige Schwellenenergien für die Ablation zitiert werden: KrF-Laser (249 nm, 2 mJ), XeCl-Laser (308 nm, 6 mJ), Erbium-Laser (2,94 µm, 1 mJ), CO_2-Laser (10,6 µm, 6 mJ) /3.5/.

Im einfachsten Fall besteht das System zur Angioplastie nur aus dem Laser und der Faser. Oft ist jedoch, wie in Bild 3.18 dargestellt, auch ein (flexibles) Endoskop vorhanden. Durch ein Faserbündel wird ein Bild über eine kleine Kamera auf einen Fernsehschirm übertragen, so daß unter Sicht vorgegangen werden kann. Die entsprechende Faser zur Beleuchtung ist nicht gezeigt.

Von Interesse kann auch eine Diagnosefaser sein. Sie leitet das am Gewebe entstehende Licht zu einem Diagnose-System, das im wesentlichen aus einem Spektralapparat besteht. Aus den Spektren ist ersichtlich, ob arteriosklerotisches Material oder die Aorta abgetragen wird. Das Vorgehen ist in Bild 3.19 veranschaulicht. Mit Hilfe eines Ballons wird der Blutstrom unterbrochen. Von Bedeutung ist das distale Ende der Faser, das unterschiedlich ausgebildet sein kann /3.6/. In Bild 3.20 ist ein kommerzielles System mit einem Excimerlaser dargestellt.

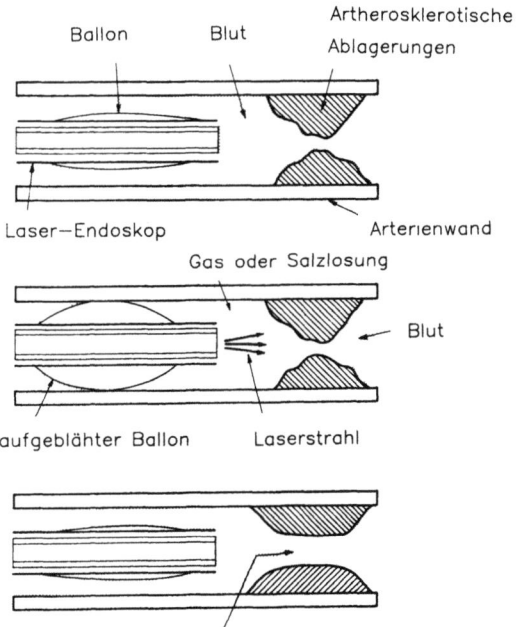

Bild 3.19. Vorgehen bei der Angioplastie

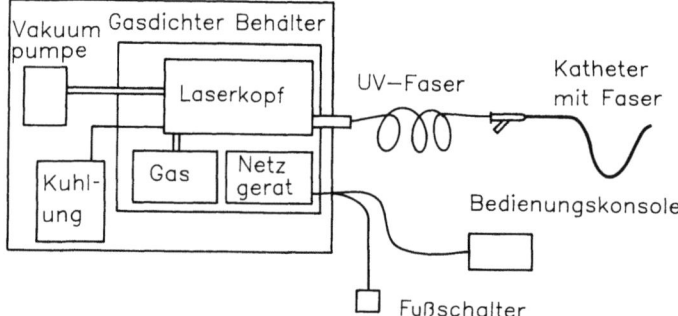

Bild 3.20. Kommerzieller Excimerlaser für die Angioplastie

Ein anderes Verfahren, verengte Gefäße zu öffnen, benutzt eine kleine heiße Hohlkugel. Diese ist über das Ende einer Lichtleitfaser gestülpt ('hot tip' oder 'heater probe'). Die Kugel wird von innen mit Laserlicht bestrahlt und somit erhitzt. Das System wird mit Hilfe eines Führungsdrahtes in das Gefäß eingebracht und durch die verengte Stelle geschoben.

3.4.4 Geräte für die Lithotripsie

Für die Zertrümmerung von Nieren- und Gallensteinen wird ein nichtlinearer Effekt ausgenutzt, bei dem ein laserinduzierter Durchbruch in Flüssigkeiten produziert wird. Die Strahlung eines Pulslasers wird in eine optische Faser zwischen 0,2 bis 0,6 mm eingekoppelt. Mit Hilfe endoskopischer Verfahren wird sie direkt vor den Stein gebracht und auf die Oberfläche aufgesetzt. Dabei ist es von fundamentaler Bedeutung, daß sich der Stein und die Faser in einer mit Flüssigkeit gefüllten Umgebung befinden. Laser mit kurzen Pulsen liefern hohe Leistungen, die aus der Faser in die Flüssigkeit gestrahlt werden. Bei ausreichend hohen Leistungsdichten werden in der Flüssigkeit direkt am Faserende Plasma-Blasen erzeugt. Die Schwelle für den Effekt der Kavitation liegt, je nach Lasertyp, zwischen 200 MW/cm^2 /3.7/ und einigen GW/cm^2 /3.8/. Bei diesem optischen Durchbruch entstehen Druckwellen von einigen 100 kbar. Die

Stoßwelle breitet sich mit Schallgeschwindigkeit aus und trifft auf den Stein. Die Wirkung entspricht einem mechanischen Schlag, und bei einer genügend hohen Zahl von Schlägen wird der Stein nach und nach zertrümmert.

Kommerziell erhältliche Systeme bestehen bisher vorrangig aus Nd: YAG-Lasern (1,06 µm Wellenlänge) mit Güteschaltung. Die Pulsdauer umfaßt ungefähr 8 ns, und die Pulsfolge kann bis zu 50 Hz variiert werden. Bei einer variablen Pulsenergie bis zu 100 mJ beträgt die maximale mittlere Leistung etwa 5 W. Bei der Verwendung von blitzlampen-gepumpten Farbstofflasern mit einer Wellenlänge um 590 nm entstehen längere Pulse (1,5 µs). Für die Desintegration des Steines ist die Pulsenergie ein entscheidender Parameter. Die Schwelle für die Lithotripsie für den obigen Lasertyp liegt bei 50 mJ, was einer Leistungsdichte von 180 mW/cm^2 entspricht. Dabei wird eine Faser von 0,2 mm verwendet /3.8/. Innerhalb weniger Sekunden werden die Steine nach ca. 350 Schüssen zerstört.

3.5 Medizinisches Zubehör

Für die medizinische Lasertechnik gibt es ein umfangreiches Zubehör; nur die wichtigsten Komponenten sollen im folgenden vorgestellt werden.

3.5.1 Laser-Handstücke

In vielen Fällen kann die Laserstrahlung ohne zusätzliche optische Geräte an die zu behandelnde Stelle geführt werden. Die Lichtleitfaser wird in diesem Fall in ein Handstück eingeführt, wo sie endet. Bild 3.21a zeigt ein Handstück, das aus einem dünnen gekrümmten Metallrohr besteht. Darin wird die Faser geführt, so daß die Strah-

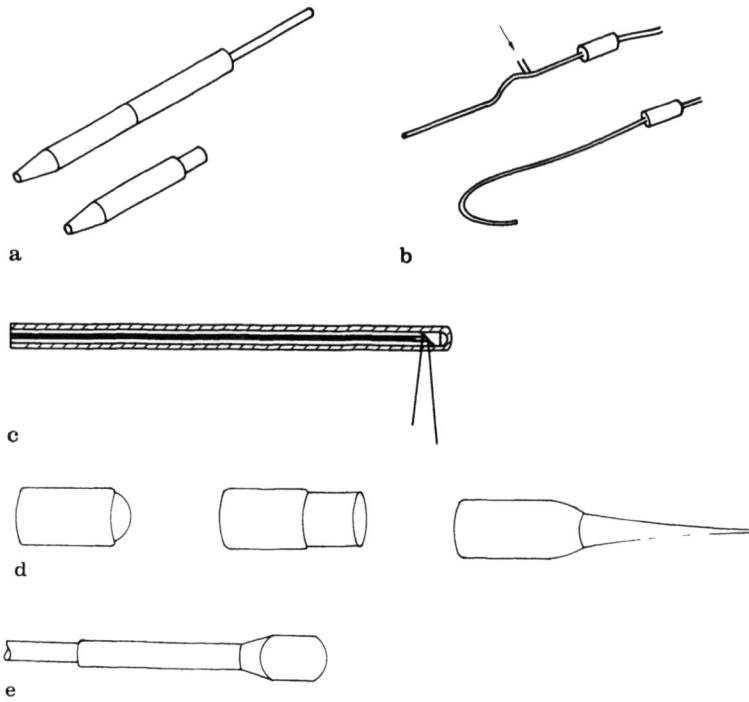

Bild 3.21. Verschiedene Handstücke für medizinische Laseranwendungen
  a) Die Faser wird in einem dünnen Metallrohr geführt
  b) Endstück mit 90°-Ablenkung und bewegliches Schutzrohr gegen Verschmutzung
  c) Enstück mit Saphirspitzen
  d) Prinzip einer 'hot tip' oder 'heater probe'
  e) Handstück mit Fokussierung

lung am distalen Ende austreten kann. Der volle Austrittswinkel bei normalen Fasern liegt um 10°. An dem Handstück können Ansatzstücke für die Zufuhr von Flüssigkeiten oder Gasen zur Reinigung der Faserendfläche oder zur Kühlung vorhanden sein /3.9/. Eine andere Variante beinhaltet am distalen Ende eine 90°-Ablenkung (Bild 3.21b). Zusätzlich ist das System durch ein Quarzröhrchen vor Verschmutzung geschützt. Zum direkten Aufsetzen auf Gewebe nach der Kontaktmethode dienen Endstücke mit Saphirspitzen oder Metallhülsen, die bereits in Abschnitt 3.4.1 und 3.4.3 erwähnt wurden (Bild 3.21c und d).

Eine Erhöhung der Leistungsdichte am Gewebe wird durch ein Handstück mit einer Linse zur Fokussierung bewirkt (Bild 3.21e). Dabei kann die Austrittsfläche der Faser verkleinert oder vergrößert werden. Höhere Leistungsdichten, d.h. kleinere Brennflecke, erhält man bei Fasern mit geringerem Durchmesser (z.B. 0,2 mm). Falls dies nicht gewünscht wird, liefern dünne Fasern eine höhere Tiefenschärfe. Die gleichen Überlegungen gelten für Fasersysteme für Operationsmikroskope (Abschnitt 3.4.2).

Zu Vermeidung von Unfällen wurden Sicherheitshandstücke vorgeschlagen /3.10/. Dazu wird die Polarisation des rückgestreuten Pilotlichtes des He-Ne-Lasers untersucht. Das Lasersystem bleibt nur eingeschaltet, wenn dieses Licht unpolarisiert ist, eine Garantie dafür, daß das Handstück auf Gewebe gerichtet ist, welches das polarisiert einfallende Licht durch Streuung depolarisiert. Bei Reflexion an Metall hingegen bleibt die Polarisation weitgehend erhalten.

3.5.2 Spiegelgelenkarme

Für den CO_2-Laser ist das Problem der Strahlführung durch Lichtleitfasern im klinischen Einsatz noch nicht endgültig gelöst. Daher werden hier hauptsächlich Spiegelarmsysteme eingesetzt. Ähnliches gilt für die Strahlführung von kurzwelligen UV-Lasern. Ein großer Vorteil derartiger Systeme liegt darin, daß die Strahlqualität kaum verschlechtert wird. Allerdings ist die technische Konstruktion aufwendig.

Das distale Ende des Systems soll in allen sechs Freiheitsgraden, drei Rotationen und drei Translationen, bewegt werden. Dies wird durch sechs rotierbare Spiegel erreicht, die jeweils eine 90°-Ablenkung bewirken. Das System ist aus drei Armen zusammengesetzt (Bild 3.22). Einen Arm bildet das Endstück oder Endoskop. Als Spiegel können selektiv beschichtete Quarzscheiben oder entspiegelte 90°-Prismen dienen. Die Spiegel müssen justierbar angeordnet werden. Zur Vermeidung von Dejustierungen müssen die mechanische

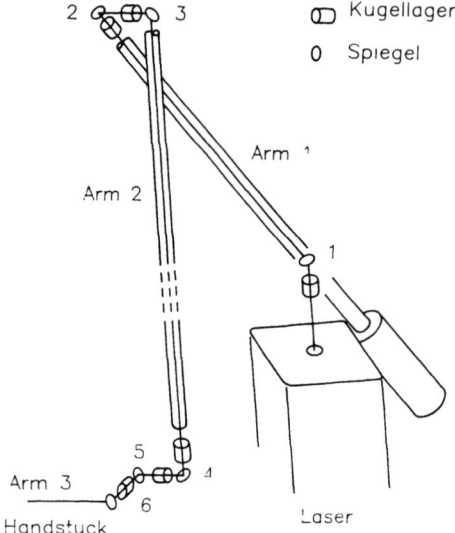

Bild 3.22. Aufbau eines Spiegelgelenksystems

Konstruktion stabil und das Spiel der Kugellager gering sein. Das System läßt sich durch Gegengewichte oder zusätzliche Haltevorrichtungen stabilisieren.

3.5.3 Absaugung und Spülung

Absaugung

Der Einsatz des Lasers in der operativen Medizin ist oft mit einer starken Rauchentwicklung verbunden, die zu einer Sichtbehinderung und einer Geruchsbelästigung führt. Derartige Probleme treten auch bei der Hf-Chirurgie auf. Besonders problematisch wirkt sich die eingeschränkte Sicht des Operateurs bei der Laserendoskopie in geschlossenen Körperhöhlen aus, z.B. in der Bauchhöhle. Die handelsüblichen Apparate zur Gasinsufflation gewährleisten zwar bei konstantem Überdruck einen gewissen Gasdurchfluß, der jedoch bei weitem nicht ausreicht, um den Rauch schnell abzutransportieren. Der Arzt sieht bisweilen nach kurzer Lasereinwirkung nichts mehr und muß einige Minuten lang auf freie Sicht warten. Bei offenen Körperhöhlen dagegen ist es möglich, den entstehenden Rauch einfach abzusaugen. Beispielsweise haben Laryngoskope und Scheidenspekula für den Lasereinsatz ein Absaugrohr mit einem Anschluß für Absaugapparaturen. Auch bei der offenen Laseranwendung, bei der die Geruchsbelästigung das Hauptproblem ist, kann der Rauch in der Nähe des Operationssitus' abgesaugt werden.

Die Rauchentwicklung kann möglicherweise zu einer Gefährdung der Gesundheit führen, falls darin kanzerogene Stoffe, Tumorzellen, Bakterien oder Viren enthalten sind. Das Problem krebserregender Verbindungen im Rauch wird auch im Zusammenhang mit der HF-Chirurgie oder dem Geruch verbrannten Fleisches aufgworfen: jahrzentelange Erfahrungen zeigen, daß das mögliche Risiko gering ist. Zur Emission von Zellen, Bakterien oder Viren existieren verschiedene Studien, die je nach Laseranwendung auf eine Sterilisation der Gewebepartikel oder auch auf eine Verbreitung von Bakterien hinweisen. Bisher liegen keine klaren Hinweise auf eine Gefährdung vor, jedoch kann sie auch nicht völlig ausgeschlossen werden, so daß der Rauch möglichst nicht eingeatmet werden soll /3.23/.

Handelsübliche Chirurgiesauger sind für die Lasermedizin wenig geeignet; die Saugleistung ist meist zu gering ist, da sie zum Absaugen von Flüssigkeiten konstruiert sind. Auf dem Markt sind sogenannte 'Lasersauger', die ähnlich wie ein Staubsauger arbeiten. Sie enthalten auswechselbare Geruchs- und Sterilfilter.

Spülungen

Laser-Fasern und -Endoskope werden häufig zur Säuberung und Kühlung der Optik mit Gasen oder Flüssigkeiten gespült. Laserstrahlung wird durch winzige Gewebepartikel oder Flüssigkeitstropfen absorbiert, was zu einem Anstieg der Temperatur führt, der bei hohen Leistungsdichten eine Zerstörung der Faserenden oder anderer optischer Flächen verursacht. Neben Luft und Stickstoff eignet sich besonders CO_2 zur Gasspülung, da es vom Körper leicht absorbiert wird. Dies ist besonders in der Laserendoskopie zur Vermeidung von Luftembolien wichtig. Vor der Anwendung muß das Gas durch einen Sterilfilter geleitet werden. Der Gasfluß ist nur während der Laserbestrahlung notwendig; eine elektronische Steuerung kann ein Ventil schalten und den Gasfluß mit der Bestrahlung koppeln. Bei der Verwendung von Glasfasern kann das Spülgas auch zur Kühlung benutzt werden (Bild 2.11).

Wesentlich geringere Mengen sind bei der Spülung mit Flüssigkeiten erforderlich. Dieses Spülverfahren wird vorwiegend eingesetzt, wenn, wie in der Urologie, unter Wasser gearbeitet wird. Als Flüssigkeiten dienen physiologisch neutrale Lösungen, die mit einer kleinen Pumpe oder Tropfflasche transportiert werden. Für Laser im ultravioletten und ferneren infraroten Spektralbereich (z.B. CO_2-Laser) wird die Strahlung im Wasser stark absorbiert, so daß eine Flüssigkeitsspülung nicht möglich ist.

3.5.4 Chirurgisches Zubehör

Bei der Laserbehandlung werden oft chirurgische Instrumente in gewohnter Weise verwendet, und es kann nicht ausgeschlossen werden, daß gefährliche Reflexe an den Metallflächen auftreten. Daher werden in manchen Fällen Instrumente mit anodisch oxydierten, geschwärzten Oberflächen eingesetzt. Dabei ist zu beachten. daß die Flächen außerhalb des sichtbaren Spektrums keineswegs "schwarz" sein müssen und z.B. bei der Wellenlänge des CO_2-Lasers durchaus stark reflektieren können. Außerdem können schwarze Flächen bei intensiver Bestrahlung wegen der starken Absorption gefährlich heiß werden. Daher wird die Verwendung diffus reflektierender Oberflächen vorgeschlagen, die Strahlung so streuen, daß keine hohen Leistungsdichten auftreten. Werden Kunststoffteile versehentlich mit dem Laser bestrahlt, so können sie leicht angeschmolzen und beschädigt werden.

Für die Lasermedizin bietet der Handel eine Reihe konventioneller Instrumente mit speziellen Beschichtungen an, z.B. Pinzetten, Spatel, Nadelhalter sowie Beobachungsspiegel, die auch bei hohen Leistungen nicht zerstört werden. Zum Schutz des Gewebes hinter dem Einsatzort der Strahlung dienen spezielle Strahlenfallen, die zur Absorption der Strahlung aus dünnen schwarzen Blechen bestehen.

Normale OP-Abdeckungen können bei Laserbestrahlung entzündet werden. Als Notbehelf reicht es aus, die Tücher mit Wasser zu befeuchten. Einen völligen Schutz bieten bisher auch handelsübliche lasersichere OP-Abdeckungen nicht, so daß grundsätzlich Vorsicht geboten ist.

3.5.5 Narkose-Zubehör

Bei der Laseranwendung im Bereich des Larynx und der Bronchien tauchen spezielle technische Probleme auf. Dies liegt daran, daß Plastik und Gummi von Laserstrahlung getroffen werden können, wodurch Brand-Unfälle verursacht werden können.

Endotracheale Schläuche

Zur Anästhesie werden üblicherweise endotracheale Schläuche aus Plastik oder Gummi benutzt, durch die Gase wie O_2 oder N_2O (Lachgas) geleitet werden. Von Laserstrahlung getroffen, können sie, insbesondere beim CO_2-Laser, entflammen. Das Problem wird dadurch verstärkt, daß O_2 oder N_2O die Brand-Gefahr stark erhöhen. Die einfachste Möglichkeit, hier Abhilfe zu schaffen, besteht darin, die Schläuche mit einer dünnen Metallfolie (Aluminium) zu umwickeln. Dafür können selbstklebende Bänder verwendet werden, wobei die Umwicklung sehr sorgfältig und ohne Zwischenräume erfolgen muß. Auf jeden Fall sollte vor der Benutzung ein Sicherheitstest durchgeführt werden. Abdichtungen lassen sich durch einen nassen Tupfer schützen /3.11/.

Eine sicherere Lösung stellt die Verwendung von endotrachealen Rohren aus Metall dar /3.12, 3.13/. Dennoch bleibt die Abdichtung ein Problem, zu dessen Verringerung wiederum nasse Tupfer eingesetzt werden können. Zwar existieren verschiedene Typen endotrachealer Schläuchen aus Plastik, die durch spezielle Beschichtungstechniken geschützt sind, eine nahezu 100%ige Sicherheit gewährleistet aber gegenwärtig nur der Einsatz von Metallrohren.

Jet-Ventilation

Bei dieser Technik wird der Patient zunächst auf normale Art mit einem endotrachealen Schlauch anästhesiert. Danach wird das Laryngoskop plaziert, an welches ein Druckschlauch zur Beatmung angeschlossen wird. Aufgrund des kleinen Querschnitts des Beatmungskanals muß das Gas mit hohem Druck injiziert werden. Der endotracheale Schlauch kann dann entfernt werden. Der hohe Druck beinhaltet gewisse Risiken /3.11, 3.14/. Als Alternative werden Techniken mit geringem Druck und hoher Atemfrequenz erforscht.

3.5.6 Strahlungsdetektoren

In allen medizinischen Lasergeräten befindet sich ein Meßinstrument zur Anzeige der Leistung des Lasers am Eingang des Strahlführungssystems. Bei manchen Systemen kann auch die Leistung am distalen Ende der Strahlführung gemessen werden. Für viele Anwendungen empfiehlt sich die Anschaffung eines separaten Leistungsmessers. Die wichtigsten Systeme und Begriffe sollen im folgenden erläutert werden.

Thermische Detektoren

Bei diesen Detektoren wird ein Teil der einfallenden Lichtenergie in Wärme umgewandelt. Die Messung der Temperaturerhöhung, die ein Maß für die Laserleistung ist, erfolgt mit Thermoelementen, Thermistoren (Bolometer) oder mit Hilfe des pyroelektrischen Effekts. Bei einem Laser-Kalorimeter fällt der Strahl in einen konischen "Lichtsumpf", in dem er nach wenigen Reflexen nahezu vollständig absorbiert wird. Thermische Detektoren haben den großen Vorteil, daß ihre Empfindlichkeit über weite Spektralbereiche konstant bleibt. Sie werden insbesondere für Messungen im Infraroten (CO_2-Laser) benutzt. Thermoelemente haben eine Zeitauflösung bis zu 10^{-5} µs. Empfindlicher sind pyroelektrische Elemente mit 10^{-9} µs und Schwellen für Pulsenergien von 10^{-6} J und für Leistungen von 10^{-6} W.

Photodioden

Vom ultravioletten bis zum nahen infraroten Spektralbereich werden Ge-Photodioden verwendet. PIN-Si-Dioden sind zwischen 0,4 bis 1,2 µm einsetzbar, wobei die empfindliche Fläche bis zu 1 cm umfassen kann. Die Empfindlichkeit hängt stark von der Wellenlänge ab, so daß eine Eichung für jeden Lasertyp durchgeführt werden muß. Photodioden sind im infraroten Bereich einsetzbar. Im folgenden werden einige Typen mit Angabe der Wellenlänge mit maximaler Empfindlichkeit aufgeführt: CdS (0,5 µm), PbS (2,5 µm), InSb (6 µm), Ge:Cu dotiert (20 µm). Photomultiplier sind zwischen 0,2 und 1,1 µm empfindlich, finden jedoch für medizinische Zwecke aus Kostengründen kaum Verwendung.

Ulbricht'sche Kugel

Will man die Leistung einer divergenten oder diffusen Strahlung messen, so kann eine Ulbricht'sche Kugel dazu verwendet werden. Das Licht fällt durch eine Öffnung in den Innenraum einer Kugel von etwa 10 cm Durchmesser. Die Innenfläche ist stark diffus streuend, so daß jedes Flächenelement mit gleicher Intensität ausgeleuchtet wird. An irgendeiner Stelle im Innern der Kugel ist quer zur Einstrahlung ein Photodetektor angebracht. Er mißt die gesamte Lichtleistung der einfallenden Strahlung. Die Anordnung eignet sich gut, um die Leistung am distalen Ende einer Faser oder die diffuse Streuung am Gewebe zu erfassen.

Faserdetektoren

Die Verteilung von Strahlung im Gewebe ist stark durch die Streuung bestimmt. Will man die Lichtverteilung registrieren, so muß ein kleiner Detektor in das Gewebe gebracht werden. Geeignet ist eine dünne Lichtleitfaser, an deren Ende eine Photodiode oder ein Phototransistor angebracht ist. Die gleiche Anordnung dient zur Messung von Laserstreulicht an Gewebe mit Hilfe von Endoskopen.

3.6 Schutz vor Laserstrahlen

Für den vorschriftsmäßigen Einsatz von Lasern wurde für Deutschland die Unfallverhütungsvorschrift VBG-93 vom Hauptverband der gewerblichen Berufsgenossenschaft herausgegeben /3.15/. Daneben haben die Versicherungsträger Vorschriften veröffentlicht /3.16/. Richtlinien der Internationalen Elektrotechnischen Kommission (IEC) wurden durch DIN (Deutsche Industrie Norm) und VDE (Verband Deutscher Elektrotechniker) unter dem Titel "DIN VDE 0837-Strahlungssicherheit von Lasereinrichtungen, Klassifizierung von Anlagen, Anforderungen, Benutzer-Richtlinien" übernommen /3.17/. Auf diese soll im folgenden Bezug genommen werden. Eine klare Übersicht /3.18/ und Antworten auf Detailfragen /3.19/ finden sich in der Fachliteratur über Laser-Strahlenschutz. Für die Benutzung von medizinischen Laseranlagen ist die Medizingeräteverordnung "MedGV" (Verordnung über die Sicherheit medizinisch-technischer Geräte) zu beachten /3.20/. Weitere relevante Normen sind DIN 58215 (Laserschutzfilter und Laserschutzbrillen), DIN 58219 (Laserjustierbrillen) und DIN 57835 (Leistungs- und Energiemeßgeräte für Laserstrahlung). Daneben existiert noch die VDE-Bestimmung über die elektrische Sicherheit von Lasergeräten (DIN 57836), die im wesentlichen für die Gerätehersteller von Interesse ist. Gleiches gilt für das Gesetz über technische Arbeitsmittel "GSG" vom 18.02.1986 (Gerätesicherheitsgesetz).

3.6.1 Gefährdung des Auges

Bei unsachgemäßer Handhabung der Lasergeräte können Schädigungen, insbesondere des Auges, eintreten. Die Art und der Ort der Schäden im Auge hängen, neben anderen Parametern, von der Lichtwellenlänge ab. Zum Verständis kann die Transmission und Absorption der anatomischen Teile des Auges herangezogen werden (Bild 3.23). Im folgenden soll nur eine Schädigung durch schwache Leistungsdichten erörtert werden. Strahlung im Ultravioletten (< 0,4 µm) und im Fernen Infraroten (>1,4 µm) werden bereits in den äußeren Schichten des Auges absorbiert und stellen somit eine Gefahr für die Hornhaut und Augenlinse dar (Tabelle 3.1). Besonders gefährlich ist die Tatsache, daß diese Strahlung unsichtbar ist. Der natürliche Schutz, der durch die Reaktion des Menschen auf eine Blendung gegeben ist, entfällt, und kleine Schäden werden erst später bemerkt. Im Ultravioletten B und C kann eine Entzündung der Hornhaut durch die Strahlung auftreten. Im Ultravioletten A ist eine Trübung der Augenlinse möglich. Auch im Infraroten B können durch Laserstrahlung der Graue Star und zusätzlich ein thermischer Schaden der Hornhaut verursacht werden. Im Bereich A des Infraroten dringt ein beträchtlicher Teil der Strahlung bis zur Netzhaut, so daß Grauer Star und thermische Schädigung der Netzhaut die Folge sein können (Tabelle 3.1). Läsionen, die bei hohen Energiedichten auftreten, werden in Kapitel 4.9 "Lasereffekte in der Ophthalmologie" diskutiert.

Das Auge ist weitgehend durchlässig für Strahlung im Sichtbaren und Nahen Infraroten, und das Licht gelangt zum großen Teil auf die Netzhaut (s. 4.9.1). Die Gefahr einer Schädigung steigt, weil die Lastrahlung durch die optischen Abbildungseigenschaften des Auges gebündelt wird. Bei entspanntem auf Unendlich akkomodiertem Auge wird ein paralleler Laserstrahl genau in der Ebene der Netzhaut auf einen Durchmesser im 10-µm-Bereich fokussiert. Bei Laserstreustrahlung oder anderer Akkomodation des Auges kann die bestrahlte Fläche auf der Netzhaut etwas größer sein. Der Anstieg der Bestrahlungsstärke (Leistungsdichte) von der Hornhaut bis zur Netzhaut ist gleich dem Verhältnis der Pupillenfläche zur Fläche des Bildes auf

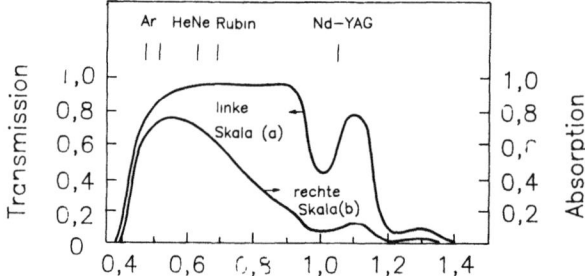

Bild 3.23. Optische Eigenschaften des menschlichen Auges
  a) Optische Durchlässigkeit von Hornhaut, Linse und Augenkammer
  b) Absorption der Netzhaut

Tabelle 3.1. Zusammenfassung pathologischer Effekte in Verbindung mit übermäßiger Lichteinwirkung

Spektralbereich	Auge	Haut
Ultraviolett C (200 bis 280 nm)	⎫ ⎬ Photokeratitis ⎪	Erythem (Sonnenbrand) Beschleunigte Prozesse der Alterung der Haut
Ultraviolett B (280 bis 315 nm)	⎪ ⎭	Verstärkte Pigmentierung
Ultraviolett A (315 bis 400 nm)	Photochemische Katarakt	⎫ Dunkelung von Pigmenten ⎬ ⎪ Photosensitive Reaktionen
Sichtbares Licht (400 bis 780 nm)	Photochem. u. therm. Verletzung der Retina	⎪ ⎬ ⎪ Verbrennung der Haut
Infrarot A (780 bis 1400 nm)	Katarakt, Verbrennung der Retina	⎪ ⎪
Infrarot B (1,4 bis 3,0 µm)	wässrige Ausbuchtung, Katar., Verbr.d. Cornea	⎪ ⎪
Infrarot C (3,0 bis 1000 µm)	Verbrennung d. Cornea allein	⎭

der Netzhaut. Der Pupillendurchmesser beträgt im mittleren Lebensalter im dilatierten Zustand bis zu 5 mm; bei Kindern kann er jedoch bis zu 7 mm betragen. Deshalb errechnet man die Zunahme der Leistungsdichte im schlimmsten Fall zu etwa 500 000, was eine enorme Steigerung bedeutet. Daraus erklärt sich, warum für das Auge schon relativ niedrige Leistungsdichten gefährlich sein können.

Wird ein Strahl auf die Netzhaut fokussiert, so wird nur ein kleiner Teil des Lichtes, etwa 5%, durch die Sehpigmente in den Stäbchen und Zäpfchen absorbiert. Der größte Teil wird durch das Pigment Melanin absorbiert, das im Pigmentepithel vorhanden ist. Im Bereich der Makula, dem gelben Fleck, wird ein Teil der Lichtenergie im blaugrünen Bereich zwischen 400-500 nm durch das Makulapigment absorbiert. Dabei wird das Licht in thermische Energie umgewandelt, wodurch eine örtliche Aufheizung stattfindet. Dadurch kann das Gewebe koaguliert und verbrannt werden, wobei zuerst das Pigmentephitel und dann die lichtempfindlichen Stäbchen und Zäpfchen geschädigt werden. Diese Läsionen können Gesichtsfeldausfälle bewirken. Bei geringen Leistungsdichten können die Schäden reparabel sein. Eine Abnahme der Sehfähigkeit wird normalerweise nur dann subjektiv wahrgenommen, wenn die zentrale Region betroffen ist. Diese ist die Fovea, die in einer Mulde in der Makula gelegen ist. Sie ist der wichtigste Teil der Netzhaut und für das scharfe Sehen verantwortlich. Der Sehwinkel der Fovea ist relativ klein und entspricht dem Winkel, unter welchem der Mond erscheint. Ein Schaden in diesem Bereich erscheint beim Sehen anfänglich als trüber weißer Fleck, der den zentralen Sehbereich bedeckt. Er kann innerhalb von zwei Wochen oder mehr zu einem dunklen Fleck werden. Später wird dieser zerstörte Fleck unter normalen beidäugigen Sehbedingungen vom Geschädigten nicht wahrgenommen. Unter besonderen Bedingungen, z.B. beim Blicken auf weißes Papier oder ein blaues Feld, tritt er jedoch in Erscheinung. Periphere Läsionen werden oft nicht bemerkt und sogar bei Augenuntersuchungen übersehen. Man hört daher oft, ein schwacher He-Ne-Laser sei völlig ungefährlich, was nicht immer richtig ist. Auch wenn man den Strahl schon öfter "problemlos ins Auge bekommen" hat, ist damit nicht sicher, ob eine Schädigung verursacht worden ist.

Gefährdung der Haut

Beim Auge können wegen der Fokussierung durch die Augenlinse relativ niedrige Energiedichten Schädigungen hervorrufen. An der Haut entfällt dies; sie verträgt wesentlich höhere Expositionen. Mögliche Effekte sind in Tabelle 3.1 zusammengefaßt. (Auf die nichtlinearen Wirkungen bei hohen Leistungsdichten wird an anderer Stelle eingegangen.) Im Ultravioletten C können sonnenbrandartige Effekte auftreten. Im Bereich B entstehen beschleunigte Prozesse bei der Alterung der Haut, und es kann zu einer verstärkten Pigmentierung und zu photosensitiven Reaktionen kommen. Über die Bedeutung der krebserzeugenden Wirkung von UV-Laserstrahlung für den Strahlenschutz liegen bisher nicht sehr viele Untersuchungen vor. Thermische Schädigungen der Haut in unterschiedlicher Form können durch Laserstrahlung im Sichtbaren und Infraroten hervorgerufen werden. Die Grenzwerte für eine zulässige Exposition der Haut liegen im allgemeinen wesentlich höher als beim Auge; sie können in Referenz /3.17/ nachgeschlagen werden. Latente Effekte und kumulative Wirkungen geringer Bestrahlungsdosen sind bisher wenig erforscht. Auch ist noch offen, inwiefern Erfahrungen der Biostimulation in den Strahlenschutz einfließen. Bisher gehen derartige Überlegungen nicht in die Grenzwerte ein.

3.6.2 Grenzwerte

Die maximal zulässige Bestrahlung (MZB-Werte) des Auges hängt von zahlreichen Parametern ab /3.17, 3.20/. Die Grenzwerte sind so gewählt, daß Expositionen unterhalb dieser Werte nach dem heutigen Wissensstand keine Schäden hervorrufen können. Dies bedeutet, daß bei der medizinischen Anwendung nur in diesen Fällen keine Sicherheitsvorkehrungen getroffen werden müssen. Eine vereinfachte Darstellung der MZB-Werte, welche die Bestrahlungsstärke (Leistungsdichte) und Bestrahlung (Energiedichte) angeben, zeigt Tabelle 3.2. Dabei werden zwei Wellenlängenbereiche und zwei Bereiche für die Pulsdauer unterschieden. Der Verlauf dieser Daten für beliebige

Tabelle 3.2. Vereinfachte maximal zulässige Bestrahlungswerte der Hornhaut des Auges (MZB-Werte)

Wellenlängen (nm)	Bestrahlungsstärke E					Bestrahlung H	
	Pulsdauer (s)	E (W/m²)	Pulsdauer (s)	E (W/m²)	Pulsdauer (s)		H (J/m²)
200 bis 1400	5 10⁻⁴ bis 10	10	< 10⁻⁹	5 10⁶	10⁻⁹ bis 5 10⁻⁴		0,005
1400 bis 10⁶	0,1 bis 10	1000	< 10⁻⁹	10¹¹	10⁻⁹ bis 0,1		100

Pulsdauern ist in Bild 3.24 gestrichelt eingetragen. Die präzisen Normen werden durch die durchgezogenen Kurven repräsentiert.

Laser produzieren Strahlen unterschiedlicher Durchmesser, und die Intensitätsverteilung im Strahl ist inhomogen. Leistungsdichte ist Leistung (W) pro bestrahlte Fläche (m²), und es taucht die Frage auf, über welche Fläche gemittelt werden soll. Im Sichtbaren bis zum Nahen Infraroten ist das Auge transparent für die Strahlung, und es ist sinnvoll, über die Fläche der Augenpupille zu mitteln. Dabei wird ein maximaler Durchmesser von 7 mm aufgenommen (Tabelle 3.3). Auch wenn der Laserstrahl wie bei He-Ne-Lasern nur ei-

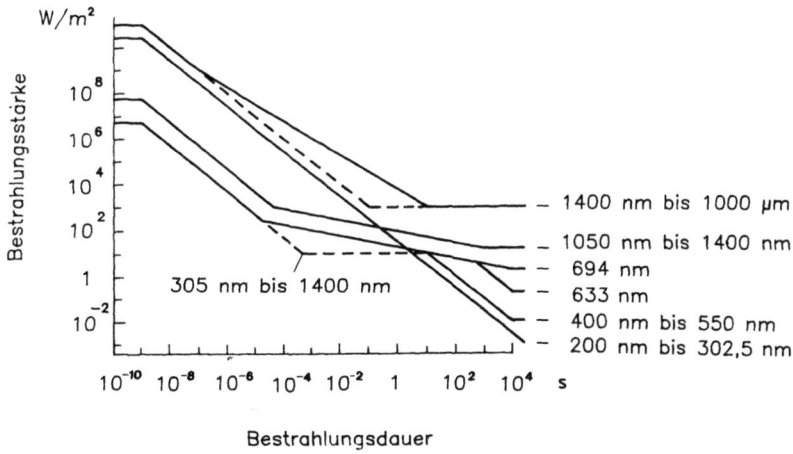

Bild 3.24. Darstellung und Vergleich von Grenzwerten (durchgezogen: IEC-Norm, gestrichelt: Werte aus Tabelle 3.2)

Tabelle 3.3. Der Grenzdurchmesser legt folgende Werte fest, über die bei der Berechnung der Energie- bzw. Leistungsdichte zu mitteln ist

Wellenlängenbereich	Grenzdurchmesser (mm)	Grenzfläche (m^2)
200 nm bis 400 nm	1	0,79 10^{-6}
400 nm bis 1400 nm	7	38,5 10^{-6}
1400 nm bis 100 µm	1	0,79 10^{-6}
100 µm bis 1000 µm	11	95,0 10^{-6}

nen Durchmesser von 0,7 mm hat, wird zur Berechnung der mittleren Leistungsdichte ein Wert von 7 mm (Fläche = 38,5 x 10^{-6} m^2) angesetzt. Die Energiedichte (Leistungsdichte) in den MZB-Grenzwerten zwischen 400 und 1400 nm ist die Energie (Leistung), dividiert durch eine Fläche mit 7 mm Durchmesser. In dem Bereich, in welchem das Auge nicht transparent ist, fällt der Effekt der Fokussierung durch die Linse weg. Daher sehen die Normen ein anderes Verfahren zur Mittelung der Energie- und Leistungsdichte vor. Im Bereich unterhalb 400 nm und oberhalb 1400 nm (bis 100 µm) wird über eine Fläche mit dem Durchmesser von 1 mm (Fläche = 0,79 x 10^{-6} m^2) gemittelt.

Die in den Tabellen 3.2 und 3.3 zitierten Grenzwerte gelten für direktes Blicken in den Laserstrahl. Bei diffuser Streuung können sich in manchen Fällen die Grenzwerte etwas erhöhen. Auch die MZB-Werte für die Haut liegen, insbesondere zwischen 400 nm und 1400 nm, höher als beim Auge, da der Fokussierungseffekt wegfällt /3.17/.

3.6.3 Laserklassen

Zur Kennzeichnung des möglichen Gefährdungsgrades bei unsachgemäßer Bedienung oder Unfällen wurde eine Einteilung der Laser in 4 Klassen erstellt /3.17/. Norm-Vorschriften geben an, welche Schutz-

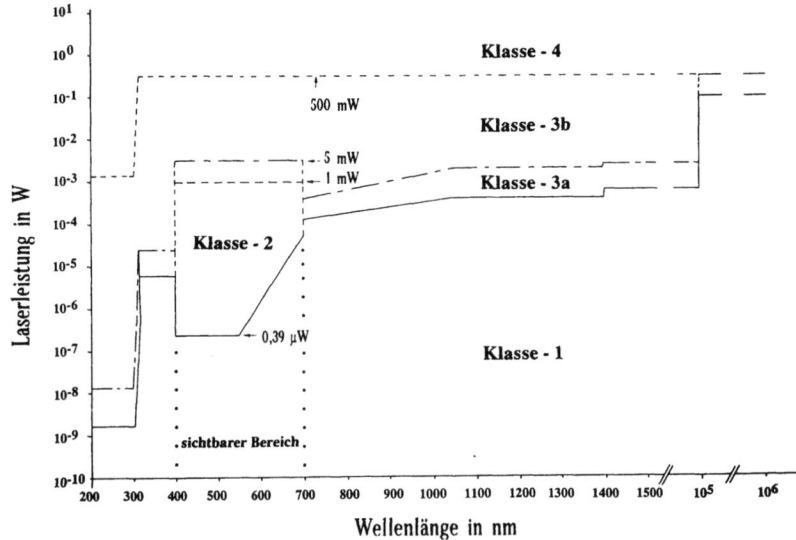

Bild 3.25. Einteilung in Laserklassen bei Bestrahlungszeiten bis zu 10^4 s (Quelle: Lasermedizinzentrum Berlin)

maßnahmen in der jeweiligen Laserklasse zu treffen sind, um Gefahren auszuschließen. Der Benutzer eines medizinischen Lasers oder Lasergerätes muß daher dessen Laserklasse kennen, um die zugehörigen Schutzmaßnahmen einzuhalten. Entsprechend dem Anstieg der Gefährlichkeit gibt es die Klassen 1, 2, 3 (3 A und 3 B) und 4. Die Definition der Klassen ist kompliziert /3.17/, so daß hier nur vereinfachte Aussagen gemacht werden können. Bild 3.25 liefert eine Übersicht über Strahlungsgrenzwerte (GZB) für Dauerstrichlaser in verschiedenen Spektralbereichen:

- Klasse 1 ($< 0,39$ µW im Sichtbaren):
  Laser dieser Klasse sind völlig sichere Geräte, für die keinerlei Schutzmaßnahmen vorgeschrieben sind. Darunter fallen einerseits sehr schwache Laser, die unter keinen Umständen die maximal zulässigen Bestrahlungswerte (MZB) erzeugen können. Andererseits liegen in der Klasse 1 auch stärkere Laser, deren Strahlung baulich so abgeschirmt sein muß, daß auch bei fahrlässigem Verhalten keine Gefährdung auftreten kann. Medizinische Laser, die zur Gewebebehandlung eingesetzt werden, sind höheren Klassen zugeordnet.

- Klasse 2 ($<$ 1 mW im Sichtbaren):
Spezielle Sicherheitsmaßnahmen werden für Laser der Klasse 2 nicht gefordert. Diese Geräte sind zwar nicht wirklich sicher, der Augenschutz wird jedoch durch natürliche Abwendungsreaktionen und den Lidreflex des Auges gewährleistet. Die für dieses Verhalten beanspruchte Zeit wird in der Norm zu 0,25 s angenommen. Damit wird auch klar, warum diese Klasse nur für sichtbare Strahlung definiert ist (400 bis 700 nm). Da selbst medizinische Softlaser in der Regel etwas höhere Leistungen erzeugen, hat auch diese Klasse für medizinisch relevante Laser keine Bedeutung.

Für Dauerstrichlaser beträgt die obere Grenze der Klasse 2 1 mW (Begründung: Nach Bild 3.24 mißt bei 0,25 s die maximal zulässige Bestrahlungsstärke etwa 25 W/m^2. Dabei wird über die Pupillenfläche von 7 mm (= $38,5 \times 10^{-6}$ m^2) gemittelt. Daraus erhält man eine Laserleistung von 1 mW). Für gepulste Laser mit Pulsdauern bis zu 0,25 s gelten die gleichen Strahlungsgrenzwerte (GZS) wie für Klasse 1, da bei so kurzen Zeilen der Lidschlußreflex zu langsam eintritt.

- Klasse 3 A ($<$ 5 mW):
Im sichtbaren Bereich (400 bis 700 nm) sind in dieser Klasse kontinuierliche Laser bis zu 5 mW zulässig, sofern die Leistungsdichte von 25 W/m^2 nicht überschritten wird. Eine Begrenzung und Verringerung der Leistungsdichte kann durch eine Strahlaufweitung erreicht werden. (Bei 5 mW muß ein homogener Strahl mindestens 16 mm Durchmesser haben, damit 25 W/m^2 nicht überschritten werden). Die Klasse 3 A ist im sichtbaren Bereich so definiert, daß bei einem aufgeweiteten Strahl die MBZ-Werte bis zu einer Bestrahlungszeit von 0,25 s nicht überschritten werden. Damit kann die zulässige Laserleistung abgeschätzt werden, die von der Strahlaufweitung abhängt. Im Gegensatz zu Klasse 2 sind in diese Klasse auch Laser im ultravioletten und infraroten Bereich einzuordnen, sofern die Leistung bis zu fünfmal größer ist als in Klasse 1.

Zusammengefaßt läßt sich feststellen: für sichtbare Laser der Klasse 3 A wird der Schutz des freien Auges durch Abwendungsreaktionen einschließlich des Lidschlußreflexes garantiert. Als

Schutz genügt die Forderung, nicht in den Strahl zu sehen. Allerdings darf die Strahlung nicht durch optische Hilfsmittel eingeengt sein. Einige medizinische Bestrahlungslaser, insbesondere He-Ne-Laser bis zu 5 mW mit größerem Strahldurchmesser, fallen in die Klasse 3 A.

- Klasse 3 B (< 0,5 W):
Die Grenzwerte für die bisher aufgeführten Klassen basieren auf biologischen Überlegungen und lassen eine begründbare Abgrenzung zu. Dies ist bei den Klassen 3 B und 4 nicht so eindeutig möglich. Für kontinuierliche Laser im sichtbaren und infraroten Bereich liegt der Strahlungsgrenzwert (GZB) der Klasse 3 B bei 0,5 W, im UV niedriger. Die Grenzwerte bei Pulslasern hängen von verschiedenen Parametern ab; sie müssen in der Klasse 3 B geringer als 10^5 J/m^2 sein. Das direkte Blicken in den Strahl ruft Schäden hervor. Die Betrachtung diffuser Reflexionen unfokussierter Strahlung von Pulslasern dieser Klasse ist nicht gefährlich. Unter folgenden Bedingungen kann die Strahlung kontinuierlicher Laser ohne schädigende Folgen mit einem diffusen Reflektor angesehen werden: minimaler Betrachtungsabstand 13 cm, maximale Beobachtungszeit 10 s. Wenn eine dieser Bedingungen nicht erfüllt ist, muß die Möglichkeit der Gefährdung durch diffuse Reflexion geprüft werden. Zu der Klasse 3 A zählen viele starke medizinische Bestrahlungslaser, sofern sie He-Ne-Laser über 5 mW oder gepulste Halbleiterlaser enthalten.

- Klasse 4 (> 0,5 W):
Laser mit höheren Leistungen als in Klasse 3 B fallen in diese Klasse 4. Hier kann nicht nur der direkte Strahl schwere Schäden verursachen. Auch diffuse Reflexionen können Verletzungen der Augen und der Haut verursachen. Außerdem können die Strahlen eine Brandgefahr darstellen, da bei Absorption hohe Temperaturen entstehen. Fast alle chirurgischen Laser rangieren in Klasse 4.

Medizingeräteverordnung (MedGV)

Die Verwendung medizinischer Geräte wird durch die Medizingeräteverordnung (MedGV) geregelt /3.20/. Diese Verordnung teilt medizinische Geräte in vier Gruppen, die natürlich andere Kriterien aufweisen als die Laserklassen. Laser-Chirurgie-Geräte sowie Photo- und Laserkoagulatoren fallen unter die Gruppe 1 der MedGV. Gemäß der Einteilung der Laserklassen nach DIN VDE 0837 /3.17/ gehören derartige Laser in die Klassen 3 oder 4.

Nach der MedGV §6 dürfen Geräte der Gruppe 1, zu der die medizinischen Laser zählen, nur von Personen bedient werden, die aufgrund ihrer Ausbildung oder ihrer Kenntnisse und praktischen Erfahrungen die Gewähr für eine sachgerechte Handhabung tragen. Die Lasergeräte müssen eine Bauartzulassung haben. Über die Benutzung der Geräte der Gruppe 1 ist ein Gerätebuch zu führen.

Sicherheitsvorkehrungen

Laser der Klassen 3 und 4 dürfen nur von geschulten Personen eingesetzt werden. Der Laser muß durch einen Schlüsselschalter gesichert sein. An den Eingängen zu Bereichen, in denen mit Lasern dieser Klasse gearbeitet wird, müssen spezielle Warnzeichen den Betrieb des Lasers anzeigen (siehe Abschnitt 3.6.5). Auf jeden Fall ist zu verhindern, daß Personen ohne Schutzbrillen beim Betrieb des Lasers in den Bereich der Strahlung kommen können. An den Lasergeräten selbst sollen sichtbare oder akustische Signale den Betrieb anzeigen. Die tatsächliche Laseremission sollte zusätzlich durch ein spezielles Signal hervorgehoben werden.

Nach den Vorschriften zur Unfallverhütung muß ein Laserschutzbeauftragter ernannt werden, der für den sicheren Betrieb und die Schutzmaßnahmen verantwortlich ist. Er muß aufgrund seiner Ausbildung und Erfahrung über ausreichende Kenntnisse der Lasertechnik verfügen.

3.6.4 Schutzbrillen

Bei der Handhabung von Lasern der Klasse 3 B und 4 müssen Schutzmaßnahmen für das Auge eingehalten werden. Nur bei sehr schwachen Bestrahlungslasern der Klasse 3 A (im Sichtbaren bis zu 5 mW bei aufgeweitetem Strahl) ist dies nicht notwendig. Wird der Laserstrahl mit einem Handstück geführt, so müssen Arzt, Patient und Helfer eine Laserschutzbrille tragen. Wird der Strahl durch medizinisch-optische Instrumente, wie Spaltlampe oder Endoskope, geführt, so braucht oft nur der Arzt durch einen Schutzfilter im Instrument vor Streustrahlung geschützt zu werden. Ist jedoch das Operationsfeld freigelegt oder liegen andere Gegebenheiten vor, so daß durch Unachtsamkeit direkte oder reflektierte Strahlung in das Auge einer Person treffen kann, sind in jedem Fall von allen Anwesenden Laserschutzbrillen zu tragen. Dabei dürfen nur Brillen benutzt werden, die den Normen DIN 58215 genügen /3.22/.

Transmissionsgrad

Für Schutzfilter in den Laserschutzbrillen und anderen lasermedizinischen Geräten sind die Schutzstufen L1A bis L11A (früher L1 bis L10) vorgesehen. Dabei bedeutet die Ziffer die minimale optische Dichte des Glases (s.u.) für die gegebene Laserwellenlänge unter definierten Prüfbedingungen. Diese Prüfbedingungen werden im wesentlichen durch die Leistungs- oder Energiedichte sowie die Bestrahlungszeit, welcher das Glas standhalten muß, festgelegt. Damit wird verständlich, daß gegen die Strahlung von Dauerstrichlaser (D), Impulslaser (I), Riesenimpulslaser (R) und modengekoppeltem Impulslaser (M) unterschiedliche Schutzbrillen verwendet werden müssen. (Die typischen Pulslängen betragen für D, I, R und M jeweils $> 0{,}25$ s, $0{,}25$ s bis 10^{-7} s, 10^{-7} s bis 10^{-9} s und unter 10^{-9} s.)

Die optische Dichte N beschreibt den Transmissionsgrad T, d.h. den Anteil der Laserstrahlung, der noch durch den Filter tritt:

$$T = 10^{-N}. \tag{3.1}$$

Eine Brille der Schutzstufe L 5A beispielsweise hat also einen maximalen Transmissionsgrad von 10^{-5} (Tabelle 3.4 a). (Wegen der speziellen Prüfbedingungen liegt der tatsächliche Transmissionsgrad meist niedriger.) Es ist zu beachten, daß die Schutzstufe einer Laserbrille nur für eine bestimmte Lichtwellenlänge oder einen Bereich gilt. Eine Laserschutzbrille funktioniert daher meist nur für einen Lasertyp, z. B. He-Ne-Laser (632 nm), Nd:YAG-Laser (1060 nm), usw.. Die jeweilige Wellenlänge oder der Bereich wird daher in den Einheiten nm vor die Schutzstufe geschrieben.

Eine Laserschutzbrille wird nach der Norm mit drei Angaben versehen: Laserbetriebsart, Wellenlänge oder Bereich in nm, Schutzklasse. Ein Beispiel dafür lautet nach Tabelle 3.4: DI 1060 L7A. Beschädigte Gläser oder Gläser mit Farbveränderungen, beispielsweise hervorgerufen durch Strahlung hoher Leistungsdichte, dürfen nicht verwendet werden.

Tabelle 3.4. Klassifizierung von Laserschutzbrillen

a) Schutzstufe und maximaler Transmissionsgrad
(bei bestimmter Wellenlänge)

Schutzstufe L	1A	2A	3A	4A	5A	6A	7A	8A	9A	10A
Transmission T	10^{-1}	10^{-2}	10^{-3}	10^{-4}	10^{-5}	10^{-6}	10^{-7}	10^{-8}	10^{-9}	10^{-10}

b) Beispiel zur Klassifizierung von Laserschutzbrillen

DI	1060	L 7A	...	...	...
D	630-700	L 8	...	...	...

Laserbetriebsart* ──↑
Wellenlänge (nm) ─────↑
Schutzstufe ──────────↑
Evtl. Zeichen des Herstellers ──────────↑
Evtl. Nationales Prüfzeichen ─────────────↑
Evtl. Zeichen f. mech. Festigkeit ────────────↑

*) D = Dauerstrichlaser, I = Impulslaser, R = Riesenimpulslaser,
M = Modengekoppelter Impulslaser

Brillengestelle

Auch die Brillengestelle sind für den Augenschutz wichtig. Die Prüfbedingungen bezüglich Leistungs- und Energiedichte, die für die Schutzgläser festgelegt sind, gelten auch für die Gestelle. Die Schutzstufen L 1 bis L 10 haben auch für die Brillenfassungen Bedeutung (wobei natürlich der Begriff 'Transparenz' entfällt). Das einer bestimmten Schutzstufe zugeordnete Brillengestell muß die gleiche Leistungs- und Energiedichte aushalten wie die Gläser. Nur auf den ersten Blick wirkt es etwas merkwürdig, wenn die Schutzstufe eines Gestells mit der Wellenlänge variiert, z.B. L 7 im Ultravioletten und L 3 im Infraroten. Dies liegt am Absorptionsverhalten des Materials. Die Schutzstufe ist auch verschieden für kontinuierlichen und Pulsbetrieb, da beide Betriebsarten unterschiedlich thermisch auf das Material wirken.

Zur Vermeidung von Unfällen und Verwechslungen sind Brillen mit auswechselbaren Gläsern nicht zugelassen. Es reicht daher, wenn der Schutz des Systems auf dem Brillengestell angegeben ist. Die wichtigsten Brillenfassungen sind die sogenannte 'Korbbrille' und die 'Bügelbrille'. Bei manchen Herstellern sind für die beiden Modelle die Schutzstufen im sichtbaren Bereich gleich. Für Brillenträger und Nichtbrillenträger empfiehlt sich die Korbbrille, die sich auch über normale Brillen überziehen läßt. Man sollte ein Modell mit möglichst großen Filtergläsern wählen, damit das Gesichtsfeld nicht zu sehr eingeengt wird. Häufig werden die handlicheren Bügelbrillen gewählt, die einer normalen Sonnenbrille mit zusätzlichem Seitenschutz ähneln. Allerdings ist ein Eindringen von Strahlung von der Seite oder von hinten nicht völlig ausgeschlossen.

Berechnungsbeispiel

Zur Erleichterung der Auswahl von Laserschutzbrillen dient Tabelle 3.5. Dies soll an einem Beispiel für kontinuierliche Laser erläutert werden. Zunächst muß die maximal auftretende Leistungsdichte berechnet werden, die von der Strahlaufweitung abhängt. Bei der Berechnung unterscheidet man nach Tabelle 3.3 mehrere Fälle, von denen die wichtigsten folgende sind:

1. Für Wellenlängen unterhalb 400 nm oder oberhalb 1400 nm wird die Leistungsdichte E nach der Formel E = Laserleistung/Strahlfläche ermittelt. (Dabei wird vorausgesetzt, daß der Strahldurchmesser > 1 mm und die Wellenlänge < 100 µm betragen.)
2. Für Wellenlängen im Bereich zwischen 400 und 1400 nm spielt die Fokussierung der Strahlung durch die Augenlinse eine Rolle. Ist der Strahldurchmesser kleiner als 7 mm (Durchmesser der Pupille), so wird eine Fläche mit diesem Durchmesser verwendet, d.h. E = Laserleistung / 38,5 10^{-6} m².
3. Ist der Strahldurchmesser in diesem Wellenlängenbereich (400 bis 1400 nm) größer als 7 mm, so gilt wieder E = Laserleistung/Strahldurchmesser.

Hat man die Leistungsdichte ermittelt, so kann aus Tabelle 3.5 die Schutzstufe für den entsprechenden Wellenlängenbereich abgelesen werden. Um denn vollständigen Schutz zu sichern, muß als Strahldurchmesser der Wert am Ausgang des Lasers zugrunde gelegt werden.

Als Beispiel soll die Brille für einen Argonlaser mit 5 W und einem Strahldurchmesser von 1 mm berechnet werden. Als Leisungsdichte erhält man E = 1,3 10^5 W/m², wobei eine Fläche von 7 mm Durchmesser berücksichtigt wurde. Bei einer Wellenlänge von etwa 500 nm erhält man aus Tabelle 3.5 für Bestrahlungszeiten über 0,5 s die Schutzstufe L 8A.

Für modengekoppelte Laser, die in der Medizin selten eingesetzt werden, gelten die Betriebsdauern < 10^{-9} in Tabelle 3.5. Zur Berechnung der Leistungsdichte muß die jeweilige Spitzenleistung der Pulse eingesetzt werden.

Puls- und Riesenpulslaser strahlen im Bereich zwischen 0,5 und 10^{-9} s. Für die Wahl der Schutzbrille entscheidend ist die Energiedichte H des Laserpulses, die sich aus der Pulsenergie/Fläche berechnet. Die oben aufgeführten drei Fälle für die Wahl der Fläche sind dabei zu berücksichtigen. Tabelle 3.5 gilt für einzelne Pulse. Bei Pulsfolgen muß die Schutzstufe erhöht werden. Beispielsweise gilt im Wellenlängenbereich zwischen 400 und 1400 nm bei Pulsdauern

Tabelle 3.5. Schutzstufen und Anwendungsbereiche von Laserschutzbrillen oder -filtern (nach DIN 58 215). Die Betriebsdauern $> 0,5$ s gelten für kontinuierliche Laser, $< 10^{-9}$ s für modengekoppelte und 0,5 bis 10^{-9} s für gepulste (normale Pulse oder Q-switch) Laser. Bei $E > 100$ W/m^2 oder $H > 100$ J/m^2 ist zusätzlich auf einen Hautschutz zu achten

Typ der Brille	Verwendung bis zu einer max. Bestrahlungsstärke E bzw. Bestrahlung H im Wellenlängenbereich:											
	200 bis 620 nm			620 bis 1050 nm			1050 bis 1400 nm			über 1400 nm		
	E W/m²	E W/m²	H J/m²	E W/m²	E W/m²	H J/m²	E W/m²	E W/m²	H J/m²	E W/m²	E W/m²	H J/m²
	Betriebsdauer(s)			Betriebsdauer(s)			Betriebsdauer(s)			Betriebsdauer(s)		
	$>0,5$	$<10^{-9}$	10^{-9} bis $0,5$	$>0,5$	$<10^{-9}$	10^{-9} bis $0,5$	$>0,5$	$<10^{-9}$	10^{-9} bis $0,5$	$>0,5$	$<10^{-9}$	10^{-9} bis $0,5$
L 1A	0,1	$5 \cdot 10^7$	0,05	1	$5 \cdot 10^7$	0,05	10^2	$5 \cdot 10^8$	0,5	10^4	10^{12}	10^3
L 2A	1	$5 \cdot 10^8$	0,5	10	$5 \cdot 10^8$	0,5	10^3	$5 \cdot 10^9$	5	10^5	10^{13}	10^4
L 3A	10	$5 \cdot 10^9$	5	10^2	$5 \cdot 10^9$	5	10^4	$5 \cdot 10^{10}$	50	10^6	10^{14}	10^5
L 4A	10^2	$5 \cdot 10^{10}$	50	10^3	$5 \cdot 10^{10}$	50	10^5	$5 \cdot 10^{11}$	$5 \cdot 10^2$	10^7	10^{15}	10^6
L 5A	10^3	$5 \cdot 10^{11}$	$5 \cdot 10^2$	10^4	$5 \cdot 10^{11}$	$5 \cdot 10^2$	10^6	$5 \cdot 10^{12}$	$5 \cdot 10^3$	10^8	10^{16}	10^7
L 6A	10^4	$5 \cdot 10^{12}$	$5 \cdot 10^3$	10^5	$5 \cdot 10^{12}$	$5 \cdot 10^3$	10^7	$5 \cdot 10^{13}$	$5 \cdot 10^4$	10^9	10^{17}	10^8
L 7A	10^5	$5 \cdot 10^{13}$	$5 \cdot 10^4$	10^6	$5 \cdot 10^{13}$	$5 \cdot 10^4$	10^8	$5 \cdot 10^{14}$	$5 \cdot 10^5$	10^{10}	10^{18}	10^9
L 8A	10^6	$5 \cdot 10^{14}$	$5 \cdot 10^5$	10^7	$5 \cdot 10^{14}$	$5 \cdot 10^5$	10^9	$5 \cdot 10^{15}$	$5 \cdot 10^6$	10^{11}	10^{19}	10^{10}
L 9A	10^7	$5 \cdot 10^{15}$	$5 \cdot 10^6$	10^8	$5 \cdot 10^{15}$	$5 \cdot 10^6$	10^{10}	$5 \cdot 10^{16}$	$5 \cdot 10^7$	10^{12}	10^{20}	10^{11}
L10A	10^8	$5 \cdot 10^{16}$	$5 \cdot 10^7$	10^9	$5 \cdot 10^{16}$	$5 \cdot 10^7$	10^{11}	$5 \cdot 10^{17}$	$5 \cdot 10^8$	10^{13}	10^{21}	10^{12}
L 11A	10^9	$5 \cdot 10^{17}$	$5 \cdot 10^8$	10^{10}	$5 \cdot 10^{17}$	$5 \cdot 10^8$	10^{12}	$5 \cdot 10^{18}$	$5 \cdot 10^9$	10^{14}	10^{22}	10^{13}

unterhalb von 10 μs und Frequenzen über 1 Hz: $H' = 17\,H$. Mit diesem neuen Wert H' muß nun aus Tabelle 3.5 die Schutzstufe abgelesen werden.

Laser-Justierbrillen

Laser-Justierbrillen dienen zum Einsatz bei Justierarbeiten an Lasergeräten, bei denen gefährliche Strahlung für das Auge im sichtbaren Spektralbereich auftritt. Sie haben die Eigenschaft, daß der Laserstrahl zwar geschwächt aber noch relativ intensiv gesehen werden kann, was bei Justierarbeiten notwendig ist. Die DIN-Norm /3.22/ sieht vor, daß Justierbrillen gewährleisten, daß die Laserstrahlung auf Werte abgeschwächt wird, die in die Klasse 2 fallen. Bei Dauerstrichlasern liegt der Grenzwert bei 1 mW. Laser-Justierbrillen sind nur für Laser mittlerer Leistungen bis zu 10 W zu benutzen. Durch Laser-Justierbrillen ist das Auge nur dann gegen Schäden geschützt, wenn sich das Lid innerhalb von 0,25 s reflektorisch schließt (siehe Laserklasse 2). Dieser Reflex darf nicht unterdrückt werden. Die Schutzstufen R 2, R 3 und R 4 sind für Laser bis maximal 100 mW, 1 W und 10 W zugelassen. Wie bei den Laserschutzbrillen gibt die Zahl die optische Dichte an. Der maximale Transmissionsgrad liegt demnach für die oben zitierten Schutzstufen bei 10^{-2}, 10^{-3} und 10^{-4}. Entsprechend der Norm sind Justierbrillen mit dem Wort "Justierbrille", dem Kennzeichen des Herstellers, der Wellenlänge bzw. dem Wellenlängenbereich (in nm), den Buchstaben DIN und der maximalen Laserleistung zu kennzeichnen, z.B. Justierbrille XY 514 1 W oder Justierbrille AB 500-600 DIN 10 W.

3.6.5 Strahlenschutz im OP

Im Operationssaal muß durch verschiedene Maßnahmen sichergestellt werden, daß Personen bei der Handhabung des Lasers nicht gefährdet werden können.

Laserbereiche

Innerhalb des Operationssaals lassen sich verschiedene Laserbereiche definieren, in denen eine unterschiedlich hohe Gefährdung herrscht:

- OP-Feld: In diesem Sektor ist immer Strahlung zu erwarten. Er schließt die Bereiche mit ein, in denen Reflexionen am OP-Besteck auftreten können.

- Erweiterter Bereich: Hier kann möglicherweise versehentlich und nur sehr kurz Laserstrahlung vorhanden sein.

- 'Worst-case'-Bereich: Dieser Begriff bezieht sich auf das mutwillig oder grob fahrlässig herbeigeführte Auftreten von Strahlung, wodurch Personen gefährdet werden können.

- Bereich mit Schutzbrille: Schutzbrillen werden nicht immer auf die volle Leistungsdichte des Lasers ausgelegt. Im hier definierten Bereich liegt eine Gefährdung auch mit Schutzbrille vor, d.h. die Brille schützt nur außerhalb dieses Laserbereiches.

Schutzmaßnahmen

Folgende technische Schutzmaßnahmen können für die Lasersicherheit im OP getroffen werden:

- Verriegelung: Laser der Klasse 3b und 4 haben einen Anschluß, der mit 'Verriegelung' oder 'Interlock' bezeichnet wird. Es handelt sich um einen Stromkreis, der bei Unterbrechung den Laserstrahl abschaltet. An diesen Stromkreis können folgende Anordnungen angeschlossen werden: Schalter "Ein/Aus" mit Warnlampe zur Anzeige des Laserbetriebes oder Schalter "Not-Aus", Türkontakt zum Abschalten des Lasers bei unbefugtem Öffnen der Tür des OP's oder Türkontakt zum Verriegeln der Tür (Not-Türöffner muß vorhanden sein). Es empfiehlt sich nicht, die Tür zur Grenze des Laserbereiches zu machen. In diesem Fall kann von einer Verriegelung der Tür abgesehen werden. Wichtig sind eine Kennzeichnung an der Tür und eine Warnlampe sowie eine Schleuse mit Schutzvorhängen.

- Warnschilder und -lampen: Alle Türen zum Laserbereich müssen das bekannte dreieckige Laserschild tragen und ein Schild mit dem Schriftzug "Laserstrahlung". Weitere Angaben über die Laserklasse und der Hinweis "Laserschutzbrille tragen" können erforderlich sein. Türen, die dem Publikumsverkehr zugänglich sind, müssen zusätzlich die Aufschrift "Betreten verboten" tragen. Über den Eingangstüren sind gelbe Laserwarnlampen mit dem schwarzen Schriftzug "Laser" vorgeschrieben. Eine Kombination mit dem 'Interlock' ist sinnvoll, so daß der Laser nur betrieben werden kann, wenn die Lampe brennt. Die Lampe muß auch ausgehen, wenn der Laser abgeschaltet wird. Bei der Auswahl der Birnen sollte auf lange Lebensdauer Wert gelegt werden, was entweder durch Leuchtstofflampen oder durch eine Verringerung der Betriebsspannung um 20% für Glühfadenlampen erreicht wird.

- Trennwände: Trennwände und Vorhänge dürfen von der Laserstrahlung nicht entzündet oder durchlöchert werden. Weiterhin sollten die Oberflächen von Wänden so beschaffen sein, daß keine gerichtete Reflexion auftritt.

- Stromversorgung: Lasergeräte haben oft eine hohe elektrische Leistung bis zu 10 kW und mehr, deshalb sind die elektrischen Sicherheitsvorschriften zu beachten. Die Stromversorgung kann mit dem Stromkreis für die Warnlampe kombiniert werden, so daß das Einschalten nicht vergessen werden kann.

Schutzausrüstung

- Laserschutzbrillen: Jeder, der am Laser arbeitet, sollte eine eigene Schutzbrille besitzen, die seinen Bedürfnissen angepaßt ist. Die Auswahlkriterien für die Brille sind in Abschnitt 3.6 aufgeführt.

- Kleidung: Die Kleidung oder die OP-Tücher dürfen nicht durch die Laserstrahlung entzündet werden können.

Jährliche Unterweisung

Die Unfallverhütungsvorschrift VBG 93 schreibt vor, daß Personen, die an Lasereinrichtungen der Klassen 2 bis 4 arbeiten oder sich in Laserbereichen der Klassen 3 B oder 4 aufhalten, jährlich zu unterweisen sind.

Strahlenschutzbeauftragte

Für den Betrieb von Lasern der Klasse 3B oder 4 sind Sachkundige als Laserschutzbeauftragte schriftlich zu bestellen (VBG 93).

Kapitel 3

3.1 Datenblatt, MBB-Medizintechnik, Neue Wege in der Physikalischen Therapie, Der Bestrahlungs-Laser
3.2 Mester, E.: Über die stimulierende Wirkung der Laserstrahlen auf die Wundheilung, Der Laser, Grundlagen und klinische Anwendungen, Herausgeber: K. Dinstl und P. L. Fischer, Berlin: Springer Verlag 1981
3.3 Deutsches Ärzteblatt 50, 1984, 3760,
3.4 Nogier, P.: Praktische Einführung in die Aurikulotherapie, Maisonneuve-Verlag
3.5 Furzikov, N.: Different laser for Angioplasty: Thermooptical Comparison, IEEE-Journal of Quantum Electronic, QE-23, 1987, 1751-55
3.6 Isner, I.; Steg, G.; Clarke, R.: Current Status of Cardiovascular Laser Therapy, 1987, IEEE-Journal of Quantum Electronic, QE-23, 1987, 1756-1771
3.7 Reichel, E.; Schmidt-Kloiber, H.; Schöffmann, H.; Dohr, G.; Hofmann, R.; Hartung, R.: Physikalische Vorgänge bei der laserinduzierten Stoßwellenlithotripsie, Lasers in Med. and Surgery. 3, 1987, 77-183
3.8 Simon, W.; Pittering: Laserinduzierte Stoßwellenlithotripsie an Nieren- und Gallensteinen (in vitro), Laser und Optoelektronik 1, 1987, 33-35
3.9 Frank, F.: Biophysical Basis and Technical Prerequisites for the Endoscopie and Surgical Use of Neodymium-YAG Lasers, Lasers in Med. and Surg. 3, 1986, 124-132
3.10 Frank, F.; Halldorsson, T.: Untersuchungen zur Sicherheit bei der klinischen Anwendung des Neodym-YAG-Lasers, Biomed. 4, 1982, 30-48

3.11 Norton, M.: Anesthesia Problems in Laser Surgery, In: Complications of Laser Surgery of the Head and Neck, Herausgeber: P. Fried, J. Kelly, M. Strome, Year Book Medical Publisher, Inc.; 1981, S. 45-61

3.12 Porch, D.; Hirschmann, C.; Leon, D.: Improved metal endotracheal tube for laser surgery of the airway, Anesth. Analg. 59, 1980, 789-791

3.13 Norton, M.; de Vos, P.: A new endotracheal tube for laser surgery of the larynx, Ann. Otol. Rhinol. Laryngol.; 1978, 554-558

3.14 Healy, G.: Complications of CO_2-Laser Surgery in Children, In: Complications of Laser Surgery of the Head and Neck, Herausgeber: P. Fried, J. Kelly, M. Strome, Year Book Medical Publisher, Inc., 1986, S. 129-136

3.15 Hauptverband der gewerblichen Berufsgenossenschaft: Unfallverhütungsvorschrift VBG 93, Laserstrahlung, Köln: Carl Heymanns Verlag (1988)

3.16 Bundesarbeitsgemeinschaft der Unfallversicherungsträger der öffentlichen Hand (BAGUV), Unfallverhütungsvorschrift-Laserstrahlen, GUV 2.20 (1987)

3.17 Deutsche Normen, Strahlungssicherheit von Laser-Einrichtungen, Klassifizierung von Anlagen, Anforderungen, Benutzer-Richtlinien, DIN VDE 0837 (2/86) - DKE, DIN VDE 0837 A 1 E(2/88) - DKE, DIN VDE 0837 /100 E(10/88) - DKE (1986-1988)

3.18 Holzinger, G.; Kroy, W.; Schreiber, P.; Sutter, E.: Schutz vor Laserstrahlen, Nr. 14 Schriftenreihe Arbeitsschutz. Bundesanstalt für Arbeitsschutz und Unfallforschung, Dortmund 1978

3.19 Sliney, D.; Wolbarsht, M.: Safety with Lasers and other optical sources, A comprehensive handbook, New York: Plenum Press 1980 (ISBN 0-306-40434-6)

3.20 Medizingeräteverordnung, BGBl. I S. 93 GVBl. S. 341 (1985)

3.21 Deutsche Norm, Persönlicher Augenschutzfilter und Augenschutzgeräte für die Laserstrahlung, DIN 58215 (1/86) - NAFuO (1986)

3.22 Deutsche Norm, Laser-Justierbrillen, DIN 58219 (10/82) - NAFuO, DIN 58219 E(2/86) - NAFuO (1982-1986)

4 Wirkung von Laserstrahlung auf Gewebe

In den vorangegangenen Kapiteln wurden physikalische und apparative Grundlagen der Lasertechnik für deren Einsatz in der Medizin beschrieben. Der nun folgende Abschnitt thematisiert biologische und medizinische Wirkungen von Laserstrahlung auf Gewebe. Die Kenntnis der Mechanismen und Effekte einer Bestrahlung mit Lasern ist von fundamentaler Bedeutung für verschiedene medizinische Disziplinen.

4.1 Optische Eigenschaften von Gewebe

4.1.1 Modelle zur Lichtausbreitung

Für die medizinische Nutzung des Lasers ist die Kenntnis der Ausbreitung der Strahlung im behandelten Gewebe eine wichtige Voraussetzung. Eine Berechnung der Intensitätsverteilung der Strahlung gestaltet sich jedoch äußerst schwierig, u.a. weil Gewebe in seinen optischen Eigenschaften extrem inhomogen ist. Neben dem Prozeß der Absorption findet im Gewebe auch Lichtsstreuung statt, welche die Ausbreitung der Strahlung stark beeinflußt.

Streuung

Streuung erfolgt aufgrund von Inhomogenitäten des Brechungsindexes im Gewebe. Winkelverteilung und Intensität der Streustrahlen hängen dabei stark von Größe und Form der Streuzentren ab. Für Moleküle oder kleine Teilchen, deren Abmessungen bis zu einem Zehntel der Lichtwellenlänge betragen, ist die Streuung relativ schwach, isotrop, d.h. kugelsymmetrisch, und, je nach Streurichtung, polarisiert. Man nennt diesen Prozeß 'Rayleigh-Streuung'. Ihre Intensität nimmt mit der vierten Potenz der Wellenlänge ab, d.h. langwelliges Licht wird weniger gestreut. (Durch diesen Streuvorgang wird die blaue Farbe des Himmels erklärt.)

Die Streuung wird stärker und ist mehr vorwärts gerichtet, wenn die Teilchen etwa die Größe der Wellenlänge haben. In diesem Fall ist die Streuintensität umgekehrt proportional zur Wellenlänge. Übertrifft die Größe der Streuzentren die der Wellenlänge, so nimmt die Intensität wieder etwas ab. Im Falle dieser sogenannten 'Mie-Streuung' ist die Strahlung ebenfalls stark vorwärts gerichtet.

Im Gewebe treten alle Prozesse auf, wobei die Streuung an größeren Strukturen überwiegt. Im sichtbaren und nahen infraroten Spektralbereich finden Streuprozesse im Gewebe häufiger statt als Absorption, so daß die Photonen mehrmals gestreut werden, bevor sie schließlich absorbiert werden. Bei der Strahlung mancher Laser tritt die Streuung über 100mal häufiger auf als die Absorption, wie beispielsweise beim Nd:YAG-Laser (1,06 µm). Dadurch wird ein relativ großer Anteil der auf das Gewebe fallenden Strahlung zurückgestreut. Der Reflexionskoeffizient an der Oberfläche wird in diesem Fall durch die Streuung bestimmt. Die Berechnung der Lichtverteilung im Gewebe ist kompliziert, so daß bisher nur in Einzelfällen eine mathematische Lösung gefunden werden konnte.

Transport-Theorie

Zur mathematischen Beschreibung der Lichtausbreitung in Gewebe, die durch Vielfachstreuung bestimmt wird, sind verschiedene Verfahren entwickelt worden. In der sogenannten 'Transport-Gleichung' geht man von der Annahme aus, die Photonen verhielten sich wie neutrale Teilchen, die sich im Gewebe ausbreiten /4.1/. Sie ähneln Atomen in einem Gas oder Neutronen im Reaktor. Exakte Lösungen der Transportgleichung sind nur in einfachen Sonderfällen bekannt. Ausführliche numerische Ergebnisse liegen für anisotrope Streuung in Materialschichten vor /4.2/. Nimmt man an, daß die Streuung isotrop ist, so kann die Transportgleichung vereinfacht und in die 'Diffusionsgleichung' übergeführt werden, die zur Berechnung des optischen Verhaltens von Gewebe herangezogen werden kann /4.3-4.5/. Allerdings sind auch hier allgemeine, geschlossene Lösungen zur Vorhersage der Lichtausbreitung bei unterschiedlichen medizinischen Laseranwendungen nicht verfügbar. Lediglich für einfache Fälle, z.B. die Bestrahlung einer großen Oberfläche oder die Bestrahlung mit einer punktförmigen oder linienförmigen Quelle im Gewebe, existieren geschlossene Lösungen, die an späterer Stelle zitiert werden.

Optische Koeffizienten

Zur Kennzeichnung der optischen Eigenschaften von Gewebe benötigt man Definitionen für Absorptions- und Streukoeffizienten. Im Rahmen der zitierten Theorien sowie auch bei Monte-Carlo-Rechnungen führt man die Größen Σ_a und Σ_s ein. Oft werden die Koeffizienten auch mit α und β oder anderen Buchstaben bezeichnet. Man stellt sich vor, daß in ein Volumenelement unter einer definierten Richtung eine bestimmte Leistungsdichte oder Strahlintensität I (in W/m^2) eingestrahlt wird. Die in der Schichtdicke dx absorbierte Intensität dI_a ist gegeben durch:

$$dI_a/dx = - \Sigma_a \cdot I . \qquad (4.1a)$$

Ähnlich ist der Streukoeffizient Σ_s durch die in der Schichtdicke dx gestreute Leistung dI_s definiert:

$$dI_s/dx = - \Sigma_s \cdot I . \qquad (4.1b)$$

Bei dieser Definition handelt es sich um den integralen Streukoeffizienten, der die Streuung in alle Raumrichtungen beschreibt. Bei anisotroper Streuung können differentielle Koeffizienten definiert werden, welche die Streuung in eine bestimmte Raumrichtung angeben /4.6/. Differentielle Streukoeffizienten wurden bisher in Gewebe nicht gemessen. Allerdings finden sich vereinzelt Aussagen über den mittleren Streuwinkel in Gewebe (Tabelle 4.1). Die Summe des Streu- und Absorptionskoeffizienten bezeichnet man als 'totalen Schwächungskoeffizienten' Σ_t:

$$\Sigma_t = \Sigma_a + \Sigma_s . \qquad (4.1c)$$

Die Intensität eines parallelen Laserstrahls nimmt beim Eindringen in Gewebe mit der Tiefe x ab:

$$I = I_o \exp(-\Sigma_t x) , \qquad (4.2)$$

wobei I_o die einfallende Leistungsdichte an der Oberfläche des Gewebes anzeigt. Diese Gleichung beschreibt nur die Schwächung des primären Strahls, nicht die effektive Intensitätsverteilung der gesamten Laserstrahlung im Gewebe. Diese setzt sich aus der Intensität des Primärstrahls plus der Intensität der Streustrahlung aus der Umgebung zusammen.

Somit ist zwischen zwei Leistungsdichten (beide in W/m^2) zu unterscheiden: I gibt die Leistungsdichte des einfallenden Laserstrahls an. Im Gewebe werden die Photonen stark gestreut, und sie bewegen

Tabelle 4.1. Zusammenstellung einiger optischer Koeffizienten für Gewebe

Wellen-länge (nm)	Gewebe	Σ_t (mm^{-1})	Σ_a (mm^{-1})	Σ_s (mm^{-1})	g	Σ_{eff} (mm^{-1})	
630	Muskel-Kuh	0,83	0,04	0,79	0,3	0,24	/4.16/
"	-Schwein	4,1	0,1	4,0	0,97		/4.17/
"	-Huhn	0,43	0,03	0,40	0	0,17	/4.16/
"	Epidermis-Mensch	6,0	2,0	4,0			/4.18/
"	-Mensch	4,3-13	1,5-4	2,8-9			/4.19/
"	-Mensch	6,5	0,5	6,0			/4.20/
"	Blut-Mensch	141,8	0,5	141,3	0,99		/4.21/
1060	Magen-Mensch (in vivo)	0,9	0,011	0,9	0,57		/4.22/

sich aufgrund der Diffusion in alle Richtungen. Man definiert daher zusätzlich eine räumliche Leistungsdichte (space irradiance): sie zeigt die Leistung an, die durch eine kleine Kugel aus allen Richtungen strömt (auch in W/m^2). Der Abfall der räumlichen Leistungsdichte in die Tiefe des Gewebes wird durch den effektiven Streukoeffizienten Σ_{eff} gegeben. Den reziproken Wert nennt man auch 'Eindringtiefe' der Strahlung:

$$\delta = 1/\Sigma_{eff} . \qquad (4.3)$$

Für einen parallelen Laserstrahl mit großem Durchmesser, der auf Gewebe gestrahlt wird, gilt innerhalb des Gewebes folgende effektive räumliche Leistungsdichte Φ:

$$\Phi = \Phi_o \exp(-x/\delta) . \qquad (4.4a)$$

In der Diffusionstheorie wird zusätzlich ein Diffusionskoeffizient D eingeführt, der mit den verschiedenen Koeffizienten verknüpft ist. Für eine eindimensionale Geometrie gilt:

$$D = \delta^2 \Sigma_a \qquad (4.4b)$$

und

$$D = 1/(3(\Sigma_t - g\Sigma_s)) . \qquad (4.4c)$$

Dabei weist g den mittleren Kosinus des Streuwinkels aus. Für sehr starke Vorwärtsstreuung beträgt $g \approx 1$. Für isotrope Streuung ist g klein, und es gilt $D \approx 1/(3\Sigma_t)$.

Kubelka-Munk-Theorie

Eine andere Näherungslösung der Transportgleichung ist unter dem Namen 'Kubelka-Munk' bekannt /4.7/. Weil die dort definierten Koeffizienten in der medizinischen Physik oft verwendet werden, wird diese Theorie hier in ihrer einfachsten Form skizziert. Als Voraussetzung gilt, daß Strahlung diffus ins Gewebe eingestrahlt und dort diffus gestreut wird. Obwohl diese Bedingungen bei der klinischen Laseranwendung nicht erfüllt sind, gibt die Theorie einen vernünftigen Überblick über die Lichtausbreitung in Gewebe /4.8, 4.9/.

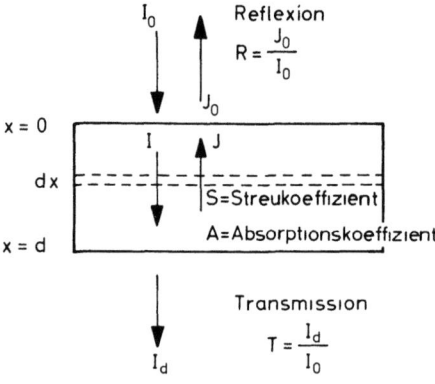

Bild 4.1.
Kubelka-Munk-Modell für die Ausbreitung von Strahlung in Gewebe mit starker Streuung

In Bild 4.1 wird eine Gewebsschicht von der Dicke d betrachtet. Eingestrahlt wird von oben mit der Intensität I_0. Aufgrund der Streuung breiten sich im Gewebe zwei Lichtströme I (in Richtung der Einstrahlung) und J (in Rückstreurichtung) aus. Für die diffuse Strahlung werden die Koeffizienten für Rückstreuung S und Absorption A definiert. Sie stellen den rückgestreuten oder absorbierten Anteil der Strahlung pro Längeneinheit im Gewebe dar. Man untersucht die Lichtströme in der Gewebsschicht dx und erhält zwei Differentialgleichungen, die anschaulich zu verstehen sind:

und
$$dI/dx = -SI - AI + SJ$$
$$dJ/dx = -SJ - AJ + SI.$$
(4.5)

Die erste Gleichung besagt, daß die Änderung des Lichtstromes dI/dx durch die rückgestreuten und absorbierten Anteile von I plus dem gestreuten Anteil von J gegeben ist. Die zweite Gleichung ist analog zu interpretieren. Die experimentellen Größen, die an einer Gewebsschicht direkt gemessen werden können, sind die durch Rückstreuung "reflektierte" Intensität R und die Transmission durch die Schicht T (Bild 4.1). Durch die Messung von Reflexions- und Transmissionsgrad R und T können die Streu- und Absorptionkoeffizienten A und S bestimmt werden. Dazu sind die Gleichungen (4.5) zu lösen mit folgenden Ergebnissen /4.8/:

$$S/(A+S) = 2R / (1 + R^2 - T^2)$$

und (4.6a)
$$S = (1 - R/(a+b))/(dbT).$$

Die Abkürzungen a und b stehen für:

und
$$a = (A+S)/S$$
$$b = (a^2-1)^{1/2}.$$
(4.6b)

In der Optik wird die Größe S/(A+S) oft mit dem Begriff 'Albedo' bezeichnet. Die erste Gleichung gestattet die Berechnung des Albedo aus der Messung von R und T, die zweite die des Streukoeffizienten S. Damit ist auch A bekannt.

Im Unterschied zu den Koeffizienten Σ_a und Σ_s sind A und S nur für diffuse Strahlung definiert. Ein Vergleich von isotroper (oder diffuser) mit gerichteter Strahlung ergibt: bei diffuser Strahlung ist die mittlere Weglänge eines Photons durch das Element dx gleich 2 dx /4.9/. Damit kann man die entsprechenden Absorptions- und Streukoeffizienten durch Multiplikation mit 2 ineinander umformen, d.h.: $A = 2 \Sigma_a$. Beim Streukoeffizienten ist allerdings anschließend wieder durch 2 zu dividieren, da S nur den halben Raumwinkel, nämlich die Rückwärtsrichtungen, beschreibt. Zusammengefaßt gilt für diffuse Strahlung:

und
$$A = 2\Sigma_a$$
$$S = \Sigma_s.$$
(4.7)

Die Verknüpfung dieser beiden unterschiedlichen Sätze von Koeffizienten gilt nur näherungsweise. Genauere Beziehungen hängen vom Albedo ab /4.10/. Eine Erweiterung der Theorie von Kubelka und Munk für anisotrope Streuung und parallelen Einfall von Strahlung ist für eine eindimensionale Geometrie möglich /4.11/.

Ein anderes Verfahren zur Berechnung der Verteilung von Strahlung in Gewebe ist die 'Monte-Carlo-Methode'. Bei dieser Rechentechnik wird die Ausbreitung zahlreicher einzelner Photonen im Gewebe verfolgt, wobei die Parameter, z.B. der Weg zwischen zwei Streuereignissen und der Streuwinkel, nach statistischen Gesetzen variiert werden. Damit lassen sich einzelne medizinische Anwendungen berechnen /4.12/. Allerdings sind geschlossene Lösungen prinzipiell nicht erhältlich.

Vergleich verschiedener Rechnungen

Bild 4.2 zeigt einen Vergleich von Ergebnissen verschiedener Rechenverfahren /4.6/. Dabei wurde jeweils die Intensitätsverteilung in einer bestrahlten Gewebsschicht berechnet. Die Resultate gelten für einen unendlich breiten Laserstrahl, der senkrecht auf die Oberfläche strahlt. Das Gewebe streut isotrop, und die Gewebsschicht ist 10mal so dick wie die mittlere freie Weglänge, die durch $1/\Sigma_t$ gegeben ist.

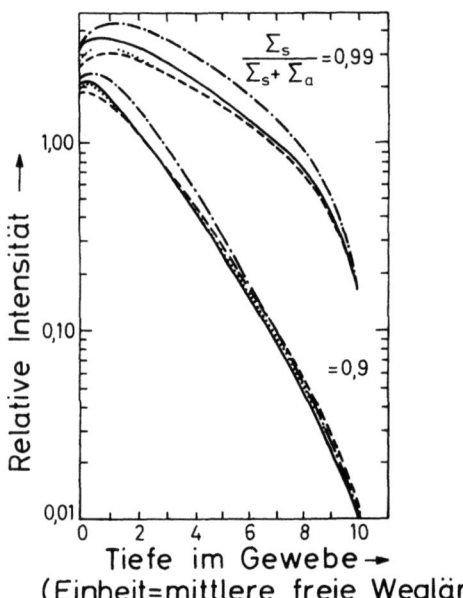

Bild 4.2. Lichtintensität in einer Gewebsschicht berechnet nach verschiedenen Theorien bei isotroper Streuung /4.6/, (- · - erweiterte Kubelka-Munk Theorie /4.11/, —— Transportgleichung /4.13/, ··· Monte Carlo Lösung /4.12/, - - - Diffusionsgleichung /4.6/). Die Dicke der Schicht beträgt 10 mittlere freie Weglängen

Die Rechnungen wurden für einen Albedo $\Sigma_s /(\Sigma_s +\Sigma_a) = 0{,}99$ und 0,9 durchgeführt, d.h. der Streukoeffizient ist 99mal (bzw. 9mal) größer als der Absorptionskoeffizient. Folgende vier Rechenverfahren wurden angewendet: verallgemeinerte Theorie von Kubelka-Munk /4.11/, Transportgleichung /4.13/, Monte-Carlo-Lösung /4.12/ und Diffusionsgleichung /4.6/. Die Übereinstimmung aller Verfahren ist mäßig, wobei die Kubeka-Munk-Theorie etwas höhere Werte liefert als mathematisch exaktere Methoden. Interessant ist, daß die Lichtintensität in der Oberflächenschicht höher ist als die eingestrahlte Intensität. Dies liegt an der starken Streuung, wodurch die Photonen mehrmals hin- und herlaufen, bevor sie absorbiert werden. Bei starker Absorption tritt dieser Effekt nicht auf. Ein ähnlicher Vergleich verschiedener Rechenverfahren wird in /4.14/ unternommen.

Reflexion

Der wesentliche Anteil des vom Gewebe "reflektierten" Lichtes wird im sichtbaren Bereich durch Rückstreuung an Strukturen unterhalb der Oberfläche gegeben. Daneben existiert auch ein Reflexionsanteil der Oberfläche, der durch den Unterschied des Brechungsindexes von Luft und Gewebe entsteht. Dieses so reflektierte Licht ist durch den Reflexionskoeffizienten r gekennzeichnet, der sich bei senkrechtem Einfall durch die Brechungsindizes n_1 und n_2 beider Medien errechnet:

$$r = [(n_2 - n_1)/(n_1 + n_2)]^2. \tag{4.8}$$

Für eine Grenzfläche zwischen Luft und Gewebe gilt: $n_1 = 1$ bzw. $n_2 = 1{,}55$ /4.15/. Damit gilt: $r = 0{,}05$, d.h. 5% der einfallenden Strahlung werden reflektiert. Zu diesem Anteil kommt der Beitrag der Rückstreuung hinzu, der im sichtbaren Bereich über 50% betragen kann. Genauere Daten werden in den folgenden Abschnitten geliefert.

4.1.2 Optische Daten von Gewebe

Obwohl die photomedizinische Nutzung von Lasern große Bedeutung erlangt hat, existieren nur relativ wenige Meßdaten über die optischen Eigenschaften von Gewebe. Zusätzlich berücksichtigen diese selten die biologische Bandbreite, die eine Streuung der Meßwerte zuläßt. Auch von den Meßverfahren her und besonders bei der Präparation der Proben sind Unsicherheiten nicht auszuschließen. In-vivo-Messungen sind außerordentlich selten. Unter Berücksichtigung der theoretischen Überlegungen in Abschnitt 4.1.1 lassen sich die Experimente wie folgt klassifizieren:

Messung von Σ_t

Zur Bestimmung des totalen Schwächungskoeffizienten Σ_t wird die Schwächung des Primärstrahls in Gewebe untersucht und mit Gleichung 4.2 berechnet. Die zu vermessenden Schichten müssen so dünn sein, daß Doppelstreuung vernachlässigbar ist. Bei der Intensitätsmessung des durch die Schicht hindurchtretenden Lichtes soll der Anteil der Vorwärtsstreuung nicht mitregistriert werden. Der Detektor darf also nicht größer sein als der Strahlquerschnitt, und er darf nicht zu nahe hinter der Probe stehen. Bei der Herstellung von Gewebsschichten verringert sich stark deren Gehalt an Blut, wodurch sich auch die optischen Eigenschaften verändern. Außerdem trocknen die Schichten aus und modifizieren leicht ihre geometrische Struktur. Diese Problematik tritt bei fast allen optischen Untersuchungen von Gewebe auf. Bisher sind direkte Messungen von Σ_t an Gewebe nicht bekannt. Σ_t läßt sich jedoch durch Reflexions- und Transmissionsmessungen unter Anwendung von Streutheorien oder Monte-Carlo-Rechnungen bestimmen. Einige der so gewonnenen Daten sind in Tabelle 4.1 zusammengestellt. Es kann festgehalten werden, daß der Absorptionskoeffizient Σ_t bisher nur für die Bereiche des Auges genauer vermessen wurde.

Für größere Wellenlängen im Infraroten wird die Absorption im Gewebe hauptsächlich durch das Gewebswasser bestimmt. Die Eindringtiefe für Strahlung mit Wellenlängen über 2,5 µm liegt im Bereich von 0,1 mm (Bild 4.14 und 4.15). Die Streuung wird somit vernachlässigbar ($\Sigma_s \approx 0$), und es gilt:

$$\Sigma_t \approx \Sigma_{eff} \approx \Sigma_a > 100 \text{ cm}^{-1}. \tag{4.9}$$

Untersuchungen an Gewebe sind für diesen Spektralbereich nur vereinzelt verfügbar.

Im Ultravioletten steigt der Absorptionskoeffizient ebenfalls stark an. Messungen liegen nur für die Haut an Dermis und Epidermis für Σ_a und Σ_s vor, aus denen sich Σ_t ermitteln läßt (Abschnitt 4.1.3).

Messung von Σ_a und Σ_s

Bei der Bestimmung der Absorptions- und Streukoeffizienten Σ_a und Σ_s kann experimentell wie bei Σ_t verfahren werden. Zusätzlich muß der gestreute Anteil vermessen werden. Dies kann beispielsweise mittels einer Ulbricht-Kugel geschehen, in deren Mitte sich die Probe befindet. Bisher sind Messungen an Gewebe, die Σ_s und $\Sigma_t = \Sigma_a + \Sigma_s$ direkt bestimmen, nicht bekannt. Für die Analyse von Blut bereitet die Herstellung dünner Flüssigkeitsproben keine Schwierigkeiten, deshalb sind hierzu Meßergebnisse verfügbar (Tabelle 4.1).

Mißt man bei dickeren Gewebsproben den Reflexions- und Transmissionsgrad, so können daraus nach Kubelka und Munk die Parameter A und S abgeleitet werden /4.6/. Mit Gleichung 4.7 erhält man Σ_a = A/2 und Σ_s = S, wobei jedoch die beschriebenen theoretischen Einschränkungen gelten. Die Ergebnisse werden etwas genauer, wenn man zur Auswertung statt der zitierten Gleichungen Tabellen zur Streutheorie benutzt /4.2/, /4.10/. Für Σ_s und Σ_a liegen nur vereinzelte Resultate vor (Tabelle 4.1) /4.6/. Es wurde bereits erwähnt, daß für Infrarotstrahlung mit Wellenlängen über 2,5 µm das optische Verhalten von Gewebe durch die Absorptionskurve von Wasser gegeben ist. Meßdaten für UV-Strahlung exisitieren nur für die Dermis und Epidermis (Abschnitt 4.1.3) sowie die Cornea.

Messung von Σ_{eff}

Bei der direkten Messung der Koeffizienten Σ_t, Σ_a und Σ_s muß gesichert sein, daß Vielfachstreuung vernachlässigbar bleibt, da man Daten über einen einzelnen Streuvorgang erhalten möchte. Die tatsächliche Ausbreitung der Strahlung wird jedoch durch Vielfachstreuung bestimmt, die - wie in Abschnitt 4.1.1 erläutert - bisher nicht ausreichend theoretisch beschrieben werden kann. Für die Praxis ist die Kenntnis der tatsächlichen Verteilung der Strahlung im Gewebe von Bedeutung. Wird ein Laserstrahl großen Durchmessers auf Gewebe gerichtet, so ist die Intensität durch $\Sigma_{eff} = 1/\delta$ bestimmt (Gleichung 4.4a). Zur Messung muß ein möglichst kleiner Detektor (z.B. Fasersystem) in das Gewebe eingebracht werden. Einige Autoren bringen bei der Bestimmung der Eindringtiefe die Strahlung mit einer dünnen Faser oder auch mit einem dickeren Faserbündel in das Gewebe ein. Mit einer zweiten Faser, die an einen Detektor angeschlossen ist, wird die Intensitätsverteilung im Gewebe gemessen /4.23/. Zur Bestimmung von Σ_{eff} wird Gleichung 4.4a herangezogen. Dabei ist jedoch nicht gesichert, daß die Randbedingungen, unter denen die Gleichungen gelten, gewährleistet sind. Andere Autoren führen zur Ermittlung von Σ_{eff} Transmissionsmessungen an dickeren Gewebsschichten durch, wobei auch das Streulicht hinter der Schicht miterfaßt wird /4.24/. Die Lichtverteilung ist in diesem Fall etwas verändert, da das Streulicht der tieferen Schichten fehlt. Von der bisherigen Methodik ist deshalb nicht zu erwarten, daß die Resultate für die Eindringtiefe exakt übereinstimmen.

Einige Daten über Σ_{eff} erfaßt Bild 4.3. Für Muskelgewebe gelten die durchgezogenen Kurven. Man erkennt deutlich den Unterschied von Σ_{eff} in vivo und vitro. Weiterhin sind Messungen einiger anderer Gewebsarten aufgeführt. Die Angaben einzelner Autoren divergieren erheblich, was sich nur teilweise durch Unterschiede der Gewebstypen erklärt. Deutlich sind die Absorptionsmaxima von Hämoglobin (um 550 nm) zu erkennen. Bild 4.4 stellt die Eindringtiefen von Strahlung für Muskelgewebe, Gehirn und Leber dar. Es tritt eine starke Streuung unterschiedlicher Meßwerte auf. Bild 4.5 veranschaulicht die Eindringtiefen von Strahlung in das Gehirn von Erwachsenen und Neugeborenen und vergleicht diese mit der Eindring-

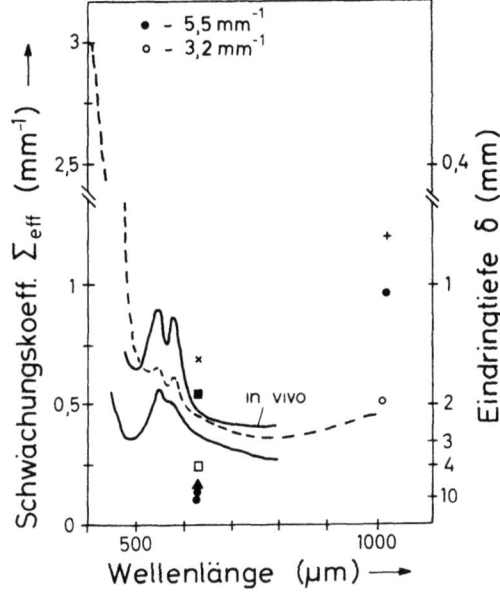

Bild 4.3. Effektiver Schwächungskoeffizient von Gewebe Σ_{eff} in Abhängigkeit von der Wellenlänge. Die Maxima sind durch Hämoglobin (550 nm) und Oxyhämoglobin (545, 575 nm) verursacht.
Durchgezogene Kurven: Muskel des Kaninchens in vivo und 1 h post mortem /4.23, 4.25/
Gestrichelte Kurve: Mittelwerte Niere, Leber in vitro /4.24/
Punkte bei 630 nm (Photodyn. Therapie): • Kaninchen-, ■ Kuh-Muskel /4.26/, ∆ Huhn- und Kuh-Muskel /4.27/, x Kuh-Muskel /4.28, 4.29/, alle in vitro
Punkte bei 1060 nm (Nd:YAG-Laser): o Magen /4.22/, • Leber /4.30/, + Niere und Leber, Ratte /4.31/, in vitro
Punkte um 500 nm (Argon Laser): o, • wie vorher

tiefe in Gehirntumore. In Tabelle 4.1 sind weitere Angaben über Σ_{eff} zusammengestellt.

Messung von A und S

Durch Messung der Reflexion und Transmission an dickeren Gewebsschichten können nach /4.6/ die Koeffizienten A und S ermittelt

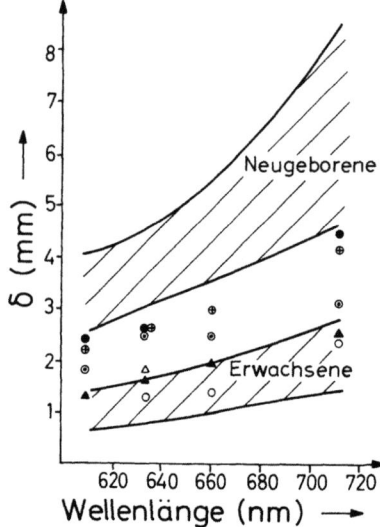

Bild 4.4. Eindringtiefe von Strahlung in Gewebe in vivo (Δ) und post mortem (o) /4.32/. Daten für Gehirn post mortem: [] Erwachsene, .. Neugeborene /4.33, 4.34/

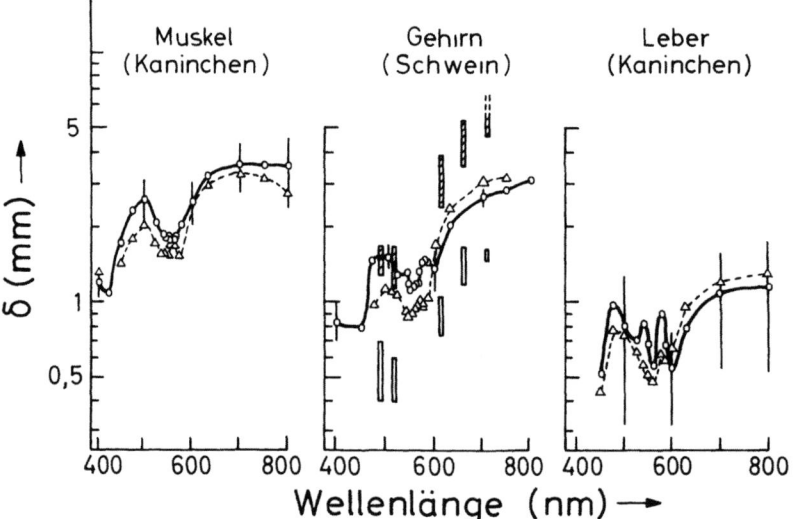

Bild 4.5. Eindringtiefe von Strahlung in Gehirngewebe. Der obere (untere) schraffierte Bereich gibt die Streubreite im normalen Gehirn von Erwachsenen (Neugeborenen) an. Die Meßpunkte markieren die Eindringtiefe in Gehirntumore /4.35/

werden. Detaillierte Untersuchungen liegen jedoch nur für Haut vor (Abschnitt 4.1.3). Für Gewebe sind einige Daten in Tabelle 4.1 erfaßt. Aus diesen Werten wurden mit Hilfe unterschiedlicher Streutheorien, hauptsächlich jedoch mit der Theorie von Kubelka-Munk, die angegebenen Daten über Σ_a, Σ_s und $\Sigma_t = \Sigma_s + \Sigma_a$ erzielt. Nach der einfachsten Theorie gilt: $A = 2\Sigma_a$ und $S = \Sigma_s$. Dabei ist zweifelhaft, wie gut diese Näherung ist. Insgesamt muß angemerkt werden, daß sich die Kenntnis über die optischen Eigenschaften von Gewebe nicht auf einem sehr hohen Stand befindet.

Rückstreuung

Es wurde bereits erwähnt, daß aufgrund der Unterschiede der Brechungsindizes an der Oberfläche von Gewebe etwa 5% der Strahlung reflektiert werden. Bei starker Streuung können bis zu 60% des einfallenden Lichtes zurückfallen. Ausführliche Daten sind über die Reflexion bei Bestrahlung von Haut vorhanden. Theoretisch läßt sich nach der Kubelka-Munk-Theorie für dicke Schichten das rückgestreute Licht nach Gleichung 4.6a berechnen:

$$A/S = 2\Sigma_a / \Sigma_s = (R-1)^2 / (2R). \tag{4.10}$$

Für die Strahlung des Nd:YAG-Lasers bei 1,06 µm erhält man mit den Resultaten nach Tabelle 4,1 ($\Sigma_a = 0{,}011$ mm^{-1}, $\Sigma_s = 0{,}9$ mm^{-1}) für den Reflexionsgrad $R \approx 75\%$. Dieses Ergebnis ist etwa doppelt so hoch wie das der Messungen. Eine andere Streutheorie /4.22/ liefert

$$R = \Sigma_s / (4(\Sigma_s + \Sigma_a)). \tag{4.11}$$

Mit obigen Zahlen erhält man $R = 24\%$. Addiert man den Reflexionsgrad von 5% nach /4.8/ hinzu, stimmt die Summe relativ gut mit der Messung von $R = 30\%$ überein. Für die Strahlung von Lasern mit anderen Wellenlängen ist die Rückstreuung geringer, für den CO_2-Laser praktisch gleich Null. Auch die blau-grüne Strahlung des Argonlasers wird wesentlich schwächer zurückgestreut. Dagegen ist die Rückstreuung im Roten wieder etwas intensiver. Über genauere Messungen verfügt man auch hier nur für die Haut.

4.1.3 Zur Optik der Haut

Die optischen Eigenschaften der Haut wurden etwas umfassender untersucht als die anderer Gewebearten, obwohl ihre Struktur komplizierter ist. Die Haut besteht aus drei Schichten: Stratum Corneum (10 bis 20 µm), Epidermis (40 bis 150 µm) und Dermis (1 bis 3 mm). Das optische Verhalten von Haut ist schematisch in Bild 4.6 illustriert. Fällt Licht auf die Oberfläche, so werden aufgrund des Unterschiedes der Brechungsindizes etwa 5% reflektiert. Der Rest der Strahlung dringt in die Haut ein. Im sichtbaren und nahen infraroten Bereich überwiegen die Streu- über die Absorptionsprozesse. Dadurch wird das optische Verhalten kompliziert. Das vom Gewebe reflektierte Licht wird hauptsächlich durch Rückstreuung aus der Epidermis und Dermis bestimmt.

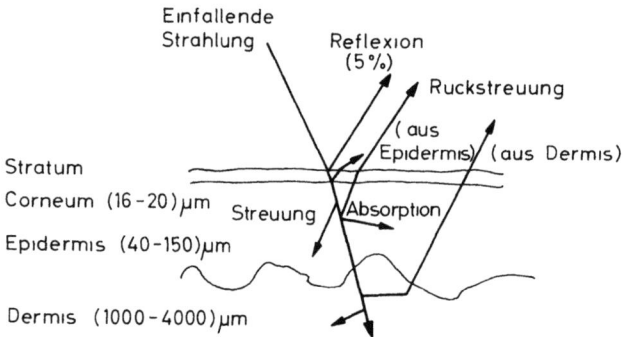

Bild 4.6. Schematischer Aufbau von Haut, Streuung und Absorption von Strahlung /4.36/

Stratum Corneum und Epidermis

Im Ultravioletten ist die Transmission der oberen beiden Hautschichten, des Stratum Corneum und der Epidermis, gering. Bild 4.7 zeigt die Transmission für helle Hautfarben im Bereich unterhalb von 300 nm. Die Messung wird durch die Anregung von Fluoreszenzbändern in der Nähe von 280 nm erschwert. Die Emission erfolgt in einem Band zwischen 330 und 360 nm, was mit der Fluoreszenz von

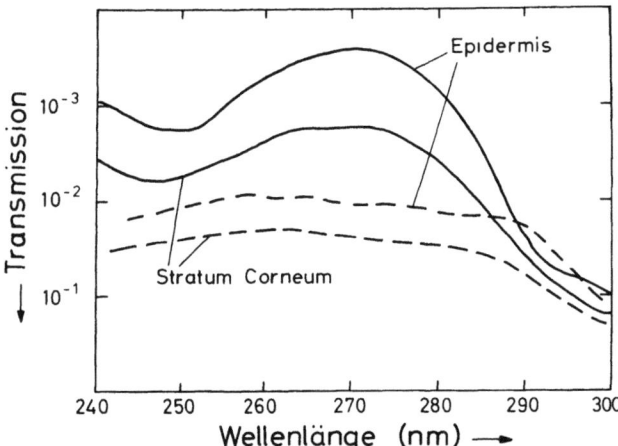

Bild 4.7. Transmission der beiden oberen Hautschichten (durchgezogene Kurve: gemessen ohne Fluoreszenz, gestrichelt: mit Fluoreszenz; helle Hautfarben) /4.36/

Tryptophan und Tyrosin übereinstimmt /4.36/. Wird diese Fluoreszenzstrahlung bei der Transmissionsmessung miterfaßt, so erhält man eine zu hohe Transmission (gestrichelte Kurve in Bild 4.7). Die Transmissionskurven von Stratum Corneum und Epidermis ähneln denen aromatischer Aminosäuren, wie Tryptophan und Tyrosin (Bild 4.8). Auch Nukleinsäuren und zahlreiche kleine aromatische Moleküle, wie Urocansäure, weisen Absorptionsmaxima bei 260 bzw. 277 nm auf und bestimmen das optische Verhalten der Hautschichten. Für den Anstieg der Absorption unterhalb von 240 nm sind hauptsächlich Peptid-Bindungen verantwortlich. Melaningehalt und -verteilung bestimmen, je nach Hautfarbe, unterschiedlich stark die Transmission auch im UV.

Für Wellenlängen über 300 nm steigt die Transmission stark an. Da das Stratum Corneum nur etwa 10 µm dick ist, hat die Transmission auf das optische Verhalten von Haut im sichtbaren und nahen infraroten Spektralbereich nur einen geringen Einfluß. Experimentelle Daten liegen darüber nicht vor. Die Transmission der Epidermis von Weißhäutigen beträgt für Wellenlängen zwischen 400 und 800 nm zwischen 70 und 80% /4.18/. Die starken Unterschiede dunkler Hautfarben werden durch die Konzentration und Verteilung von Melanin beeinflußt.

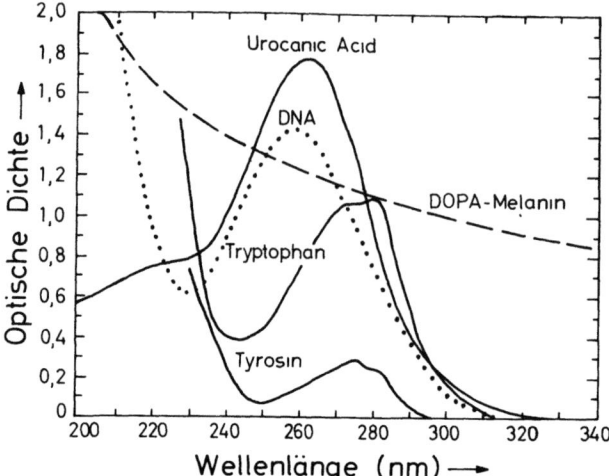

Bild 4.8. UV-Absorption wichtiger Pigmente der Haut (DOPA- Melanin: 10 mg% in H_2O, Tryptophan u. Tyrosin: $2 \cdot 10^{-4}$ mol; DNA (Kalb-Thymus): 10 mg% in H_2O, Urocanic acid: 10^{-4} mol in H_2O) /4.36/

Die Rückstreuung an der herauspräparierten Epidermis ist kaum von der Wellenlänge und Hautfarbe abhängig. Sie beträgt für die herauspräparierte Epidermis etwa 10 % /4.18/. Aus den Messungen von Transmission und Rückstreuung lassen sich die Absorptions- und Streukoeffizienten der Epidermis nach der Theorie von Kubelka-Munk ableiten. Bild 4.9 gibt den allgemeinen Verlauf wieder, die Streuung der Meßwerte verschiedener Autoren in ist Bild 4.11 dargestellt.

Dermis

Die Dermis besitzt deutlich andere optische Eigenschaften als die Epidermis. Sie hat eine Dicke von 1 bis 4 mm, so daß die Transmission sehr gering ist. Die Angabe einer Transmissionskurve erübrigt sich in diesem Fall. In Bild 4.10 sind Absorptions- und Reflexionskoeffizienten vom ultravioletten bis zum nahen infraroten Spektralbereich gezeigt /4.20, 4.36/. Die Werte wurden durch Untersuchungen dünner Schichten (0,2 mm) mit Hilfe der Kubelka-Munk-Theo-

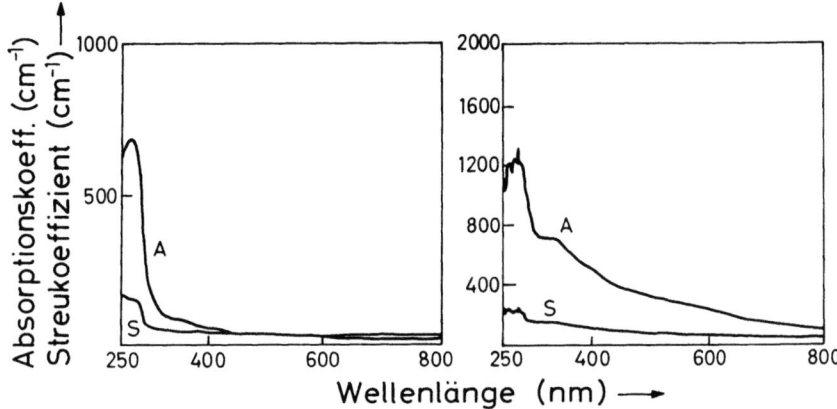

Bild 4.9. Absorptions- und Streukoeffizent (A und S) der Epidermis (nach Kubelka-Munk) für dunkle (rechts) und helle (links) Hautfarben /4.18/

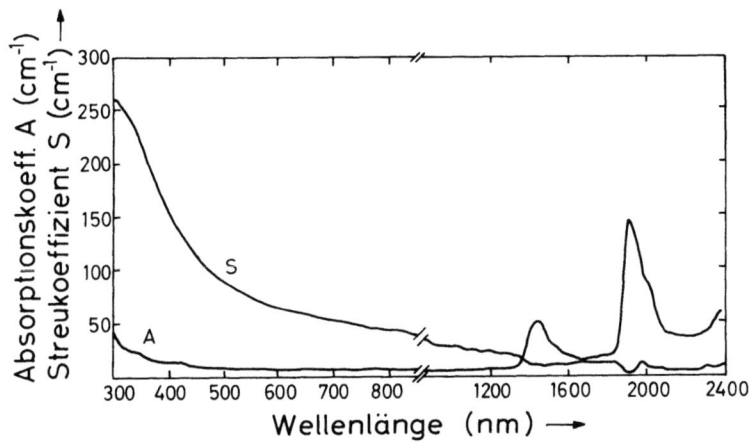

Bild 4.10. Absorptions- und Streukoeffizienten (A und S) für Dermis in vitro /4.18/

rie ermittelt. Im sichtbaren Bereich überwiegen die Streuprozesse; dagegen werden oberhalb von 1,4 µm die Absorption stärker und der Einfluß der Streuung gering. Bei großen Wellenlängen wird das Verhalten durch die Absorption im Gewebswasser bestimmt. Dies gilt insbesondere für den CO_2-Laser (10,6 µm) und den Er:YAG-Laser (2,94 µm).

Die Messungen einzelner Autoren weichen stark voneinander ab; die Streubreite verschiedener Untersuchungen für die Absorption ist in Bild 4.11 veranschaulicht /4.19/. In vivo findet Absorption hauptsächlich an Pigmenten wie Hämoglobin, Beta-Karotin und Bilirubin statt. Die Absorptionsspektra für diese Stoffe sind in Bild 4.12 aus-

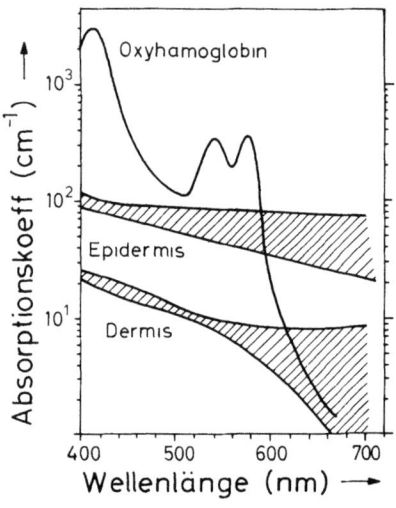

Bild 4.11. Absorptionskoeffizient A von Dermis und Epidermis in Abhängigkeit von der Wellenlänge. Der schraffierte Bereich zeigt die Streubreite verschiedener Messungen /4.19/. Zum Vergleich ist die Absorption von HbO_2 in willkürlichen Einheiten eingetragen

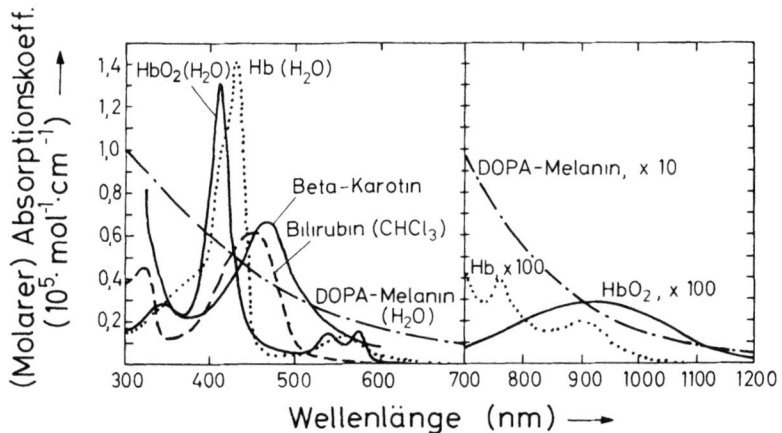

Bild 4.12. Absorptionsspektren wichtiger Pigmente der Haut. Die Werte in Klammern geben die Lösungsmittel an. (Die Skala für DOPA-Melanin läuft von 0 bis 1,5 für eine 1,5 mg% wässrige Lösung. Man beachte den Wechsel der Skala bei 700 nm. Beta-Karotin in willk. Einheiten) /4.36/

gewiesen. Zusätzlich ist die entsprechende Kurve für Melanin eingetragen. Der Effekt dieser Substanzen ist bei in-vitro-Messungen nicht sichtbar, jedoch ist der Einfluß bei Reflexionsmessungen an Haut in vivo spürbar.

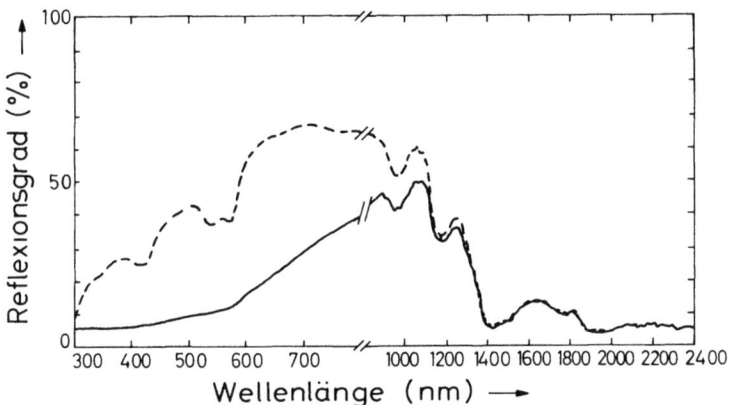

Bild 4.13. Rückstreuung von Strahlung an Haut (obere Kurve: hell, untere Kurve: dunkel). Wegen der Reflexion an der Oberfläche fallen die Werte nicht unter 5 %. Die Kurven zeigen ein kleines Maximum (7 bis 8 %) bei 3 µm. Ab 4 bis 40 µm liegt die Rückstreuung um 5 % /4.36, 4.39/

Bild 4.13 zeigt die Rückstreuung oder Reflexion an Haut. Sie kann im Infraroten bis zu 60 % betragen und mißt aufgrund der Reflexion an der Oberfläche nie weniger als 5 %. Tabelle 4.2 weist die Intensitätsverteilung von Strahlung in Haut aus. Die Übereinstimmung unterschiedlicher Messungen ist nicht sehr groß. Obwohl die Theorie von Kubelka-Munk, die auf mehrere Schichten erweitert wurde, gewisse Erfolge zur theoretischen Beschreibung der optischen Eigenschaften von Haut liefert, steht eine geschlossene Behandlung dieses Problems noch aus. Insbesondere fehlen zuverlässige Meßdaten über weite Spektralbereiche, welche die natürliche biologische Streubreite berücksichtigen.

Tabelle 4.2. Eindringtiefe von Strahlung in weiße Haut für verschiedene Intensitäten im Gewebe. Werte ohne Klammer /4.37/, runde Klammer /4.38/, eckige Klammer /4.39/

Wellenlänge (nm)	Tiefe im Gewebe (µm) bei einer bestimmten Intensität (%)			
	50%	37%	10%	1%
250	1,4	2	4,6	9,2
280	1	1,5	3,5	7,0
300	4	6	14	28
350	40	60	140	280
400	60	90	200	400
450	100	150	345	690
500	160 [250]	230 [400]	530 [900]	1060
550	(150)	(200)	(300)	(1200)
600	380	550	1270	2540
700	520 (200)	750 (300)	1730 (600)	3460 (2000)
800	830	1200	2760	5520
1000	1100	1600	3680	7360
1200	1520 (300)	2200 (400)	5060 (1200)	10120
2200	(200)	(450)	(400)	(700)

4.1.4 Daten biologischer Substanzen

Wasser

Insbesondere im infraroten Bereich wird die Absorption im Gewebe durch Wasser bestimmt. Die Streuung wird gering ($\Sigma_s \approx 0$), so daß $\Sigma_{eff} \approx \Sigma_a \approx \Sigma_t$ gilt. Zwei verschiedene Messungen über den Absorptionskoeffizienten sind in Bild 4.14 und 4.15 vorgeführt /4.40, 4.41/. Beide Meßkurven stimmen nur in der Grundstruktur überein, wohingegen im Detail Abweichungen auftreten.

Man erkennt, daß die Eindringtiefe für die 10,6-µm-Strahlung des CO_2-Lasers in Wasser etwa 0,01 mm mißt. In Wellenlängen-Bereichen mit derartig starker Absorption bestimmt das Gewebswasser die Eindringtiefe der Strahlung in das Gewebe. Man kann daher in diesem Fall für die Eindringtiefe den Wert für Wasser übernehmen.

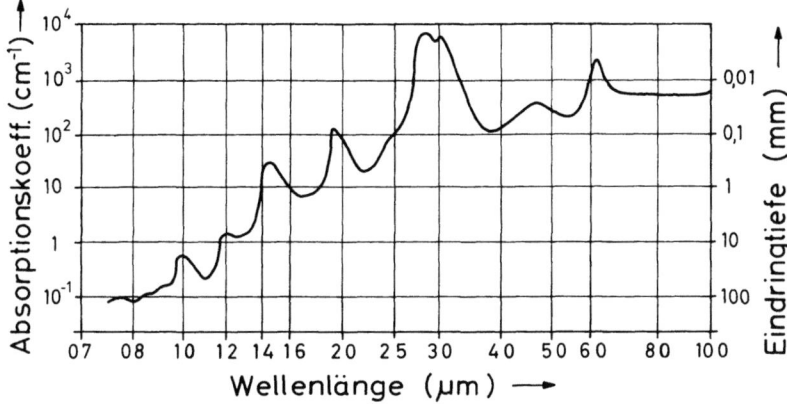

Bild 4.14. Absorptionskoeffizient von Wasser /4.40/

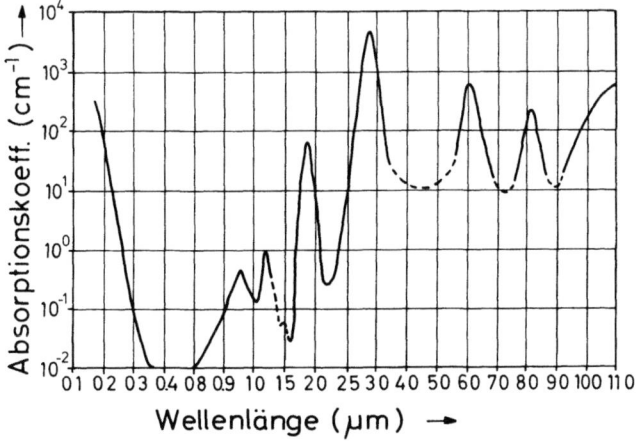

Bild 4.15. Absorptionskoeffizient von Wasser /4.41/. Die Ergebnisse stimmen nicht völlig mit Bild 4.14 überein

Von Bedeutung für die Photoablation mit Infrarotlasern ist die starke Absorptionsbande bei 3 µm. Genauere Angaben finden sich in Abschnitt 4.5.

Pigmente

Das optische Verhalten von Pigmenten ist in Abschnitt 4.1.3 im Zusammenhang mit den Eigenschaften der Haut beschrieben.

Blut

Das optische Verhalten von Blut wird deutlich durch Hämoglobin bestimmt (Bild 4.16). Die starke Absorption im blau-grünen Spektralbereich ist für die rote Färbung des Blutes verantwortlich. Die Absorption von Oxyhämoglobin ist im Spektralbereich zwischen 580 und 805 nm wesentlich geringer als die von Hämoglobin. In der optischen Oxymetrie wird dieser Umstand dazu genutzt, den Sauerstoffgehalt des Blutes zu messen. Bei arteriellem Blut ist das Hämoglobin zu 97%, bei venösem zu 75% gesättigt.

Aufgrund der intensiven Lichtstreuung sind die optischen Eigenschaften von Blut sehr kompliziert und bisher noch nicht ausreichend untersucht worden. Es gibt zwar eine Reihe von Messungen, die aber jeweils nur Einzelprobleme, insbesondere zur Oxymetrie, erfassen. Im Bereich der Wellenlängen des Argonlasers ist die Absorption von Hämoglobin so hoch, daß der Effekt der Streuung vernachlässigt werden kann. Die Eindringtiefe der Strahlung ist bei einem Absorptionskoeffizienten von etwa 1000 cm^{-1} sehr gering.

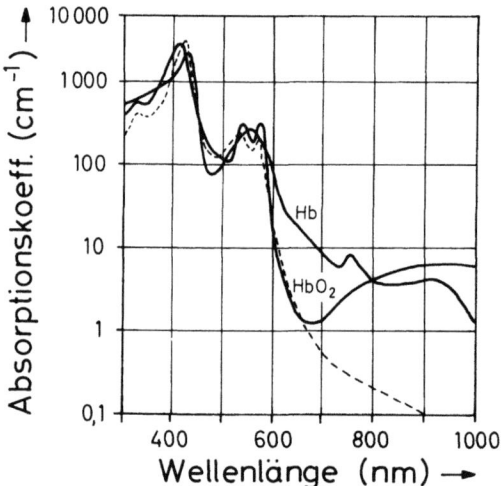

Bild 4.16. Absorptionskoeffizient von Blut entspricht der Kurve von HbO_2. Zusätzlich sind der Streukoeffizient von Blut und die Absorptionskoeffizienten für Oxy- und Karboxyhämoglobin eingetragen /4.42/

Im roten Bereich um 630 nm dagegen streut Blut die Strahlung sehr intensiv /4.43/. Die Lichtausbreitung verhält sich äußerst kompliziert. Aus Tabelle 4.1 wird deutlich, daß der Absorptionskoeffizient für Blut (oxy.) Σ_a = 0,5 mm^{-1} beträgt. Die Streuung dagegen ist etwa 300mal stärker, d.h. Σ_s = 141 mm^{-1}. Deshalb ist es schwierig, die Verteilung und Absorption von Strahlung in Blut zu berechnen, und man ist auf Messungen angewiesen. Beispielsweise wird die fokussierte Strahlung des He-Ne-Lasers (0,4 mm Durchmesser) von einer 2-mm-Kapillare, die mit Blut gefüllt ist, zu 44% (oxy.) bzw. 87% (deox.) absorbiert. Für die infrarote Strahlung des Nd:YAG-Lasers liegen die entsprechenden Werte bei 47% (oxy.) bzw. 13% (deox.). Für parallele Blutschichten sind die Werte wegen der stärkeren Streuung höher.

Bemerkenswert ist die Veränderung des optischen Verhaltens von Blut während der Laserchirurgie, wenn die Temperatur ansteigt. Bei denaturiertem Blut, das auf 70°C erhitzt wird, verdunkelt sich die Farbe. Vermutlich wird durch die Zerstörung des Zellmaterials die Streuung intensiver, wodurch sich auch die Absorption erhöht. Für das oben genannte Beispiel mit 2-mm-Kapillaren liegt die Absorption der Strahlung des He-Ne-Lasers bei 90% und des Nd:YAG-Lasers bei 50% /4.44/.

4.1.5 Optische Dosimetrie

In der photodynamischen Therapie spielen thermische Effekte im Gewebe bisher eine untergeordnete Rolle /4.45/. Daher ist eine dosimetrische Berechnung in diesem Teil noch am ehesten möglich, wenn auch die Ergebnisse eine große biologische Streubreite zeigen.

Mit Hilfe der Diffusionstheorie läßt sich die Intensitätsverteilung Φ (in W/m^2) von Strahlung im Gewebe für verschiedene Fälle berechnen:
- Oberflächliche Bestrahlung mit einem Strahl großen Durchmessers (eindimensionale Geometrie) /4.23, 4.46, 4.47/:

$$\Phi = 4 I (1 + 2D/\delta)^{1/2} \exp(-x/\delta) , \qquad (4.12a)$$

wobei x den Abstand von der Oberfläche in die Tiefe des Gewebes angibt. Dabei entspricht I der Intensität der einfallenden Strahlung, D dem Diffusionskoeffizienten und δ der Eindringtiefe.

– Einstechen einer optischen Faser in Gewebe (Kugelsymmetrie):

$$\Phi = P\,(4\pi\delta^2 \Sigma_a)^{-2} \exp(-r/\delta), \qquad (4.12b)$$

wobei P die Laserleistung und r der Abstand von der Faserspitze ist.

– Einstechen einer Faser, die linienförmig mit der Länge h strahlt (Zylindersymmetrie):

$$\Phi = P\,(2\pi\delta^2 \Sigma_a h)\,K_0(r/\delta), \qquad (4.12c)$$

wobei K_0 die modifizierte Bessel-Funktion nullter Ordnung angibt.

Mittels dieser Gleichungen ist eine Berechnung der Lichtverteilung Φ in Gewebe für die beschriebenen Fälle möglich.

In der optischen Dosimetrie wird die absorbierte Energie pro Volumenelement E (in J/m^3 oder J/cm^3) berechnet. (In der Dosimetrie radioaktiver Strahlung wird die absorbierte Energie pro Massenelement in Gray (1 Gy = 1J/kg) angegeben.) In der photodynamischen Therapie kommt es nur auf die Absorption in HpD oder anderen Farbstoffen an. Da HpD die optischen Eigenschaften von Gewebe nur wenig ändert, gilt:

$$E = \Phi\,\Sigma_H\,t, \qquad (4.13)$$

wobei Σ_H für den Absorptionskoeffizient von HpD und t für die Bestrahlungszeit steht. Die Veränderung der optischen Daten während der Bestrahlung kann durch Anbringen von Korrekturen in Gleichung 4.13 berücksichtigt werden /4.46, 4.48/.

Für oberflächliche Tumore gilt als Mindestdosis für die Vernichtung E = 0,19 J/cm^3. Der Absorptionskoeffizient für HpD bei 630 nm beträgt Σ_H = 0,48 m^{-1} pro µg Farbstoff/g Gewebe, wobei die typische

HpD-Konzentration bei 3 µg/g im Tumor liegt. Zur Abschätzung wird ein Diffusionskoeffizient von D = 0,054 cm (bei 630 nm) herangezogen /4.46/. Mit diesen Daten kann Tabelle 4.3 erstellt werden, die das Produkt aus Leistungsdichte und Bestrahlungszeit I·t zur Vernichtung oberflächlicher Tumore angibt. Dabei werden die Dicke des Tumors d und die optische Eindringtiefe als Parameter berücksichtigt. Tabelle 4.3 gilt nur für großflächige Bestrahlung an der Oberfläche und ist nur als Anhaltspunkt zu werten.

Tabelle 4.3. Energiedichte I t (J/cm^2) zur Vernichtung oberflächlicher Tumore bei großflächiger Bestrahlung (D = 0,054 cm, 3 µg/g HpD-Konzentration, d = Tumordicke, δ = optische Eindringtiefe)

	d (cm)					
ρ (cm)	0,1	0,2	0,4	1	1,5	2
0,1	19	51	374	-	-	-
0,2	8	14	38	754	-	-
0,4	5	7	11	51	178	621
0,6	5	5	8	21	47	109

4.2 Thermische Eigenschaften von Gewebe

Im letzten Abschnitt wurde die Lichtverteilung im Gewebe bei einer Bestrahlung mit Lasern behandelt. Dabei wird Strahlungsenergie absorbiert, was zu einer Erhöhung der Temperatur im Gewebe führt. Neben dem optischen Verhalten von Gewebe sind deshalb auch dessen thermische Eigenschaften bei der Laserapplikation medizinisch von Bedeutung.

4.2.1. Thermische Daten

Ein großer Bereich der medizinischen Laseranwendung basiert auf der thermischen Wirkung von Strahlung auf das Gewebe. Dies gilt beispielsweise für das Schneiden mit dem CO_2-Laser oder das Koagulieren mit dem Nd:YAG-Laser. Auf die nicht-thermischen Effekte, z.B. bei der Photoablation mit UV- oder IR-Lasern, wird an anderer Stelle eingegangen. Zum Verständnis der Wirkung von Laserstrahlung auf Gewebe ist die Kenntnis der Temperaturverteilung während der Bestrahlung wichtig. Die biologische Reaktion des Gewebes auf erhöhte Temperaturen verläuft kompliziert. Schematisierend kann festgestellt werden, daß, je nach Zeitdauer der erhöhten Temperatur, das Gewebe bei Temperaturen über 40 $^\circ$C abstirbt (Abschnitt 4.4) /4.49/.

Die rechnerische Beschreibung der Temperatur in bestrahltem Gewebe erscheint aus verschiedenen Gründen bisher unbefriedigend. Die Absorption der Strahlungsenergie wird durch die Intensitätsverteilung der Strahlung im Gewebe gegeben. Insbesondere bei starker Streuung ist sie nicht genau bekannt. Weiterhin verändern sich die optischen Eigenschaften mit steigender Temperatur. Schwierig ist auch die Berücksichtigung des Wärmetransports durch die Blutzirkulation. Selbst bei bekannter Intensitätsverteilung der Strahlung und ohne Blutzirkulation ist eine Berechnung der Temperaturen nur in einfacheren Sonderfällen möglich (Abschnitt 4.2.2).

Für die Ausbreitung von Wärme im Gewebe sind folgende thermische Daten von Wichtigkeit:

Die spezifische Wärmekapazität c gibt die thermische Energie (J) an, die pro Masseneinheit (kg) und Temperatureinheit (K oder $^\circ$C) gespeichert wird. Die wenigen bekannten Angaben für Gewebe sind in Tabelle 4.4 zusammengefaßt. Oft wird für Gewebe der Koeffizient für Wasser benutzt:

$$c = 4{,}17 \text{ kJ/kg K} .$$

Tabelle 4.4. Thermische Daten von Gewebe und Wasser (K = Wärmeleitfähigkeit, a = therm. Diffusionskonst., c = spez. Wärmekapazität, ρ = Dichte, L = Verdampfungswärme, P = abs. Leistung/Volumen)

Wärmeleitungsgleichung :

$$\nabla T^2 - (1/a) \, \partial T / \partial t = P / K$$

	K (W/mK)	a ($10^{-7} m^2/s$)	c (kJ/kgK)	ρ (kg/m)	L (kJ/kg)	Quelle
Muskel	0,4	1,0				/4.51/
Leber	0,5-1,2	1,2-2,9				/4.51/
Niere	0,5	1,2				/4.51/
Lunge	0,3	0,7				/4.51/
Haut	0,2-0,3	0,5-0,7				/4.51/
Haut (in vivo)	0,5-2,8	1,2-6,7				/4.51/
Fett	0,2	0,5				/4.51/
Blut	0,5	1,2				/4.51/
Melanin			2,5	1350		/4.50/
Gewebe (allg.)	0,4	1,0	3,6	1200		/4.49,4.51,4.52/
Wasser	0,58	1,4	4,17	1000	2260	

Die Ausbreitung der Wärme wird durch die Wärmeleitfähigkeit bestimmt. Für Gewebe liegt der Wert, ähnlich wie für Wasser, bei

$$K = 0,54 \text{ W/m K} .$$

Eine weitere Konstante zur Beschreibung der Wärmeausbreitung stellt die thermische Diffusionskonstante a dar. Sie wird durch K, c und die Dichte ρ gegeben:

$$a = K/c\rho .$$

Für Wasser gilt:

$$a = 1,4 \cdot 10^{-7} m^2/s .$$

Für Gewebe wurden verschiedene Werte veröffentlicht /4.51, 4.52/:

$$a = 2,6 \cdot 10^{-7} m^2/s \quad \text{und} \quad 1,2 \cdot 10^{-7} m^2/s .$$

Für die Dichte ρ des Gewebes wird häufig der Wert für Wasser übernommen: ρ = 1000 kg/m^3. Für Gewebe /4.49/ bzw. Melanin /4.50/ sind die Angaben in Tabelle 4.4 aufgeführt.

Tabelle 4.4 liefert nur eine grobe Übersicht über die thermischen Daten von Gewebe. Statistische Erhebungen der biologischen Streubreite liegen nicht vor. Weiterhin fehlen Studien über die Temperaturabhängigkeit der thermischen Daten. Sicher ist, daß sie sich in koaguliertem Gewebe verändern. Bei Temperaturen um 100 °C verliert das Gewebe durch Verdampfen das Gewebswasser. Untersuchungen der thermischen Eigenschaften des Gewebes existieren auch zu diesem Problemkreis nicht.

4.2.2 Lösungen der Wärmeleitungsgleichung

In Sonderfällen kann die Temperaturverteilung durch Lösung der Wärmeleitungsgleichung (siehe Tabelle 4.4) berechnet werden /4.53/. Dabei sind einige Voraussetzungen und Näherungen zu beachten: man geht davon aus, daß sich die optischen und thermischen Eigenschaften während der Bestrahlung nicht ändern. Weiterhin werden Wärmetransport durch die Blutbahnen und Prozesse der Verdampfung nicht berücksichtigt. Selbst unter diesen Annahmen können Lösungen für die Temperaturverteilung im Gewebe nur in speziellen Fällen angegeben werden.

Eindimensionaler Fall

Wird ein Laserstrahl mit großem Durchmesser auf Gewebe gerichtet, so kann eine eindimensionale Lösung für die Temperaturverteilung herangezogen werden, die sich in geschlossener Form mathematisch formulieren läßt /4.53, 4.54/. Streng genommen liegt dieser Fall nur bei unendlich großem Strahldurchmesser vor. Bei endlichem Durchmesser gilt die Lösung näherungsweise in der Symmetrieachse für Tiefen, die geringer als der Strahldurchmesser sind.

Einen Vergleich zwischen Messungen und Rechnungen veranschaulicht Bild 4.17 /4.54/. Bei den Experimenten war der Strahldurchmesser mit 30 mm relativ groß, so daß näherungsweise Eindimensionalität herrscht. Ein deutlicher Unterschied zeigt sich in der Temperaturverteilung für die Strahlungen des Argon- bzw. Kryptonlasers im grünen bzw. roten Spektralbereich: er erklärt sich durch die Unterschiede in der Absorption und Reflexion der Strahlung am Gewebe. (Im Kaninchenmuskel ist die Streuung im Roten nicht so intensiv wie im Muskelgewebe anderer Tiere.) Für starke Streuung sind geschlossene Lösungen nicht bekannt.

Bei starker Absorption an der Oberfläche kann die eindimensionale Temperaturverteilung relativ einfach formuliert werden. Für $1/\Sigma_a \approx 0$

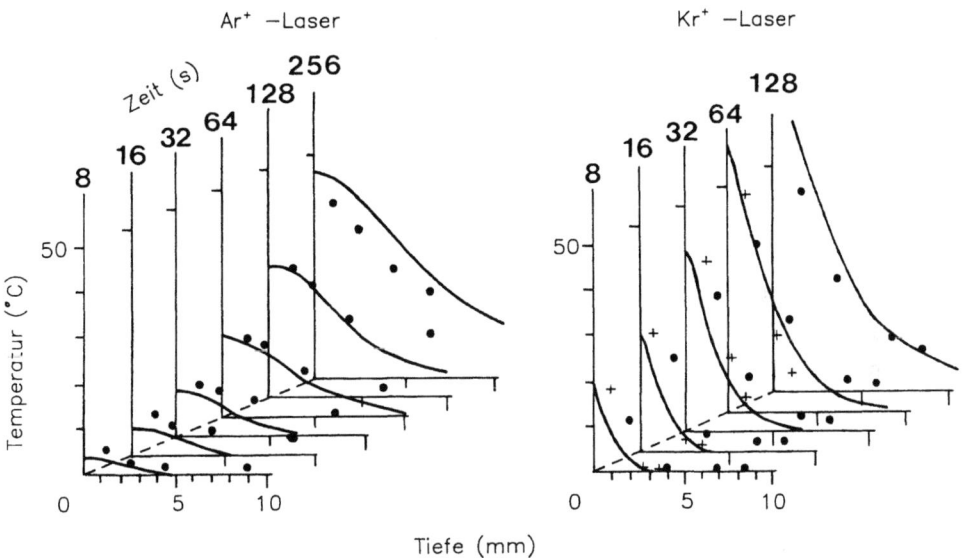

Bild 4.17. Vergleich der berechneten /4.54/ und gemessenen Temperaturverteilung im Gewebe während der Laserbestrahlung in vitro
a) Bestrahlung mit dem Argonlaser (blau-grün): Kuh-Muskel, Strahldurchmesser = 14 mm, 1 W/cm^2, $1/\Sigma_a$ = 0,2 mm, K = 0,4 W/mK, a = 1,2 10^{-7} m^2/s, R = 0,2
b) Bestrahlung mit dem Kryptonlaser (rot): Kaninchen-Muskel, Strahldurchmesser = 38 mm, 1 W/m^2, $1/\Sigma_a$ = 2 mm, K = 0,4 W/mK, a = 1,2 10^{-7} m^2/s, R = 0,6

gilt:

$$T(x,t) = (2I\,(1-R)\,(at)^{1/2}/K)\,\mathrm{ierfc}\,[x/2(at)^{1/2}]\,, \qquad (4.14)$$

wobei ierfc die 'error function' ist. Die Beziehung 4.14 kann insbesondere für den CO_2-Laser oder den Er:YAG-Laser angewendet werden.

Kugelsymmetrie

Fokussiert man die Laserstrahlung auf das Gewebe, so entstehen häufig halbkugelförmige Koagulationszonen, ein Hinweis darauf, daß näherungsweise Kugelsymmetrie besteht. Unter der Voraussetzung, daß die Strahlungsenergie gleichmäßig in eine Kugel mit dem Radius r deponiert wird, läßt sich der Temperaturverlauf im Gewebe berechnen. Das Verfahren ist in /4.55/ beschrieben. Einfach wird die Lösung, wenn die Energie W punktförmig innerhalb einer unendlich kurzen Zeit in das Gewebe gebracht wird. Für diesen idealisierten Fall gilt /4.52, 4.55/:

$$T = W/(\rho c\,(4\pi at)^{3/2})\,\exp(-r^2/4at)\,. \qquad (4.15a)$$

Die maximale Temperaturerhöhung erhält man zur Zeit $t = r^2/(6a)$:

$$T_{max} = (3/2\pi e)^{3/2}\,W(\rho c r^3)\,. \qquad (4.15b)$$

Ein anderer einfacher Fall liegt dann vor, wenn die Strahlungsenergie homogen in einem kugelförmigen Volumen mit dem Radius r_o absorbiert wird. Bei sehr langer Bestrahlung stellt sich ein Gleichgewicht in der Temperaturverteilung ein. Unter dieser Bedingung kann die maximale Temperatur angegeben werden:

$$T_{max} = 4/3\,r_o^3\,P/(K\,r)\,; \qquad (4.16)$$

P entspricht der absorbierten Leistung pro Volumeneinheit.

Kreisfläche

Oft bestrahlt der Laser einen kreisförmigen Bereich auf der Oberfläche. Berücksichtigt man die Eindringtiefe der Strahlung, so ist keine geschlossene Lösung bekannt. Für eine sehr hohe Absorption an der Oberfläche, beispielsweise beim CO_2- und Er:YAG-Laser, kann die Temperatur in der Symmetrieachse berechnet werden. Unter der Voraussetzung, daß die Fläche mit dem Radius r_o gleichmäßig bestrahlt wird, erhält man /4.53, 4.55/:

$$T = W/(2r_o^2 \pi (\pi at)^{1/2})(1 - \exp(r_o^2/4at)) \exp(-x^2/4at). \quad (4.17a)$$

Dabei gilt die Annahme, daß die Energie W in einer unendlich kurzen Zeit auf die Kreisfläche gebracht wird. Läßt man beliebige Bestrahlungszeiten zu, so gilt:

$$T = 2I(1-R)(at)^{1/2} K^{-1} [\text{ierf}(x/x(at)^{1/2}) - \text{ierf}((x^2 + r_o^2)^{1/2}/z(at)^{1/2})]. \quad (4.17b)$$

Danach lassen sich beispielsweise Temperaturen bei der Koagulation an der Netzhaut errechnen.

Vernachlässigung der Wärmeleitung

Bei sehr kurzen Laserpulsen kann während der Pulsdauer bisweilen der Einfluß der Wärmeleitung ignoriert werden. Die Bedingungen dafür sind aus 4.15a oder 4.17a ablesbar. Die Ortsabhängigkeit ist eine Exponentialfunktion $\exp(-r^2/4at)$ bzw. $\exp(-x^2/4at)$. Die Breite (1/e-Wert= 37%) der Temperaturkurve ist gegeben durch: $r^2 = 4at$. Dies kann so interpretiert werden, daß sich die Temperatur innerhalb der Zeit t um die Strecke $r = (4at)^{1/2}$ ausbreitet. Näherungsweise läßt sich folgendes aussagen: Wärmeleitung während der Laserbestrahlung ist vernachlässigbar, wenn sich die Wärme innerhalb der Pulsdauer weniger ausbreitet als die Eindringtiefe der Strahlung. Diese Größen können in die oben aufgeführte Gleichung eingesetzt werden, man erhält dann als Beziehung zwischen Pulsdauer τ und Eindringtiefe δ der Strahlung:

$$\tau = \delta^2/4a. \quad (4.18)$$

Liegt die Pulsdauer wesentlich unter diesem Wert, kann die Wärmeleitung während der Pulsdauer vernachlässigt werden; die thermische Schädigung des umgebenden Gewebes ist sehr gering. Dies wird bei der Photoablation von Gewebe mit Er:YAG- oder Excimerlasern ausgenutzt. Die Temperaturerhöhung bei Bestrahlung mit einem Puls der Energie W ist in diesem Fall beschrieben durch:

$$T = W/c\rho V, \qquad (4.19)$$

wobei das Volumen V durch die thermische Eindringtiefe $(4a\tau)^{1/2}$ und die bestrahlte Oberfläche gegeben ist. Diese Gleichung läßt sich aus der Definitionsgleichung für die spezifische Wärme ableiten; die Energie zur Koagulation und Verdampfung wird nicht berücksichtigt.

4.2.3 Praktische Temperatur-Beispiele

Vergleich verschiedener Lasertypen

Für die meisten Anwendungen lassen sich keine geschlossenen Lösungen der Wärmeleitungsgleichung finden. Man ist daher bislang auf numerische Lösungen für Einzelfälle angewiesen. Beispiele stellt Bild 4.18 /4.52/ zusammen. Systematische Vergleiche fehlen noch, jedoch lassen sich folgende allgemeine Aussagen treffen: aufgrund der starken Streuung sind beim Nd:YAG-Laser (Bild 4.18) und beim Kryptonlaser (Bild 4.17) relativ hohe Leistungsdichten für eine bestimmte Temperaturverteilung im Gewebe erforderlich. Dabei werden größere Volumina erfaßt. Die Strahlung des Argonlasers (Bild 4.17 und 4.18) wird stärker absorbiert, insbesondere von roten Pigmenten. Man erhält mehr oberflächliche Temperaturen. Dies gilt noch stärker für den CO_2-Laser, dessen Strahlung praktisch nur an der Oberfläche absorbiert wird. Allerdings sind die Unterschiede in der Wirkung von CO_2- und Argonlaser in Bereichen, die unterhalb der Eindringtiefe der Strahlung liegen, nicht sehr groß. In diesen Gebieten spielt nicht der Absorptionsprozeß, sondern allein die Wärmeleitung im

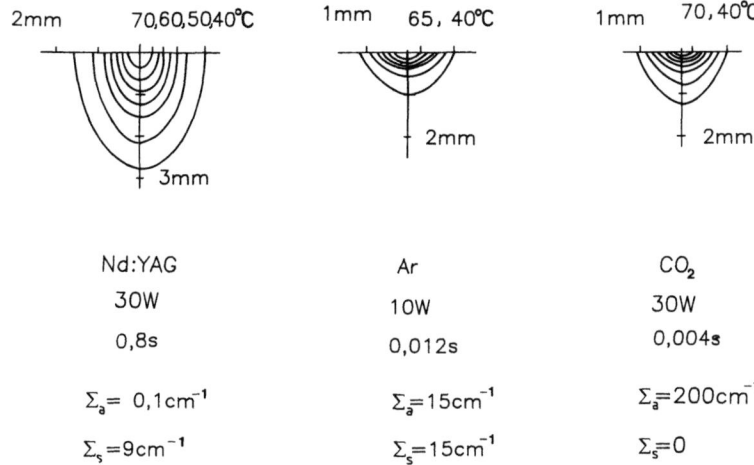

Bild 4.18. Berechnung der Temperaturverteilung im Gewebe bei Bestrahlung mit dem Nd:YAG-, Ar- und CO_2-Laser. Parameter: Strahldurchmesser 2 mm (Gauß-Profil), Dichte $\rho = 1$ g/cm^3, Spez. Wärme c = 4,2 J/gK, K = 0,55 W/mK

Gewebe eine Rolle. Man erkennt in Bild 4.18 bei gleicher Bestrahlungsenergie (= Leistung x Zeit) nur geringe Diskrepanzen zwischen Argon- und CO_2-Laser.

Quasikontinuierlicher Betrieb

Bei gepulsten Lasern erhält man im Vergleich zu kontinuierlichen Lasern bei gleicher mittlerer Leistung eine abweichende Temperaturverteilung. Einen Vergleich zwischen einem gepulsten (10 Hz, 50 ms) und einem kontinuierlichen Nd:YAG-Laser mit jeweils 10 W mittlerer Leistung veranschaulicht Bild 4.19. Bei langen Pulsen ist der Unterschied zur Temperatur bei kontinuierlicher Einstrahlung nicht sehr groß. Bei kurzen Pulsen, z.B. im Q-switch-Betrieb (ns), entstehen jedoch kurzzeitig wesentlich höhere Temperaturen, die zu speziellen Behandlungen genutzt werden.

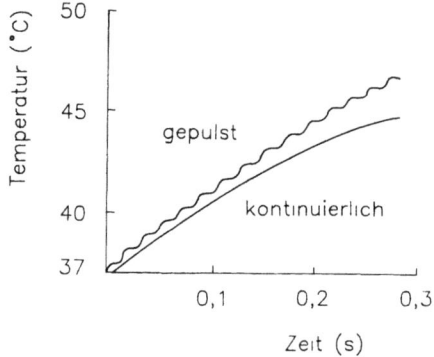

Bild 4.19. Temperaturanstieg in Gewebe bei Bestrahlung mit einem kontinuierlichen und gepulsten Nd:YAG-Laser (Strahldurchmesser 2 mm, 0,1 mm neben dem Strahl, mittlere Leistung 10 W) /4.52/

Messungen an Schichten

In der Urologie muß bei der Behandlung mit Lasern die Perforation der Blase verhindert werden /4.56, 4.57/. Aus diesem Grunde sind Untersuchungen an Gewebsschichten von etwa 2 mm Dicke notwendig. Den Einfluß der starken Streuung zeigt Bild 4.20. Man erkennt, daß etwa 60% der einfallenden Strahlung durch Streuung verloren gehen. Für einen 40W-Nd:YAG-Laser wurden Rechnungen durchgeführt, die gut mit Messungen über die maximalen Temperaturen an

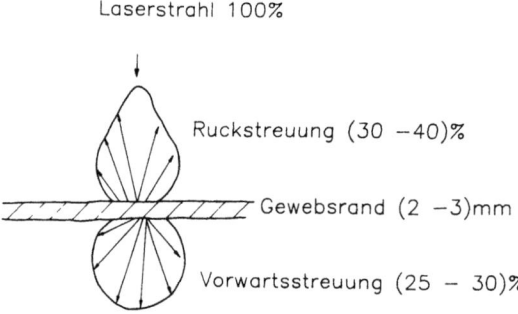

Bild 4.20. Vor- und Rückstreuung der Nd:YAG-Laserstrahlung in einer 2 mm dicken Gewebsschicht (Magen, Blase, in vitro)

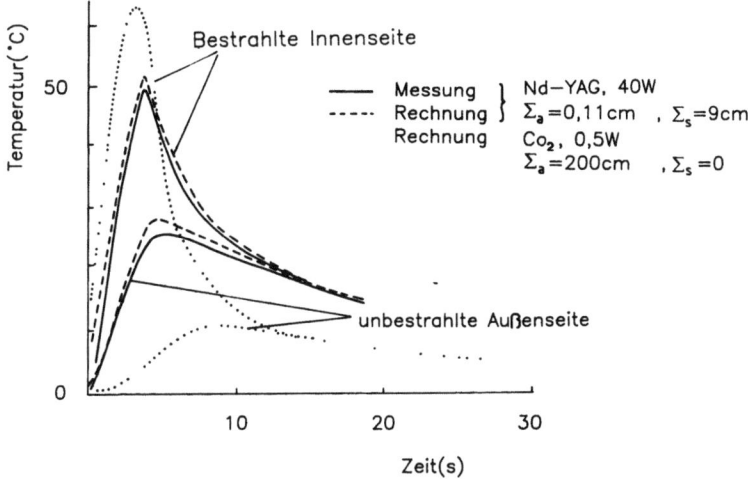

Bild 4.21. Temperaturverteilung während Laserbestrahlung von 4 s Dauer in einer 2 mm dicken Gewebsschicht (in vitro). (Parameter: Strahldurchmesser 3 mm, 4,2 J/Kcm³, a = 1,3 10^{-7} m²/s) /4.57/

der Vorder- und Rückseite der bestrahlten Schicht übereinstimmen (Bild 4.21). Völlig andere Ergebnisse erhält man mit einem CO_2-Laser. Mit nur 0,5 W können wesentlich höhere Oberflächentemperaturen erzielt werden. Die Rückseite bleibt relativ kühl, weil die Strahlung dieses Lasers nur an der Oberfläche absorbiert wird.

Einfluß der Blutzirkulation

Intravitalmikroskopische Untersuchungen der Mikrozirkulation zeigen, daß sich die Gefäße bei Laserbestrahlung zusammenziehen. Damit wird der Blutfluß erheblich reduziert. Nur bei geringen Temperaturerhöhungen von wenigen Grad tritt dieser Effekt vermutlich nicht auf. Die Beobachtungen an der Mikrozirkulation stehen in Übereinstimmung mit Temperaturmessungen am lebenden und toten Gewebe (Bild 4.22) /4.54/. Es wird deutlich, daß die Temperaturen am toten Tier nur etwa 10% höher liegen als am lebenden. Die Messungen wurden am gleichen Tier und am gleichen Gewebe vorgenommen. Daraus läßt sich folgern, daß bei normalen Anwendungen der Laserchirurgie Wärmetransport durch Blutströmung in kleineren Gefäßen vernachlässigt werden kann. Eine mögliche Ausnahme erläutert der folgende Abschnitt.

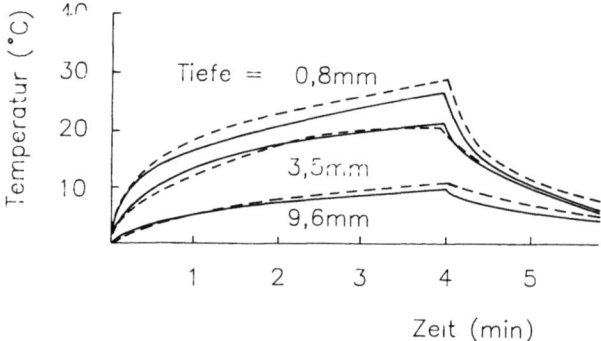

Bild 4.22. Temperaturerhöhung in bestrahltem Gewebe in vivo (——) und in vitro (----) (Kryptonlaser 3,1 W, 14 mm Durchmesser, Kaninchenmuskel)

Photodynamische Therapie

Bei der Photosensibilisierung soll rotes Laserlicht (635 nm) im Tumorgewebe absorbiert werden (siehe Abschnitt 4.7). Eine der Techniken besteht darin, eine Lichtleitfaser in den Tumor hineinzustechen. Nach der Applikation von HpD wird das Gewebe mit rotem Licht bestrahlt. Dabei werden photochemische Reaktionen ausgelöst. Typische Leistungen liegen bei einigen 100 mW. Bei Bestrahlungszeiten von 10 bis 30 min können als Nebeneffekte Temperaturerhöhungen auftreten, die zum Zelltod führen können. Da diese Erhöhungen nur wenige Grade umfassen, trägt die Blutströmung etwas zum Wärmetransport bei. Für die Temperaturerhöhung ΔT läßt sich eine geschlossene Lösung formulieren /4.58/:

$$\Delta T = P/(4\pi r K (1+\delta/\delta_v)^2)((1+b/\delta_v)\exp-(r-b)/\delta \quad (4.20)$$
$$- (1+b/\delta)\exp-(r-b)/\delta).$$

Dabei zeigt P die Laserleistung an, die aus der Faser mit dem Radius b austritt. Man definiert eine 'thermische Eindringtiefe' $\delta_v = (a/\rho F)^{1/2}$ (a siehe Tabelle 4.4, ρ = Dichte), wobei F der Blutfluß (in m^3/s kg) ist.

Einen Vergleich zwischen dem theoretischen und dem experimentellen Temperaturverlauf veranschaulicht Bild 4.23. Mit einer Leistung

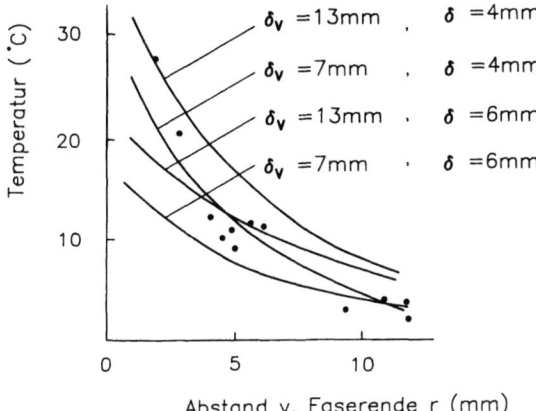

Bild 4.23. Temperaturverteilung um eine eingestochene Lichtleitfaser im Gewebe bei Bestrahlung. (Wellenlänge 630 nm, 400 mW, Faserradius a = 0,1 mm, Kaninchenmuskel in vivo) Die Kurven geben die Rechnungen mit verschiedenen Werten für die thermische und optische Eindringtiefe δ_v und δ wieder

Tabelle 4.5. Blutfluß F und 'thermische Eindringtiefe' in verschiedene Gewebearten (a = 1,2 10^{-7} m^2/s) /4.58/

Organ	Blutfluß F (ml/min g)	Thermische Eindringtiefe (mm)
Niere, Kaninchen	3,2-5	1,2-1,5
Niere, Hund	3,3	1,5
Niere, Mensch	3,4	1,5
Schilddrüse, Mensch	4,0	1,3
Schilddrüse, Maus	3,2	1,5
Herz, Hund	0,5-0,75	3,1-3,8
Gehirn, Affe	0,6-1,0	2,7-3,5
Gehirn, Mensch	0,5-1,0	2,6-4,0
Haut, Mensch	0,15-0,5	3,8-6,9
Muskel, Hund	0,11-0,58	3,5-8,1
Muskel, Tier	0,04-0,44	4,0-13,4
menschl. Arm	0,02-0,07	10-19
Fett, Mensch	0,012-0,015	21,9-24,5

von 400 mW am Faserausgang erzielt man Temperaturerhöhungen bis zu etwa 10 °C. Für die Untersuchungen wurde ein mit einem Argonlaser gepumpter Rhodamin-6G-Farbstofflaser bei 630 nm verwendet. Die Benutzung eines Krypton-Ionenlasers liefert ähnliche Verhältnisse. Bei längerer Bestrahlungszeit reicht die Temperaturerhöhung nach Bild 4.23 aus, um das Absterben von Zellen herbeizuführen. Eventuell ergeben sich hier zusätzlich zur Phototherapie Möglichkeiten der Hyperthermie zur Tumorbehandlung. Zur Berechnung von Temperaturprofilen wurde Tabelle 4.5 mit Werten über den Blutfluß F und die thermische Eindringtiefe δ_v erstellt /4.58/.

4.3 Wirkung von Strahlung auf Gewebe

4.3.1 Übersicht über die Wechselwirkungen

Laserstrahlung kann in unterschiedlicher Form auf Gewebe wirken. Zum einen wird die Strahlung vom Gewebe absorbiert und erwärmt es. Man nennt dies die **thermische** Wechselwirkung (Tabelle 4.6). Aus ihr ergeben sich eine Reihe von medizinischen Applikationen. Weiterhin können in den Zellen biologische Moleküle oder eingebrachte Farbstoffe durch Lichtabsorption angeregt werden. Dieser Vorgang wird als **photochemische** Wechselwirkung bezeichnet. Bisher lassen sich zwei Einsatzfelder unterscheiden: die photodynamische Therapie und die Biostimulation (Tabelle 4.7). Als dritte Möglichkeit finden verschiedene **nichtlineare** Wechselwirkungen zwischen Strahlung und Gewebe statt (Tabelle 4.8). Besondere Bedeutung haben dabei optomechanische Effekte oder 'Photodisruption' und die sogenannte 'Photoablation'. Eine Übersicht über Arten der Wechselwirkung, Lasertypen und Anwendungsbereiche entwerfen die Tabellen 4.6 bis 4.8 /4.59/.

Es zeigt sich, daß die Mechanismen der Wechselwirkung in der Praxis an verschiedene Pulsdauern und Leistungsdichten gebunden sind

(Bild 4.24) /4.60/. **Nichtlineare** Prozesse treten bei kurzen Pulsen mit hoher Leistungsdichte auf. Bei der **Photodisruption** beträgt die Pulsdauer 10 ps bis 10 ns. Die Leistungsdichten liegen zwischen 10^{10} und 10^{13} W/cm^2 sehr hoch. Sie werden durch Modenkopplung oder Q-

Tabelle 4.6. Übersicht über thermische Wechselwirkungen

	Urologie	Gynäkol.	Chirurgie	Neurochir.	HNO	Ophthal.	Gastro.	Dermatol.
CO$_2$-Laser		Handstück Endoskop	Handstück Endoskop Mikroskop	Handstück Mikroskop	Handstück Endoskop Mikroskop			Handstück Scanner
Nd YAG	Endoskop Lichtleiter	Handstück Endoskop Lichtleiter	Handstück Endoskop Lichtleiter	Handstück Mikroskop	Handstück Mikroskop	Spaltlampe Mikroskop	Endoskop Lichtleiter	Handstück Lichtleiter
Ar$^+$-Laser					Handstück Mikroskop	Spaltlampe Mikroskop Endoprobe	Endoskop Lichtleiter	Handstück
Farbst.-L.						Spaltlampe Mikroskop		Handstück

Tabelle 4.7. Übersicht über photochemische Wechselwirkungen

	Dermatol.	Rheumatol.	Traumatol.	Zahnmed.	Onkologie
He-Ne-Laser GaAs-Laser *Biostimulation*	Handstück Lichtleiter Scanner	Handstück Lichtleiter Scanner	Handstück Lichtleiter Scanner	Handstück Lichtleiter Scanner	
Nd:YAG *Biostimulation*	Handstück				
Farbst.-L. *Photodyn. Therapie*					Handstück Lichtleiter Endoskop
Cu-Laser Au-Laser *Photodyn. Therapie*					Handstück Lichtleiter Endoskop

Tabelle 4.8. Übersicht über nichtlineare Wechselwirkungen

	Ophthalmol.	Dermatol.	Urologie	Angiologie
Nd:YAG (Q-switch) *Photodisruption*	Nachstarmem. u.a. Spaltlampe		Blasensteine u.a. Endosk.,Lichtl.	
Excimerlaser *Photoablation*	Hornhautop. u.a. OP-Mikroskop			Arterioskler. u.a. Endosk., Lichtl.
Farbst.-L. *Photoakustik*		Pigmentanom. u.a. Handstück		

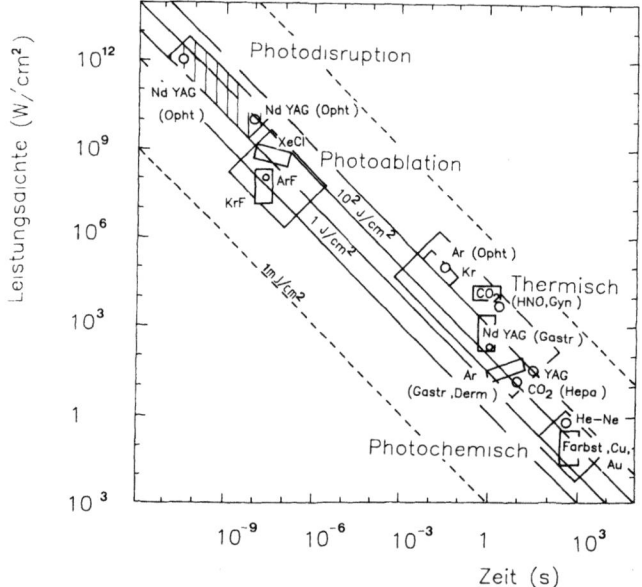

Bild 4.24. Übersicht über medizinische Laseranwendungen in Abhängigkeit von Pulsdauer und Leistungsdichte. Lasertypen: Nd:YAG-Festkörperlaser; XeCl-, ArFl-, KrFl-Excimerlaser, Ar-, Kr-Ionenlaser, Dye-Laser, CO_2-Laser, He-Ne-Laser, Abkürzungen: Opht. = Ophthalmologie, HNO = Hals-Nasen-Ohren-Bereich, Gyn. = Gynäkologie, Gastr. = Gastrologie, Derm. = Dermatologie, Hep. = Hepatologie

switch erzeugt. Anwendungsgebiete sind insbesondere die Beseitigung der Nachstarmembran und die Zertrümmerung von Blasensteinen (Abschnitt 4.6). Die **Photoablation** erfolgt hauptsächlich bei Pulsdauern zwischen 10 und 100 ns mit Leistungsdichten um 10^9 W/cm^2. Dafür werden vorrangig Excimerlaser (XeCl, ArF, KrF) im Ultravioletten und Erbiumlaser (Er:YAG) im Infraroten bei 2,94 μm eingesetzt. Voraussetzung für diese Art der Abtragung von Gewebe ist ein hoher Absorptionskoeffizient. Die wichtigsten Eingriffe sind Hornhautoperationen und die Rekanalisation von Gefäßen (Angioplastie). Wichtig dabei ist, daß das angrenzende Gewebe thermisch nicht belastet wird.

Bei der **thermischen** Wechselwirkung herrschen wesentlich längere Pulsdauern bzw. Bestrahlungszeiten: 1 ms bis 10 s. Die Leistungsdichte mißt zwischen 10 und 10^6 W/cm^2. Hier liegen die traditionellen Bereiche des chirurgischen Lasereinsatzes, die im nachfolgenden Kapitel beschrieben werden.

Noch längere Bestrahlungszeiten sind bei der **photochemischen** Wechselwirkung erforderlich: 10 bis 1000 s. Anwendungsfelder sind insbesondere die **Biostimulation** mit He-Ne-Lasern von einigen mW oder mit Laserdioden sowie die **photodynamische Therapie** mit Lasern von einigen 100 mW im roten Spektralbereich. In letzteren Fall werden Tumore mit HpD oder anderen Farbstoffen angereichert, die durch die Strahlung aktiviert werden. Durch die Reaktionsprodukte wird der Tumor zerstört.

Die verschiedenen Arten der Wechselwirkung zwischen Strahlung und Gewebe werden in den nächsten Abschnitten einzeln behandelt.

4.4 Thermische Effekte von Strahlung

Ein großes klinisches Aufgabengebiet ergibt sich für den Laser aus der thermischen Wirkung der Strahlung auf Gewebe. Insbesondere die "klassischen" Bereiche der Lasermedizin, die auf Schneiden, Verdampfen und Koagulieren von Gewebe beruhen, nutzen diese Effekte aus.

4.4.1 Thermische Nekrosezone

Bei der Bestrahlung von Gewebe mit Lasern wird das Licht gestreut und absorbiert. Es entsteht eine bestimmte räumliche Lichtverteilung im Gewebe, die durch seine optischen Eigenschaften bestimmt wird (Abschnitt 4.1). Durch die Absorption wird die Laserenergie hauptsächlich in Wärme umgewandelt. Dieser Vorgang wird durch die thermischen Eigenschaften des Gewebes beeinflußt. Es entsteht eine räumliche Temperaturverteilung, die während der Bestrahlung ansteigt und danach abklingt. In Abschnitt 4.2 wurde dargelegt, daß eine genaue Beschreibung des Temperaturfeldes in Einzelfällen möglich, im allgemeinen jedoch sehr schwierig ist. In diesem Abschnitt werden die Auswirkungen der Temperaturerhöhung auf das Gewebe analysiert.

Höhere Temperaturen im Gewebe können ein Zellsterben verursachen /4.61/. Dieser Effekt wird bei vielen Laseranwendungen genutzt. Dabei hängt die Temperatur für den Zelltod von der Wirkungszeit ab (Bild 4.25). Den Zusammenhang zwischen Wirkungsdauer und kritischer Temperatur für die Denaturierung verschiedener biologischer Substanzen veranschaulicht Bild 4.26 /4.62/.

Untersuchungen und qualitative Angaben über die Größe der Nekrosezone sind für den medizinischen Lasereinsatz von großer Bedeutung. Beim Schneiden von Gewebe, z. B. mit dem CO_2-Laser, verhindert diese Zone das Auftreten von Blutungen und bildet einen aseptischen Schutz der Wunde. Bei anderen Eingriffen, z. B. der Koagulation von Tumorgewebe mit dem Nd:YAG-Laser, stellt die Nekrosezone das Gebiet des zerstörten Gewebes dar. Bei der Photoablation dagegen ist eine derartige Zone unerwünscht, da Gewebe abgetragen werden soll, ohne die Umgebung thermisch zu belasten. In der Laserchirurgie wirken erhöhte Temperaturen im Gewebe gewöhnlich

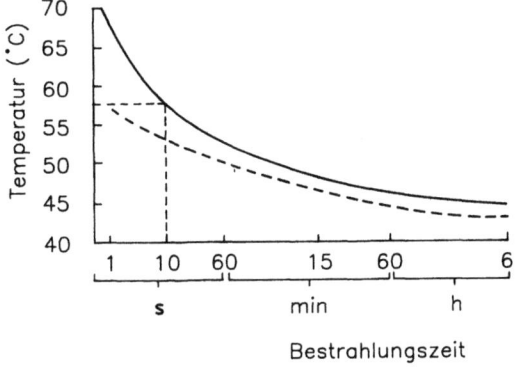

Bild 4.25. Kritische Temperatur für die thermische Zerstörung von Gewebe in Abhängigkeit von Temperatur und Wirkungszeit

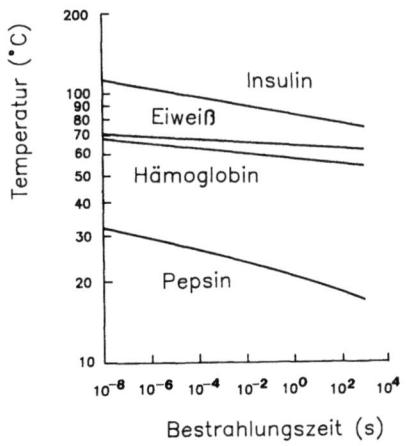

Bild 4.26. Kritische Temperatur für die Denaturierung verschiedener biologischer Substanzen in Abhängigkeit von der Einwirkzeit

über mehrere Sekunden. Nach Bild 4.25 kann davon ausgegangen werden, daß eine Nekrose bei etwa 60 °C auftritt. Eine Ausnahme stellt die photodynamische Therapie dar, in der bei Bestrahlungszeiten um 30 Minuten Temperaturerhöhungen um einige Grade auftreten. Für Tumorgewebe läßt sich die kritische Bestrahlungszeit t mit Hilfe folgender Gleichung berechnen /4.45/:

$$t = E \exp(-c(T-T_r)). \tag{4.21}$$

Dabei gelten für die Parameter folgende Zahlenwerte: $c = -\ln 0{,}5\ K^{-1} = 0{,}7\ K^{-1}$, $T_r = 315{,}5\ K\ (= 42{,}5\ °C)$ und $E = 5200\ s$. Die Gleichung besagt, daß sich die Bestrahlungszeit für den Zelltod mit jedem Grad über 42,5 °C halbiert. Die Ergebnisse sind in Bild 4.25 gestrichelt eingetragen.

Grob lassen sich in der Medizin Laser mit hoher, mittlerer und sehr geringer Eindringtiefe unterscheiden (Bild 4.27). An Versuchen, z.B. mit Eiweiß, kann für diese Fälle leicht die Form der Koagulationszonen, insbesondere für den Nd:YAG- und den CO_2-Laser, beobachtet werden /4.63/. Die erzielten Ergebnisse sind in Bild 4.27 schematisiert. Die genaue Größe der Koagulationszone wird ungefähr durch die $60°C$-Isotherme bestimmt, sofern die Temperatur über einige Sekunden wirkt. Da die Verteilung der Strahlung und Temperatur im Gewebe nur in einzelnen Fällen berechnet werden kann, gilt das gleiche auch für die Größe der Nekrosezone.

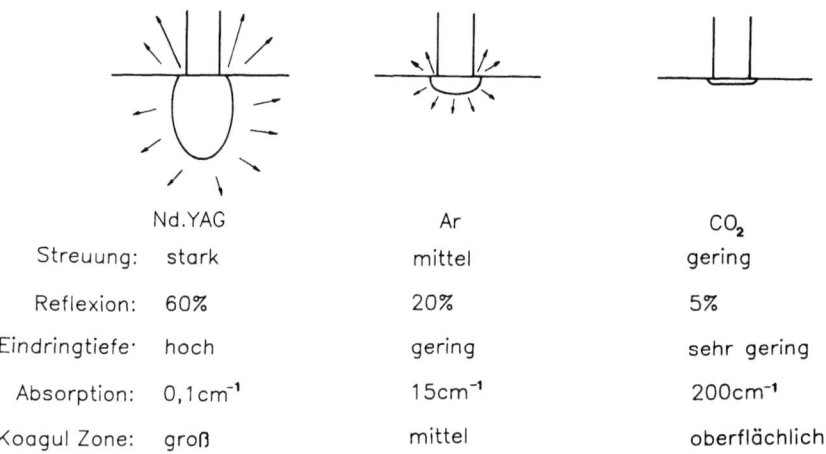

Bild 4.27. Koagulationszone für drei wichtige Lasertypen (Nd:YAG; Ar-, CO_2-Laser)

Ein einfacher Fall liegt vor, wenn die Strahlungsenergie punktförmig in unendlich kurzer Zeit dem Gewebe zugeführt wird /4.62/. Für den Radius r der kugelförmigen Nekrosezone gilt dann:

$$r = (3/4\pi\ e)^{1/2}\ [(1/(T-T_o)\ \rho\ c\ )W\ ]^{1/3}, \qquad (4.22)$$

wobei T die kritische Temperatur, T_o die Gewebetemperatur und W die Pulsenergie ist. Für Hämoglobin erhält man numerisch bei einer Pulsenergie von 1 J und $T = 60°C$ einen Radius r = 0,7 mm.

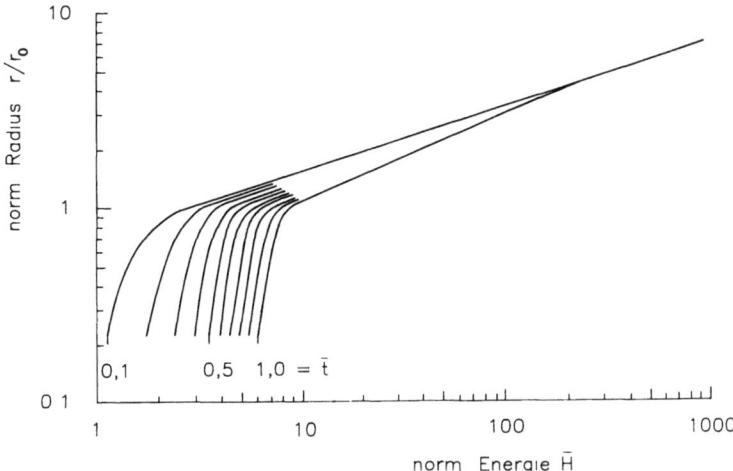

Bild 4.28. Normalisierter Radius der Koagulationszone in Abhängigkeit von der 'Laserenergie'. Parameter ist die normalisierte Bestrahlungszeit $\bar{t}$. ($\bar{t} = 4at/r_0^2$, $\bar{H} = W/((4\pi/3)r_0^2 T_c)$, W = Strahlenergie in kal, r_0 = Strahlradius in cm, T_c = kritische Temperatur $\approx 35\,^\circ C$) /4.55/

In Bild 4.28 ist der Radius der Koagulationszone für eine Kugelsymmetrie aufgezeigt /4.62/. Dies bedeutet, daß die Wärmeenergie halbkugelförmig auf die Gewebeoberfläche gebracht wird. In der Praxis ist dies dann der Fall, wenn die Eindringtiefe der Strahlung etwa so groß ist wie der Strahlradius oder wenn die Abstände im Gewebe größer als der Strahlradius sind; Parameter ist die Pulslänge. Ähnliche numerische Resultate liegen für eine starke Oberflächenabsorption auf einer Kreisfläche vor /4.62/. Diese Daten gelten insbesondere für den CO_2-Laser. Experimente ergeben näherungsweise eine Übereinstimmung mit den Rechnungen. Bei den bisherigen Betrachtungen über die Koagulationszone wurde ein Wärmeverlust durch Verdampfen von Gewebe nicht berücksichtigt.

4.4.2 Verdampfen und Karbonisierung

In Tabelle 4.9 sind verschiedene thermische Effekte bei Erhöhung der Temperatur des Gewebes zusammengefaßt. Bis zu $45\,^\circ C$ sind keine

Tabelle 4.9. Gewebeveränderungen durch thermische Effekte.
b) Optische und mechanische Wirkungen /4.97/

Temperatur:	37 - 60 °C	über 60 °C	bis 100 °C	100 °C bis einige 100 °C	
Wirkung:	Erwärmung	Koagulation	Austrocknung	Verkohlung	Vergasung Verbrennung
Optisches Verhalten:	Änderung nicht sichtbar	weißgraue Färbung, erhöhte Streuung	konstante Streuung	br.-schwarze Färbung, starke Absorption	Entstehung von Rauch
Mechan. Verhalten:	Änderung nicht erkennbar	Auflockerung	Entzug von Flüssigkeit, Schrumpfung	starke Schädigung des Gewebes	Abtragung von Gewebe

irreversiblen Gewebeschäden zu erwarten. (Bei Krebsgewebe liegt diese Schwelle bei etwa 42,5 °C (siehe 4.21). Je nach Bestrahlungsdauer tritt der Gewebetod zwischen 45 und 60 °C ein, wodurch die Grenze der Nekrosezone gegeben wird. Bei weiterer Wärmezufuhr bleibt die Temperatur im Gewebe am Siedepunkt des Wassers bei 100 °C solange konstant, bis das Gewebewasser verdampft ist (Bild 4.29). Erst nach der Austrocknung des Gewebes ist ein weiterer Temperaturanstieg zu verzeichnen. Karbonisierung setzt ab 150 °C ein; das Gewebe wird schwarz. Ab 300 °C wird das Gewebe verdampft und vergast, es entsteht ein Substanzverlust, oder durch Bewegung des Strahls kann ein Schnitt erzeugt werden. Eine schematische Darstellung der verschiedenen Zonen im Gewebe präsentiert Bild 4.30. Die Größe der einzelnen Zonen hängt von der Streuung und Absorption der Strahlung im Gewebe und damit vom verwendeten Lasertyp ab.

Beim CO_2-Laser findet eine Absorption in der Oberflächenschicht von 0,05 mm statt, wo eine Umwandlung in Wärme erfolgt. Es entsteht eine hohe Oberflächentemperatur, und das Gewebe kann verdampfen. Das typische Verhalten des Einbrandes bei Bestrahlung mit einem CO_2-Laser demonstriert Bild 4.31. Die Nekrosezone ist relativ

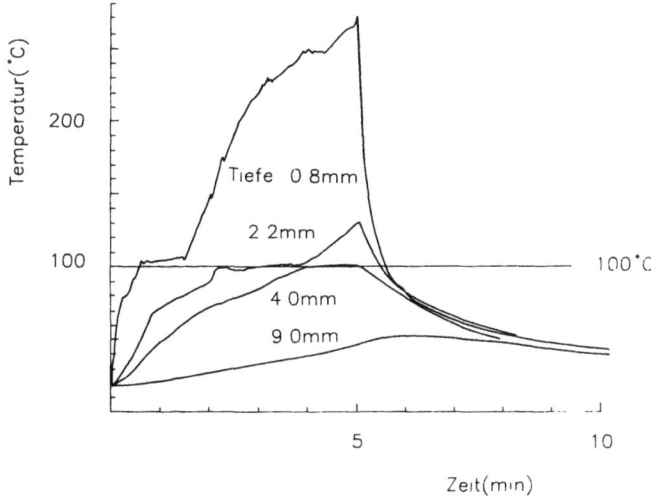

Bild 4.29. Temperaturerhöhung in verschiedenen Tiefen des Gewebes während Laserbestrahlung. Am Siedepunkt bleibt die Temperatur konstant bis das Gewebewasser verdampft ist

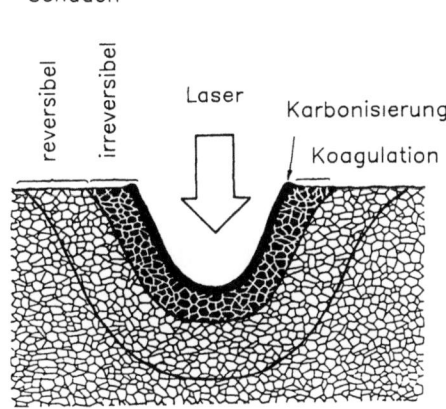

Bild 4.30. Darstellung der unterschiedlichen Zonen im Gewebe bei Laserbestrahlung /4.59/

schmal (0,3 mm), sie entsteht hauptsächlich durch den Prozeß der Wärmeleitung. Daher können nur kleine Gefäße (bis 0,5 mm) sicher verschlossen werden.

Anders ist das Verhalten bei Strahlung mit hoher Eindringtiefe δ in das Gewebe. Ein hierfür häufig verwendeter Laser ist der Nd:YAG-Laser mit δ = 9 mm. Die eingestrahlte Energie verteilt sich auf ein großes Volumen, und die entstehenden Temperaturen sind damit

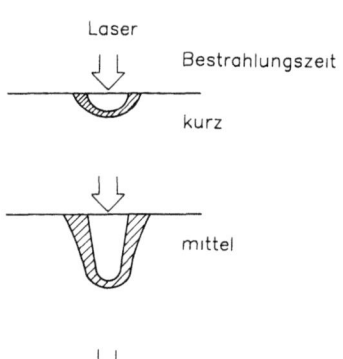

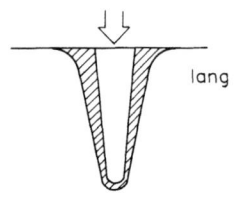

Bild 4.31. Typisches Verhalten von Gewebe bei Einwirkung von Strahlung mit geringer Eindringtiefe δ (z. B. CO_2- Laser, δ = 0,05 mm) /4.97/

niedriger als beim CO_2- Laser. Weiterhin werden durch Streuung etwa 30% der Strahlleistung aus der Oberfläche herausgespiegelt. Es bildet sich eine relativ große Koagulationszone, ohne daß bei kurzer Bestrahlungszeit eine Verdampfung des Gewebes erfolgt (Bild 4.32). Erst bei weiterer Energiezufuhr kann eine Temperatur von 100 °C erzielt werden, so daß eine Austrocknung des Gewebes einsetzen kann. Dadurch verringert sich die Wärmeleitung. Wenn sich die Oberfläche durch eine leichte Karbonisierung dunkel verfärbt, ändert sich das Absorptionsverhalten des Gewebes. Die Strahlung wird dann an der Oberfläche absorbiert, und das Gewebe beginnt sofort zu verdampfen. Bei niedrigen Laserleistungen verdampft das Gewebe auch bei langen Bestrahlungszeiten nicht, weshalb ein Schneiden dann nicht möglich ist. Es bilden sich relativ große Koagulationszonen, so daß Gefäße bis zu 5 mm durch Koagulation und Schrumpfung verschlossen werden können.

Die Berechnung der Größe der Nekrosezone beim Auftreten von Verdampfung im Gewebewasser ist schwierig. Sie wird daher im allgemeinen durch entsprechende Versuche bestimmt. Für Kugelsymmetrie ist bei geringer optischer Eindringtiefe für den stationären Fall eine geschlossene Näherungsrechnung möglich, deren Ergebnisse in Bild 4.33 aufgeführt sind. Übereinstimmend mit den Messungen mit einem

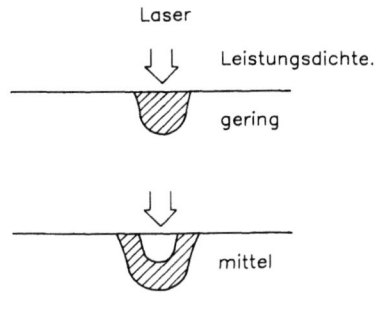
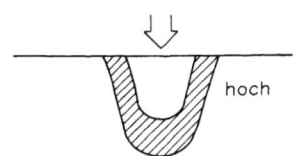

Bild 4.32. Typisches Verhalten von Gewebe bei Einwirkung von Strahlung mit hoher Eindringtiefe δ (z. B. Nd:YAG- Laser, δ = einige mm) /4.97/

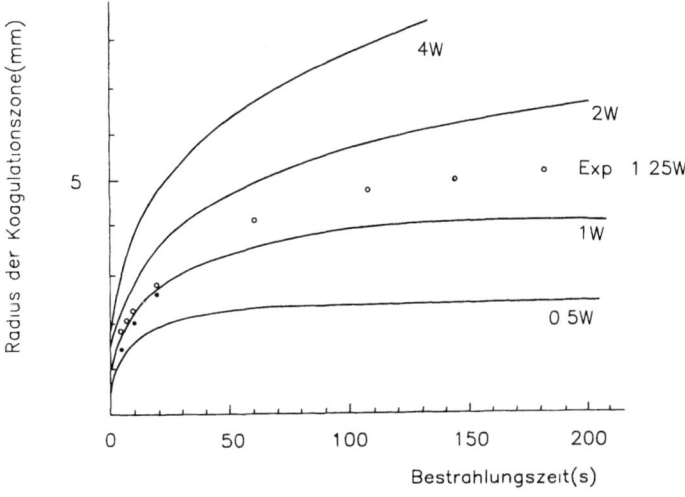

Bild 4.33. Größe von Koagulationszonen im Fall von Kugelsymmetrie bei Bestrahlung mit Lasern geringer optischer Eindringtiefe. Durchgezogene Kurven sind Rechnungen. o Leber in vitro, • Muskel in vitro, Ar^+-Laser (fokussiert), 1,25 W

Ar^+-Laser zeigt sich, daß schon Leistungen von 1 W Koagulationszonen im mm-Bereich erzeugen können. Derartige Läsionen finden beispielsweise Anwendung im HNO-Bereich.

4.4.3 Schneiden von Gewebe

Für das Schneiden von Gewebe ist besonders Laserstrahlung mit geringer Eindringtiefe geeignet. Hohe Oberflächentemperaturen werden schnell erreicht, so daß das Gewebe verdampft. Im Fall vernachlässigbarer Wärmeleitung läßt sich die Energie W zum Verdampfen des Volumens V näherungsweise abschätzen:

$$W = P\,t = L\,\rho\,V, \quad (4.23)$$

wobei L die Verdampfungswärme und ρ die Dichte des Gewebes anzeigt. Ersetzt man versuchsweise L und ρ durch die Werte für Wasser aus Tabelle 4.4, so erhält man folgende Aussage: zum Verdampfen von V = 1 mm³ Gewebe sind W = 2,3 J erforderlich. Für den Einsatz der Strahlung des CO_2-Lasers ist die beschriebene Näherung nicht schlecht: im Experiment werden zum Abtragen von 1 mm³ Gewebe 4 bis 5 J benötigt.

Mit Hilfe der Gleichung 4.23 können die Bedingungen für das Schneiden von Gewebe abgeschätzt werden. Man erhält für die Tiefe des Schnitts:

$$T = P/(L\,\rho\,d\,x/t). \quad (4.24)$$

Dabei ist d der Stahldurchmesser, und x/t bedeutet die Schnittgeschwindigkeit. Bemerkenswert ist, daß die Schnittiefe mit abnehmendem Strahldurchmesser d linear ansteigt. Dagegen hängt die Tiefe T beim Bohren quadratisch von d ab:

$$T = 4\,P\,t\,/(L\,\rho\,d^2). \quad (4.25)$$

Messungen der Schnittiefe für die Strahlung des CO_2-Lasers stellt Bild 4.34a zusammen /4.59/. Die Meßpunkte stimmen gut mit den gezeichneten Geraden überein, die nach Gleichung 4.24 berechnet wurden. Bild 4.34b zeigt die Dicke der Koagulationszone. Diese Zone ist für die Blutlosigkeit und das aseptische Verschließen beim Schneiden verantwortlich.

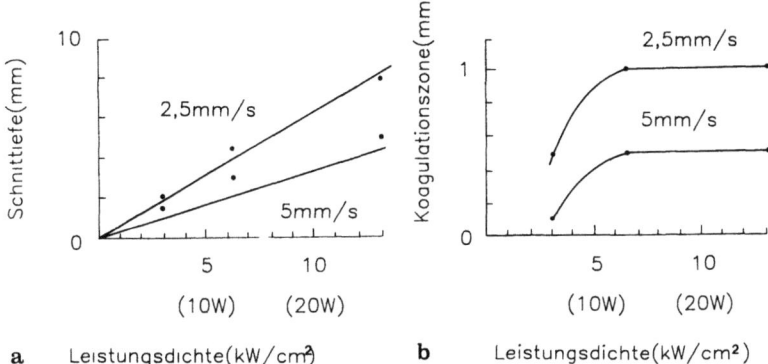

Bild 4.34. a) Schneiden von Muskel (Schwein) mit dem CO_2-Laser (Fleckgröße 0,2 mm^2). Parameter: Schnittgeschwindigkeit
b) Tiefe der Koagulationszone am Schnittrand /4.59/

Wesentlich ungünstigere Bedingungen findet man beim Schneiden mit Strahlung von großer Eindringtiefe. Bild 4.35a führt als Beispiel die Schnittiefe bei der Verwendung des Nd:YAG-Lasers vor. Sie liegt über eine Größenordnung niedriger als beim CO_2-Laser. Dagegen steigt die Dicke der Nekrosezone am Schnittrand stark an (Bild 4.35b). Durch die intensive Streuung der Strahlung ins Gewebe wird die Laserenergie auf ein großes Volumen verteilt. Ein Vergleich der

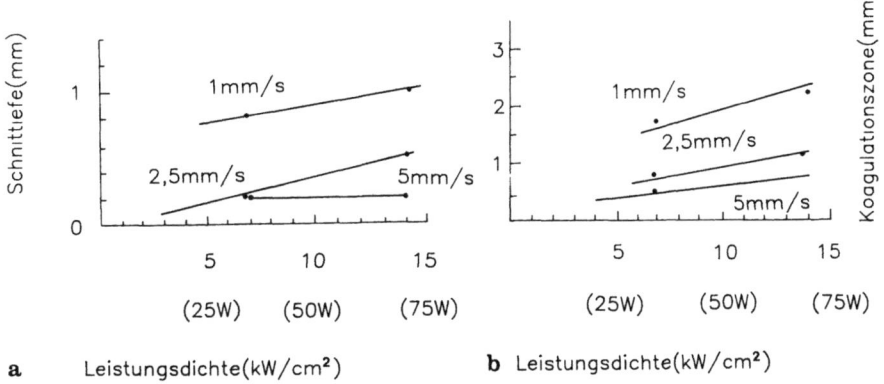

Bild 4.35. a) Schneiden von Leber (Schwein) mit dem Nd:YAG-Laser (Fleckgröße 0,5 mm^2)
b) Tiefe der Koagulationszone am Schnittrand

Messungen mit Gleichung 4.24 verdeutlicht, daß nur etwa 5% der Strahlenergie für das Verdampfen eingesetzt werden. Der Rest geht durch Wärmeleitung in das umgebende Gewebe verloren. Aus diesem Grunde wird der Nd:YAG selten zum Schneiden, sondern vor allem zum Koagulieren eingesetzt. Schneideversuche mit dem Ar^+-Laser /4.64/ ergeben, daß auch hier hohe Verluste durch Wärmeleitung auftreten. Die Schnittgeschwindigkeiten liegen etwa um den Faktor 5 bis 10 niedriger als beim CO_2-Laser. Es sei erwähnt, daß in der Praxis eine erhebliche Variation der Schnittiefen auftritt. Dies liegt zum einen an der Variation der biologischen Daten, zum anderen ergeben sich Abweichungen durch die Schnittführung.

In der Regel arbeiten chirurgische Laser im Dauerstrich-Betrieb. Der CO_2-Laser verfügt jedoch über die Möglichkeit, Superpulse zu erzeugen, wobei die Pulsleistung etwa 5 bis 10 mal höher liegt als im Dauerstrich-Betrieb. Theoretisch kann im Pulsbetrieb die Wärmeleitung in das umgebende Gewebe beim Schneiden reduziert werden. Untersuchungen weisen jedoch nach, daß der Effekt bei gleicher mittlerer Leistung gering ist und innerhalb der Fehlerbreite liegt /4.59/.

4.5 Photoablation von Gewebe

Neben der Photokoagulation, der Photodisruption und der photochemischen Wirkung stellt die Photoablation eine weitere Wechselwirkung von Laserlicht und Gewebe dar. Gekennzeichnet ist diese Methode dadurch, daß kurze Hochleistungspulse das bestrahlte Gewebe in den gasförmigen oder plasmatischen Zustand überführen und dieses Gas entweichen kann. Die verwendete Leistungsdichte ist dabei weit von der Schwelle des optischen Durchbruchs entfernt. Obwohl die Ablationsdicke, d.h. die abgetragene Gewebeschicht, nur im Submikro- oder Mikrometerbereich liegt, kann durch Pulsfrequenzen von 10 bis 50 Hz eine Schnittgeschwindigkeit von 10 bis 100 µm/s erreicht werden. Das Qualitätsmerkmal der so erzeugten Schnitte besteht in einer vernachlässigbaren thermischen Belastung des angrenzenden Gewebes.

Dieses Verfahren, auch 'ablative Photodekomposition' oder 'Photoablation' genannt, wird in der industriellen Fertigung von Wavern für die Herstellung von integrierten Schaltkreisen verwendet. Dabei müssen u.a. reproduzierbare Leiterbahnen der Breite 100 nm graviert werden, was mit einem Excimerlaser der Wellenlänge 193 nm realisiert wird /4.65/. Die erste Anwendung der Photoablation in der Medizin fand 1983 in der Augenheilkunde statt /4.66/. Mittlerweile wurde, außer mit Excimerlasern im Ultravioletten, auch Photoablation mit Lasern durchgeführt, die im mittleren Infrarot bei einer Wellenlänge von 3 µm emittieren /4.67, 4.68/. Ursprünglich nahm man an, der Prozeß der Photoablation sei an die hochenergetischen Photonen des UV-Lichtes gekoppelt und diese spalteten auf molekularer Ebene chemische Bindungen. Nach der Entdeckung, daß Photoablation auch mit infrarotem Licht durchführbar ist, hat sich diese Auffassung etwas gewandelt. Die Nutzungsmöglichkeiten der Photoablation haben sich von der Augenheilkunde auch auf die Gefäßchirurgie (Angioplastie) ausgedehnt. Weitere Anwendungen sind in der allgemeinen Mikrochirurgie zu erwarten.

4.5.1 Mechanismen der Photoablation

Bei der Photoablation soll die an die Exzision angrenzende Gewebeschicht minimal thermisch belastet werden. Andererseits soll das abladierte Gewebe als Gas ausgestoßen werden, d.h. im Exzisat müssen Temperaturen von weit über 100°C entstehen. Ein solcher adiabatischer Übergang läßt sich so beschreiben, daß das absorbierende Gewebe abgetragen wird, bevor es Wärme an die Umgebung abgeben kann. Diese Bedingung ist nur mit kurzen Laserpulsen erfüllbar. Nach den Gleichungen 4.18 und 4.26 errechnet sich die maximale Pulsdauer, für die Wärmeleitung vernachlässigt werden kann, durch die optische Eindringtiefe und die thermische Diffusionskonstante a $\approx 1,5 \cdot 10^{-7}$ m^2/s (Tabelle 4.10) /4.67/ :

$$\tau = \delta^2 / 4a . \qquad (4.26)$$

Die aus spektroskopischen Untersuchungen bekannten Eindringtiefen lassen also eine Abschätzung der maximalen Pulsdauern zu, für die eine Wärmediffusion aus dem bestrahlten Volumen heraus noch zu vernachlässigen ist. In Tabelle 4.10 sind diese maximalen Pulsdauern für verschiedene Lasertypen aufgeführt.

Prinzipiell kann Photoablation einerseits von Lasern bewerkstelligt werden, deren Eindringtiefe gering ist und die dafür wenig Energie pro Impuls erzeugen müssen (Beispiele: Excimer-, Er:YAG-, HF-, ramanverschobener Nd:YAG-Laser). Andererseits können auch Laser, deren Licht eine höhere Eindringtiefe hat, dann Gewebe photoabladieren, wenn ihre Energie entsprechend groß ist. In diesem Fall jedoch werden auch große Gewebestücke abgetragen, und es entstehen Probleme wie Rückstoß mit mechanischen Schäden und Ungenauigkeit

Tabelle 4.10. Physikalische Parameter von Gewebe und Wasser für die Strahlung verschiedener Laser: Absorptionskoeffizient Σ_a der Strahlung in Wasser und Gewebe (in 1/cm), Eindringtiefe ($\delta = 1/\Sigma_a$) in Gewebe (in mm), maximale Bestrahlungszeit T für 'nicht-thermische' Wirkung (Werte im s-Bereich haben keine praktische Bedeutung)

Wellenlänge (μm)	Lasertyp	Wasser Σ_a (1/cm)	Gewebe Σ_a (1/cm)	Gewebe δ (μm)	Gewebe T (s)
10,6	CO_2	950	600	17	0,0005
2,94	Er:YAG	4500	2700	4	0,00002
2,7	HF	1700	1000	10	0,0002
2,06	Ho	70	35	286	0,14
1,73	Er:YLF	25	15	667	0,78
1,32	Er:YAG	1,2	8	1250	1,7
1,06	Nd:YAG	0,1	4	2500	10,9
0,694	Rubin	0,0	5	2000	7,0
0,633	He-Ne	0,0	4	2500	10,9
0,532	2xNd	0,0	12	833	1,2
0,514	Argon	0,0	14	714	0,89
0,488	Argon	0,0	20	500	0,44
0,351	XeF	0,0	40	250	0,11
0,308	XeCl	0,1	50	200	0,07
0,248	KrF	1	200	47	0,004
0,193	ArF	300	2700	4	0,00002

der Exzision. Gerade in der Präzision der Laserexzisionen aber soll das "Lichtskalpell" der mechanischen Zerschneidung überlegen sein. Deswegen wird für medizinische Anwendungen zwangsläufig der Wellenlängenbereich interessant sein, in dem die Eindringtiefe relativ gering ist, d.h. fernes Ultraviolett oder mittleres und fernes Infrarot.

Geringe Eindringtiefe bedeutet große Dichte absorbierender Moleküle, und damit stellt sich die Frage, welche Substanzen jeweils die UV- und Infrarotstrahlung absorbieren. Reines Wasser zeigt im Ultravioletten eine nennenswerte Absorption für Wellenlängen erst unter 180 nm (Bild 4.14 und 4.15). Organische Gewebebestandteile, wie z.B. Kollagen, andere Proteine oder Glykosaminoglykane, zeigen jedoch eine ansteigende Absorption im Wellenlängenbereich zwischen 200 und 250 nm, so daß wir diese Substanzen als die absorbierenden Chromophoren für Laserstrahlung dieser Wellenlänge betrachten können. Im mittleren und fernen Infrarot findet man Absorptionsmaxima des Wassers insbesondere um 3 µm, d.h. im Emissionsbereich von HF-Lasern und Erbium:YAG-Lasern. Während im Ultravioletten ein Einphotonen-Prozeß für die Ablation denkbar ist, müssen im Infraroten Multiphotonen-Prozesse angenommen werden. Eine genaue Analyse der Wechselwirkungsprozesse fehlt jedoch noch.

Die Abhängigkeit der Ablationsrate von der Energiedichte F des Laserlichtes zeigt für die Photoablation einen typischen Verlauf. Unterhalb einer Ablationsschwelle F_s, die von Gewebetyp und Wellenlänge abhängt, findet eine Konversion von elektromagnetischer Strahlung hauptsächlich in Wärme statt. Für Energiedichten über dieser Schwelle vollzieht sich ein logarithmisch-linearer Anstieg der Ablationsdicke, der in ein Plateau mündet (Bild 4.36).

Sowohl im Ultravioletten als auch im mittleren Infrarot ergibt sich für überschwellige Intensitäten eine halblogarithmische Gerade, welche die Gültigkeit des Lambert-Beerschen-Gesetzes ausweist. Der Verlauf der Energiedichte F (J/cm^2) im Gewebe ist:

$$F(x) = F_o \exp(-\Sigma_a x) , \qquad (4.27)$$

wobei $\delta = 1/\Sigma_a$ die Eindringtiefe angibt.

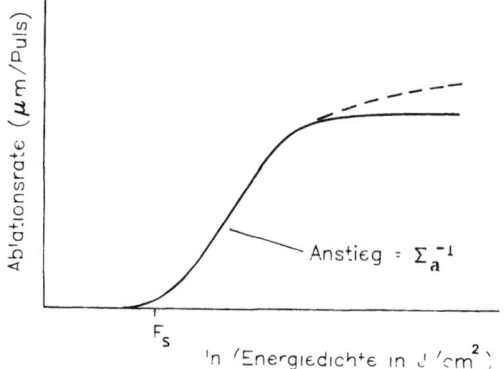

Bild 4.36. Typischer Verlauf der Ablationsrate x in Abhängigkeit von der Energiedichte E eines Pulses. Die Ablationsrate ist die pro Puls abgetragene Schichtdicke.

Bei Bestrahlung mit einem Laserpuls findet Ablation bis zu der Schichtdicke x_s statt, bei der $F(x_s) = F_s$ gilt, das heißt die abnehmende Energiedichte ist immer noch größer oder gleich dem Schwellenwert F_s :

$$F_s = F_o \exp(-\Sigma_a x_s) . \qquad (4.28)$$

Damit gilt für x_s:

$$x_s = \Sigma_a^{-1} \ln F_o / F_s , \qquad (4.29)$$

womit sich die halblogarithmische Gerade erklärt. Darüberhinaus kann die aktuelle Eindringtiefe $\delta = \Sigma_a^{-1}$ aus den Meßwerten mit Hilfe der Geradensteigung bestimmt werden. Diese Eindringtiefe ist manchmal geringer als die aus Absorptionsmessungen gewonnene, was darauf hindeutet, daß während der Photoablation die Absorption zunimmt: das vom ersten Teil des Laserpulses bestrahlte Gewebe wird für den Rest des Pulses undurchsichtig.

Der Zusammenhang zwischen der Energie pro Volumen E und der Energie pro Flächeneinheit F lautet $E = \Sigma_a F = F/\delta$. Damit gilt der Schwellenwert für Photoablation:

$$F_s = E_s / \Sigma_a . \qquad (4.30)$$

Angenommen werden kann, daß die kritische Energie pro Volumen E_s konstant ist. Damit verhalten sich F_s und Σ_a umgekehrt proportional zueinander. Die Messungen an stark wasserhaltigem Gewebe im infraroten Bereich /4.97/ (Bild 4.37) bestätigen diesen Trend.

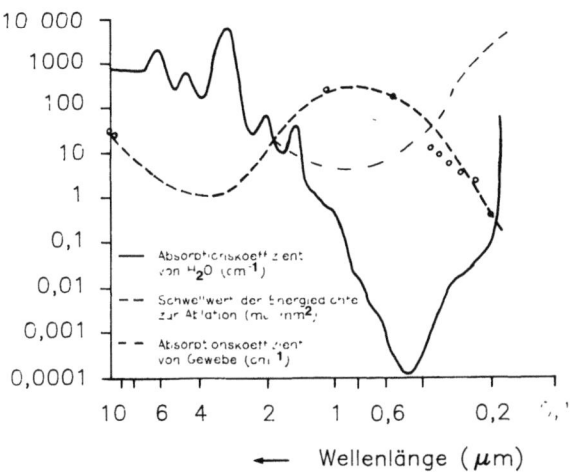

Bild 4.37. Schwellenergie F_s (in mJ/mm²) bei Photoablation an der Aorta in Abhängigkeit von der Wellenlänge, (-----) Absorptionskoeffizient von Wasser (——), Absorptionskoeffizient von Gewebe (—·—·—) (Quelle: Lasermedizinentrum Berlin /4.97/)

Obwohl sie gering ist, bedarf die thermische Belastung des angrenzenden Gewebes einer zusätzlichen Betrachtung. Der Temperaturanstieg um eine Laserexzision herum hängt linear mit der Repetitionsrate des Lasers zusammen. In Abhängigkeit von der Energiedichte nimmt die Temperaturerhöhung bis zur Ablationsschwelle linear zu, um dann in einen nahezu konstanten Wert zu münden. Soll nun die Temperatur im angrenzenden Gewebe einen bestimmten Wert nicht überschreiten, hat dies obere Grenzwerte für Energiedichte und/oder Repetitionsrate zur Folge. So läßt sich am Beispiel der Cornea, die mit 193-nm-Laserlicht exzidiert wird, bei einer üblichen Energiedichte von 200 mJ/cm² eine obere Grenze für die Repetitionsfrequenz von 82 Hz angeben. Diese Grenze gewährleistet, daß im Abstand von 5 µm vom Exzisionsrand das Gewebe nicht über 44 °C erwärmt wird /4.69/.

4.5.2 Verhalten einzelner Lasertypen

Die Auswahl eines Lasertyps zum Zwecke der Photoablation von Gewebe hängt von mehreren Faktoren ab:

- 1. Absorptionsspektrum des zu abladierenden Gewebes
- 2. verfügbare Energiedichte des Lasers
- 3. Pulsdauer des Lasers
- 4. Applikationsmode (Fiber, Spiegelarm)
- 5. Mutagenität und Zytotoxizität der Strahlung.

CO_2 - Laser

Chronologisch betrachtet ist der älteste Lasertyp, der zur Photoablation benutzt wurde, der gepulste CO_2-Laser. Wie aus Tabelle 4.10 zu entnehmen ist, wird die Wärmeleitung in das umliegende Gewebe erst bei Pulslängen unterhalb von 0,5 ms gering. Selbst dann muß mit thermischen Nekrosezonen gerechnet werden, die in der Größenordnung der Eindringtiefe ($\approx$ 20 µm) liegen. Tatsächlich zeigen Schnitte, die mit TEA-CO_2-Lasern erzeugt wurden, im elektronenmikroskopischen Bild unregelmäßige und zerrissene Ränder. Auch ist eine deutliche Denaturierung und Koagulation zu erkennen, die bis zu 50 µm in das anliegende Gewebe hineinreicht. Die Ablationsschwelle liegt bei etwa 500 mJ/cm^2. Die Präzision der Schnitte mit dem CO_2-Laser ist wesentlich schlechter als bei der Verwendung von Excimerlasern oder mittleren Infrarotlasern, jedoch erfolgt an den Schnitträndern ein Verschluß von kleinen Gefäßen, so daß, im Gegensatz zu den vorgenannten Lasern, eine Einblutung in den Schnitt verhindert wird. Der CO_2-Laser wird also dort Verwendung finden, wo feine Schnitte durchgeführt werden müssen und gleichzeitig eine, wenn auch schwache Blutstillung notwendig ist. Die Strahlung des CO_2-Lasers wird über Spiegelarme appliziert. In letzter Zeit sind jedoch auch Lichtleiter in den Handel gekommen, mit denen der Strahl ebenfalls geführt werden kann. Über das Auftreten einer Mutagenität bzw. Zytotoxizität der 10,6-µm-Strahlung ist bisher nicht berichtet worden.

3-µm-Laser

Die beiden medizinisch einsetzbaren Laser, die im Wellenlängenbereich um 3 µm emittieren, sind vom Aufbau her völlig verschieden. Während der Er:YAG-Laser ein typischer Festkörperlaser ist, der sich vom Nd:YAG-Laser nur durch andere Dotierungen und unterschiedliche Spiegel abhebt, ist der HF-Laser ein chemischer Laser. Wesentliche Unterschiede finden sich bei beiden gepulsten Lasern bezüglich ihrer Pulslänge. Beim Er:YAG-Laser liegt die Pulslänge im gütegeschalteten Betrieb (mechanisch) bei 200 ns, während sie bei Normalpulsen etwa 200 µs beträgt, überlagert von ps-Spikes. Da wir wissen, daß der Prozeß der Photoablation bereits nach wenigen ns erfolgt und danach eine Gas- bzw. Plasmawolke über der Exzision schwebt, wird der Rest des langen Laserpulses nur zur Aufheizung des Gases verwendet. Es ist deswegen auch nicht verwunderlich, daß bei Schnitten mit dem Er:YAG-Laser ohne Güteschaltung momentan noch sehr große Nekrosezonen (bis zu 20 µm) um die Exzision herum entstehen. Gütegeschaltete Er:YAG-Laser liefern Pulsdauern um 100 ns. Der gepulste HF-Laser, im Monomode betrieben, hat eine Pulslänge von ca. 50 ns; es sind Pulsenergien bis zu 100 mJ möglich. Der HF-Laser eignet sich daher zur Photoablation sehr viel besser. Schnitte in wasserreichem Gewebe, wie z.B. der Cornea, zeigen einen unregelmäßigen Rand, jedoch nur eine kleine Nekrosezone von 2 bis 5 µm. Es ist bis heute noch nicht klar, ob diese Nekrosezone tatsächlich durch den Photoablationsprozeß entsteht oder ob nicht durch inadäquate Optiken oder optische Beugung an Masken das angrenzende Gewebe mit niedrigerer Leistung mitbestrahlt wird.

Eine andere Alternative, der ramangeshiftete Nd:YAG-Laser, hat zwar den Vorteil einer Pulslänge von unter 10 ns, jedoch erweist es sich als nachteilig, daß die bisher erzielten Energien in der zweiten Stokes-Linie bei 2,84 m leider nur in der Größenordnung von 10 mJ (bei einer Nd:YAG-Leistung von über 500 mJ) liegen und außerdem der Strahl selber optisch äußerst instabil ist. Deshalb ist dieser Laser für optische Zwecke zur Zeit noch nicht geeignet.

Beide Laser können über Lichtleiter appliziert werden. Gegenwärtig sind in diesem Wellenlängenbereich kommerzielle Fasern mit genügender Transmission aus Zirkonfluorid erhältlich. Diese Fasern besitzen die unangenehme Eigenschaft, daß sie sehr spröde sind und daher leicht, insbesondere am Ausgang, brechen. Über Mutagenität und Zytotoxizität liegen keine Daten vor. Bei infraroter Strahlung ist beides nicht zu erwarten; möglicherweise erzeugt jedoch das Plasmaleuchten mutagene Strahlung.

Excimerlaser

Excimerlaser haben für die Photoablation im medizinischen Bereich die größte Bedeutung. Von den benutzbaren Wellenlängen kommt neben der 193-nm-Strahlung noch die 308-nm-Wellenlänge in Betracht. Die 248-nm-Strahlung scheidet wegen ihrer hohen Mutagenität aus. Die Pulslängen liegen zwischen 10 und 20 ns, die verfügbaren Energien variieren von 100 mJ bis 1 J pro Puls. Während die 308-nm-Strahlung über Quarzfasern appliziert werden kann, muß die 193-nm-Wellenlänge in einem Spiegelarm weitergeleitet werden. Dabei ist darauf zu achten, daß die obere Grenze der Belastbarkeit von Spiegeln zur Zeit bei 1 J/cm^2 liegt und außerdem keine 'hot-spots' im Laserstrahl auftreten dürfen. Um diese Schwierigkeiten zu umgehen, wird häufig an 90^0-Prismen oder im aufgeweiteten Strahl umgelenkt. Die Energiedichte beim Austritt aus der Faser liegt beim 308-nm-Strahl zwischen 2 und 10 J/cm^2, während medizinisch einsetzbare 193-nm-Excimerlaser am Exzisionsort bisher nur eine Energiedichte von bis zu 500 mJ/cm^2 liefern.

In der Diskussion ist die Mutagenität der 193-nm-Strahlung. An Hefezellenmodellen wurden eindeutig DNS-Schäden nachgewiesen /4.70/, jedoch konnte bei Hornhautepithelzellen keine spontane DNS-Synthese festgestellt werden /4.71/. Aufgrund der geringen Eindringtiefe dieser Strahlung ist mit einer direkten Mutagenität auch nicht zu rechnen. Bei der Photoablation mit dem Excimerlaser zeigt sich jedoch ein bläuliches Aufleuchten des Gewebes, was darauf hindeutet, daß eine Sekundärstrahlung entsteht, die zwangsläufig den Wellenlängenbereich der DNS-Absorption überstreicht und außerdem eine größere Eindringtiefe in das Gewebe hat. An Hefezellplatten konnte nachgewiesen werden, daß die so entstandenen zytotoxischen oder mutagenen Wirkungen mindestens einen halben cm in das angrenzende Gewebe hineinreichen. Mutagenitätsuntersuchungen an Bakterien zeigten, daß das Risiko der 193-nm-Strahlung 3 bis 4 Größenordnungen niedriger liegt als das der 248-nm-Strahlung. Von der FDA der USA ist 1988 die Erlaubnis für erste klinische Studien mit 193-nm-Strahlung erteilt worden.

4.6 Photodisruption

In diesem Abschnitt werden optisch-mechanische Effekte, die aus dem laser-induzierten Durchbruch resultieren, beschrieben. Im Hinblick auf die Anwendungen wird insbesondere auf die Lithotripsie eingegangen. Lasereffekte in der Ophtalmologie werden unter besonderer Berücksichtigung der Photodisruption in Abschnitt 4.9 behandelt.

4.6.1 Laserinduzierter Durchbruch

Bei hohen Leistungsdichten treten nichtlineare Effekte auf, wie beispielsweise der elektrische Durchbruch in Gasen und Flüssigkeiten. Dieses Phänomen hängt mit der hohen elektrischen Feldstärke E zusammen, die bei fokussierter Laserstrahlung der Leistungsdichte I vorkommen kann:

$$E = (2\ I/c\varepsilon_o)^{1/2}. \tag{4.31}$$

Dabei sind $c = 3\ 10^8$ m/s (Lichtgeschwindigkeit) und $\varepsilon_o = 8{,}85\ 10^{-12}$ As/Vm (elektrische Feldkonstante). Bei ns-Pulsen im Q-switch-Betrieb treten im Fokus Leistungsdichten von 10^{10} W/cm^2 auf, was nach Gleichung 4.31 zu Feldstärken von 10^6 V/cm führt. Diese hohe Feldstärke ist in der Größenordnung vergleichbar mit der Feldstärke inneratomarer Felder, so daß Atome durch Laserpulse ionisiert werden können. Es entsteht ein Plasma, in dem Elektronendichte und Temperatur lawinenartig anwachsen /4.98/. Das heiße Plasma expandiert mit Überschallgeschwindigkeit in das ungestörte Medium und verursacht dabei eine Stoßwelle. Makroskopisch sieht man im Fokus der Laserstrahlung in der Luft oder einer biologischen Flüssigkeit einen Funken, und man hört einen Knall.

Die Mechanismen für diesen Durchbruch sind etwas unterschiedlich für Q-switch-Pulse (ns) und Pulse mit Modenkopplung (ps). Die Schwelle für einen Puls von 10 ns liegt in Luft bei 10^{11} W/cm^2; sie steigt auf 10^{14} W/cm^2 bei 25 ps. In biologischen Flüssigkeiten, z.B. Wasser, liegen die Werte um den Faktor 100 niedriger. Errechnet man die Schwellen für die Energiedichten (= Leistungsdichte x Pulsdauer), erhält man in gleicher Größenordnung den Wert 10 J/cm^2.

Die medizinische Verwendung des Lasers in der Lithotripsie (Abschnitt 4.6.2) und der Ophtalmologie (Abschnitt 4.9) beruht auf der Wirkung der Schockwellen in Flüssigkeiten nach dem Durchbruch. In Bild 4.38 ist der zeitliche Verlauf in Wasser für den Q-switch-Puls eines Nd:YAG-Lasers schematisch dargestellt /4.99/. In der Anfangsphase des Laserpulses wird das Plasma produziert. Durch weitere Einstrahlung wird es bis zum Pulsende aufgeheizt. Eine Detonationswelle entsteht, die mit der Expansion des Plasmas verbunden ist. Nach Beendigung des Laserpulses breitet sie sich in Form einer Stoß- oder Druckwelle weiter aus. Durch die Abstrahlung der primä-

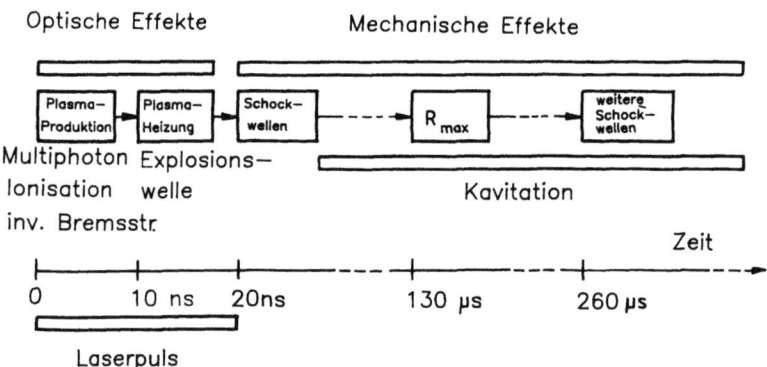

Bild 4.38. Zeitlicher Verlauf eines laserinduzierten Durchbruches. Es bildet sich durch Kavitation eine Blase mit maximalem Radius R_{max}. Die angegebenen Zeiten sind nur Richtwerte

ren Stoßwelle kühlt sich das Plasma ab, und es bildet sich ein gasgefüllter Hohlraum (Kavitation). Dieser erreicht einen maximalen Radius nach etwa 100 µs (Bild 4.49) /4.100/.

Die Stoßwelle ist durch einen schnellen Druckanstieg innerhalb des Laserpulses und einen Abfall von etwa 0,1 µs Halbwertsbreite gekennzeichnet. Der maximale Druck steigt mit der Wurzel der Pulsenergie an ($W^{1/2}$) (Bild 4.39, /4.101/). Bei Energien von 35 mJ entstehen Druckamplituden um 600 bar in 2 mm Entfernung. Ein einzelner Puls erzeugt im Brennbereich der Linse in der Praxis mehrere Mikroplasmen längs der optischen Achse. Die Überlagerung der einzelnen Druckwellen hat zur Folge, daß der Druck quer zur Strahlachse wesentlich höher sein kann /4.101/. Die mechanische Energie in der Druckwelle beträgt einige Prozent der Laserenergie, z.B. Laser: 35 mJ, Stoßwelle: 1 mJ.

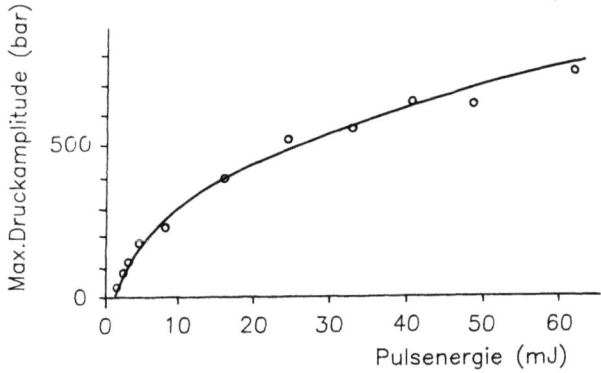

Bild 4.39. Maximale Druckamplitude laserinduzierter Stoßwellen in Wasser als Funktion der Pulsenergie (2 mm quer zur optischen Achse)

4.6.2 Stoßwellen zur Lithotripsie

Zur Anwendung der Lithotripsie wird die Strahlung eines Q-switch-Lasers mit einer Faser bis direkt vor den Stein geführt. In der Flüssigkeit entstehen ein Durchschlag und die beschriebene Stoßwelle. Für die Wirkung der Stoßwelle auf den Stein sind die Zeitdauer, die Druckamplitude und die mechanische Energie entscheidend. Sie bestimmen die Masse des abgetragenen Materials pro Laserpuls. Weiterhin ist für die Abtragungsrate die Zusammensetzung des Steines von Bedeutung, wobei auch Effekte der Materialermüdung durch vorhergehende Laserpulse auftreten.

Eine wichtige, bisher nicht erwähnte Größe der mechanischen Wirkung der Stoßwellen ist der Impedanzunterschied zwischen dem Stein und der umgebenden Flüssigkeit. Unter 'Impedanz' oder 'Wellenwiderstand Z' versteht man das Produkt aus Dichte ρ und Schallgeschwindigkeit c eines Mediums. Ist der Unterschied der Impedanz zwischen zwei Medien groß, so wird wenig mechanische Energie eingekoppelt und viel reflektiert. Der Verlust durch Reflexion ist gegeben durch:

$$I_r / I_t = [(Z - Z') / (Z + Z')]^2 , \qquad (4.32)$$

wobei I_r bzw. I_t die reflektierte bzw. hindurchgehende mechanische Intensität ist. Der Wellenwiderstand der Flüssigkeit ist $Z = \rho c$ und der des Steines $Z' = \rho' c'$. Für die Grenzfläche zwischen Wasser und Stein erechnet man: $I_r / I_t = 0{,}36$ und zwischen Luft und Stein: $I_r / I_t = 0{,}999$ /4.101/. Dies bedeutet, daß im ersten Fall 64% der mechanischen Energie in den Stein eingekoppelt werden, was zur Abtragung und Zerstörung des Steines führt. Dagegen würden bei einer Lithotripsie in einer Umgebung aus Luft weniger als 1% der mechanischen Energie der Stoßwelle für die Zertrümmerung zur Verfügung stehen. Damit wird klar, warum die Lithotripsie stets in einer Flüssigkeit durchgeführt wird. Zu erwähnen ist jedoch, daß die Gleichung 4.31 nur für akustische Wellen, nicht jedoch für den Überschallbereich gültig ist.

Versuche zeigen, daß laserinduzierte Stoßwellen Harnleiter- und Gallensteine in Bruchstücke von weniger als 1 mm Durchmesser zerlegen können. Für den Nd:YAG-Laser sind dafür beispielsweise folgende Strahlparameter ausreichend: Pulsenergie 35 mJ am Ausgang einer Faser von 0,6 mm Durchmesser, Pulsbreite 20 ns. Bei einer Pulsfrequenz von 50 bis 100 Hz dauert die Abtragung und Zerstörung eines Steines wenige Minuten.

Bei der Wirkung der Stoßwelle auf benachbartes Gewebe sind aufgrund der ähnlichen mechanischen Eigenschaften von Flüssigkeit und Gewebe keine gefährlichen Auswirkungen durch die Lithotripsie zu erwarten. Untersuchungen, bei denen der Laserpuls direkt auf die Oberfläche von Gewebe fokussiert wurde, zeigen einen Krater von 0,3 mm Durchmesser und Tiefe. Die benachbarten Zellen weisen Zerstörungen durch die Stoßwelle auf. Thermische Läsionen sind nicht erkennbar. Die relativ kleinen Läsionen heilen nach wenigen Tagen ab /4.101/.

4.7 Photosensibilisierung von Tumoren

Seit der Jahrhundertwende ist bekannt, daß sich gewisse Farbstoffe, die dem Körper zugeführt werden, bevorzugt in Tumoren anlagern. Diese Erfahrung hat erst im letzten Jahrzehnt zur sogenannten 'photodynamischen Therapie' (Photoradiotherapie) und zu Verfahren der 'Fluoreszenzdiagnose' geführt /4.72/. Seit der Erfindung des Lasers wird versucht, ihn in der photodynamischen Therapie einzusetzen. Gegenüber normalen Lichtquellen ergeben sich folgende Vorteile: hohe Energiedichte, Monochromasie und die Möglichkeit der Strahlführung durch dünne Lichtleitfasern.

4.7.1 Optische Eigenschaften von HpD

Bei der Behandlung von lokalisierten bösartigen Tumoren wird mit Hilfe der photodynamischen Therapie dem Patienten eine Substanz, Haematoporphyrin Derivat (HpD), intravenös injiziert. In den ersten Stunden verteilt sich HpD in allen Geweben, mit Ausnahme des Zentralen Nervensystems. Nach 1 bis 3 Tagen kommt es zu einer verstärkten HpD-Ausschleusung (Clearance) aus dem Normalgewebe der Organe. Im Tumorgewebe dagegen ist HpD noch nach 7 bis 10 Tagen und länger nachweisbar, je nach Ausgangskonzentration. Das prinzipielle Verhalten ist in Bild 4.40 skizziert, in dem die HpD-Konzentration im Normalgewebe der Kaninchenblase und in implantierten Brown-Pearce-Karzinomen in Abhängigkeit von der Zeit nach der Injektion verglichen wird /4.73/. Nach 3 Tagen ist die Konzentration in normalem Gewebe auf 1/30 der im Tumor vorhandenen abgesunken. Lediglich einzelne Organe, wie Leber, Niere, Milz, zeigen auch im Normalfall eine verlängerte Speicherung von HpD /4.74/. Möglicherweise sind die im Tumor erhöhte Gefäßpermeabilität für Serumproteine, das Fehlen eines intakten lymphatischen Systems und der erhöhte Stoffwechselumsatz Ursachen für die intrazelluläre Speicherung; Details des Speichermechanismus' sind noch nicht geklärt.

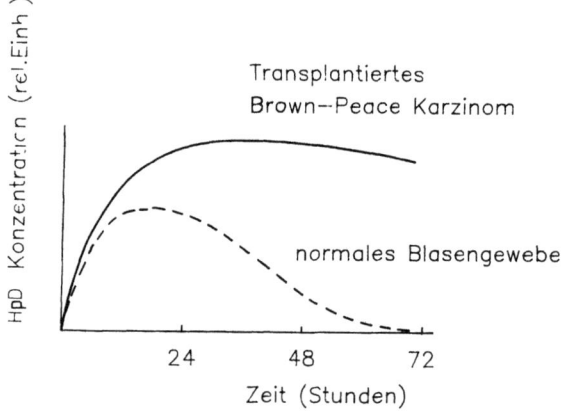

Bild 4.40. Pharmakokinetik von HpD. Konzentration von HpD in gesundem Blasengewebe und implantierten Karzinomen in Abhängigkeit von der Zeit nach der Injektion (Kaninchen)

Die Tatsache, daß HpD bevorzugt in Tumoren und Metastasen im Bereich der Haut, des Ösophagus', des Magens, des Bronchialsystems und der Blase gespeichert wird, dient als Basis für eine optische Tumordiagnose und -therapie. Bei der Photoradiotherapie, die man zur Vermeidung einer Verwechslung mit radioaktiven Verfahren auch 'Photosensibilisierung' nennt, wird der Tumor selektiv mit intensivem roten Licht bestrahlt. Dabei wird HpD photoaktiviert, und Reaktionsprodukte - möglicherweise angeregter Singulett-Sauerstoff - entstehen, die zum Zelltod führen. Die Fluoreszenzstrahlung von HpD kann zur vorhergehenden Tumor-Diagnose herangezogen werden.

Spektren von HpD

Zum Verständnis der Wirkungsweise dieser Bestrahlungstechnik ist in Bild 4.41 das Absorptions- und Fluoreszenzspektrum von HpD aufgezeigt /4.75, 4.76/. Zur Auslösung zytotoxischer Prozesse nach einer Photosensibilisierung ist das Absorptionsspektrum von Bedeutung. Für die Therapie wird eine relativ schwache Absorptionsbande bei 630 nm im roten Spektralbereich herangezogen. Bei dieser Wellenlänge liegt die Eindringtiefe von Licht im Gewebe bei einigen mm, so daß auch tiefer liegende Gewebsschichten erreicht werden können. Die genaue Eindringtiefe von 630-nm-Strahlung ist von großem klinischen Interesse. Daher wurden unterschiedliche Messungen aus verschiedenen Veröffentlichungen in Tabelle 4.11 zusammengestellt. Auführungen über die Transparenz der Haut bei dieser Wellenlänge sind an anderer Stelle dieses Buches zu entnehmen.

Größere Eindringtiefen in Gewebe sind bei langwelliger Strahlung zu erwarten. Im infraroten Spektralbereich um 800 nm wurde eine schwächere Absorption in HpD registriert. Bestrahlungsexperimente zeigen jedoch keinen Einfluß auf die Vitalität HpD-sensibilisierter Zellkulturen /4.77/. Mit kurzwelligem Licht können wegen der ge-

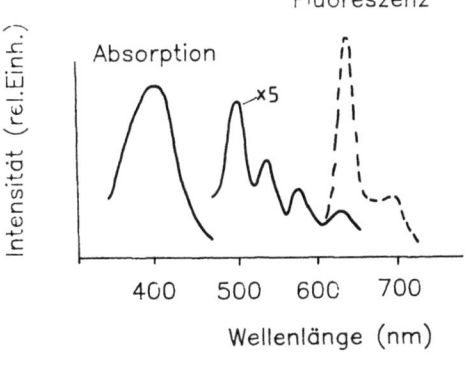

Bild 4.41. HpD-Lichtspektren für Absorption und Fluoreszenz (Anregung der Fluoreszenz bei 400 nm)

Tabelle 4.11. Zur photodynamischen Therapie: Experimentelle Ergebnisse des effektiven Absorptionskoeffizienten Σ_{eff}. (Die Eindringtiefe der Strahlung in das Gewebe beträgt $1/\Sigma_{eff}$.)

Gewebe			Σ_{eff} (mm)	Autoren	
in vitro:					
Muskel	Kuh		0,24	Marynissen et al.	(1984) /4.16/
			0,56	Doiron et al.	(1983) /4.26/
			0,69	Preuss et al.	(1982) /4.28/
	Huhn		0,17	Marynissen, Star	(1984)
	Kaninchen		0,11-0,15	Doiron et al.	(1983)
			0,27-0,35	Wilson et al.	(1985) /4.32/
Gehirn	Erwachsener		0,7-1,25	Svaasand et al.	(1983) /4.33/
				Svaasand	(1984) /4.34/
	Neugeborener		0,25-0,33	Svaasand et al.	(1983)
				Svaasand	(1984)
	Tumor		0,38-0,83	Svaasand et al.	(1985) /4.35/
	Kuh		0,25	Doiron et al.	(1983)
	Katze		0,53-0,89	Doiron et al.	(1983)
	Schwein		0,44-0,56	Wilson et al.	(1985)
Leber	Mensch		1,1	Eichler et al.	(1977) /4.24/
	Kuh		0,81	Preuss et al.	(1982)
	Schwein		1,3	Doiron et al.	(1983)
	Kaninchen		1,25	Wilson et al.	(1985)
Niere	Mensch		0,4	Eichler et al.	(1977)
	Kuh		0,79	Preuss et al.	(1982)
	Schwein		0,48	Doiron et al.	(1983)
Lunge	Mensch		1,1	Doiron et al.	(1983)
Fett	Kuh		0,34	Preuss et al.	(1982)
in vivo:					
Muskel	Kaninchen		0,26-0,48	Wilson et al.	(1985)
			0,16-0,23	Doiron et al.	(1983)
Gehirn	Mensch		0,22-0,37	Wilson et al.	(1986) /4.6/
	Schwein		0,37-0,45	Wilson et al.	(1985)
	Katze		0,5-0,98	Doiron et al.	(1983)
Leber	Kaninchen		0,9-2,5	Wilson et al.	(1985)

ringen Eindringtiefe nur oberflächliche Gewebestrukturen behandelt werden, so daß dieser Spektralbereich für die Tumortherapie nicht sehr relevant ist.

Aus physikalischen Überlegungen zur Lichtausbreitung in Gewebe folgt, daß die photodynamische Therapie für solide große Tumore wegen der limitierten Tiefenwirkung wenig geeignet ist. Dagegen können multilokale Tumorherde, wie auch das für hohe Rezidivraten mitverantwortliche Carcinoma in situ, erfolgreich bestrahlt werden.

Die Fluoreszenzstrahlung von HpD wird zur Diagnose von Tumoren genutzt. Die Fluoreszenz wird besonders effektiv durch Einstrahlung von Licht im violetten Spektralbereich um 400 nm angeregt, wo sich nach Bild 4.41 ein starkes Absorptionsmaximum befindet (Soret-Bande). Das Bild weist eine starke Fluoreszenzemission im roten Bereich um 630 und 690 nm auf. Die meisten Gewebe erzeugen bereits ohne HpD eine unterschiedlich starke Autofluoreszenz, welche die Fluoreszenz der HpD überdecken kann. Zur Eliminierung dieses natürlichen Untergrundes sind besondere technische Maßnahmen erforderlich.

Wirkungsweise

Das klinisch verwendete HpD wird als metallfreie Substanz aus dem Hämoglobin des Rinderblutes gewonnen. Es ist auch bei einer weit höheren als der therapieüblichen Dosierung von 2,5 bis 5 mg/kg Körpergewicht nicht toxisch. Die 50%ige Letaldosis für Mäuse liegt bei ca. 200 mg/kg /4.78/. In der Nebenwirkung führt die Substanz zu einer sehr starken Lichtüberempfindlichkeit der Haut, die nach wenigen Wochen abklingt. Als Schutzmaßnahmen reichen Kleidung und Schutzcremes nicht aus, die Patienten müssen einige Zeit im Dunkeln leben. Diese unangenehme Begleiterscheinung schränkt eine Verwendbarkeit zur Diagnose, z.B. bei der Vorsorgeuntersuchung und Früherkennung, deutlich ein. Die bei der HpD-Therapie auftretenden Prozesse sind bisher noch nicht im Detail geklärt. Als gesichert gilt, daß ein über HpD geführter Oxigenierungsprozeß vorliegt. Neben dem angeregten Singulett-Sauerstoff entstehen möglicherweise auch

Peroxid oder Hydroxyl-Radikale (O_2^-, OH^-), die mit den Biomolekülen der Zelle reagieren und den Metabolismus und das Zellwandgefüge stören. Dies führt zur Zytolyse bzw. zum Tod der HpD-haltigen Zellen /4.79/. Der Effekt wird verstärkt, wenn vor der Bestrahlung eine Temperaturerhöhung im Gewebe durch Verfahren der Hyperthermie erzeugt wird /4.80/.

Es wäre wünschenswert, Substanzen zur Phototherapie zu entwickeln, die bei längeren Lichtwellenlängen im Infraroten reagieren. In diesem Bereich ist die Eindringtiefe der Strahlung im Gewebe etwas größer, so daß größere Tumore behandelt werden können. Gegenwärtig werden mit HpD bei einer Wellenlänge von 630 nm Tumore bis zu einer effektiven Tiefe von 3 bis 15 mm behandelt. Weiterhin wäre eine selektivere Konzentration des Farbstoffs in Tumorzellen wünschenswert. Andere Substanzen erweisen sich als weniger effektiv, sind jedoch mit einer stärkeren Lichtempfindlichkeit der Haut verbunden, wie z.B. DHE (Photofrin II).

4.7.2 Einsatz verschiedener Laser

Da der therapeutische Wellenlängenbereich wegen der erwünschten Penetration ins Gewebe etwa bei 630 nm liegen muß, kommen nur spezielle Lichtquellen für die Phototherapie in Frage. Bei offen zugänglichen Tumoren der Haut oder im Operationsfeld können Metalldampf- und Edelgasionenlaser sowie Hochdrucklampen und Metallfadenlampen eingesetzt werden, z.B. Na-Hochdrucklampen, Xe-Bogenlampen, Wo-Fadenlampen und Quarz-Halogenlampen /4.72/. Durch Rotfilter wird der Wellenlängenbereich eingeengt, so daß auch die Wärmestrahlung zurückgehalten wird. Die typische Leistungsdichte mißt etwa zwischen 4 und 14 mW/cm^2. Sonnenlicht, bei dem die maximale Leistungsdichte zwischen 620 bis 640 nm um 2,5 mW/cm^2 liegt, wird selten verwendet. Durch Fokussierung könnten jedoch auch leicht höhere Leistungsdichten hervorgebracht werden. (Hier liegt möglicherweise eine preiswerte Lösung für sonnenreiche Entwicklungsländer.)

Sobald endoskopische Bestrahlungen in Körperhöhlen, z.B. in der Blase oder Lunge, notwendig sind, müssen Laser eingesetzt werden. Von der Wellenlänge (632,8 nm) her wäre der He-Ne-Laser gut für die Therapie geeignet. Allerdings sind seine Leistungen bei wirtschaftlich und technisch vernünftigen Lösungen auf 25 mW begrenzt, so daß eine Verwendung nur in Sonderfällen in Frage kommt. Bisher wurden hauptsächlich mit Argonionenlasern gepumpte Farbstofflaser eingesetzt. Es können auch andere Pumplaser (Cu-Laser, Nd:YAG) oder Blitzlampen benutzt werden. Die Ionenlaser strahlen im Blau-Grünen mit 5 bis 20 W Leistung mit mehreren Wellenlängen. Der Farbstofflaser wird mit DCM, Rhodamin oder Kitonrot betrieben. Üblicherweise wird bei der Umwandlung der Strahlung des Argonlasers in die des Farbstofflasers ein Wirkungsgrad von etwa 20% erzielt, so daß im Roten 3 bis 4 W erreicht werden.

Die Einkoppelung der Laserstrahlung in die Lichtleitfaser geschieht auf die in der Medizin übliche Art. Für die Detektion des Tumors kann die Faser wahlweise an den Argonlaser angekoppelt werden, um das Fluoreszenzlicht anzuregen. Eine schnelle Umschaltvorrichtung zwischen Rot und Grün ist für den praktischen Einsatz günstig. Der Kryptonlaser (407 bis 415 nm) liefert für die Erkennung von Tumorgewebe bessere Kontraste. Die Faser mit dem Laserstrahl kann mit verschiedenen Endoskopen kombiniert werden, so daß eine Anwendung unter Beobachtung in Körperhöhlen möglich ist.

Eine bevorzugte Alternative zum komplizierten Argonlaser-Farbstofflaser stellt der Goldlaser dar, ein Metalldampflaser mit Wellenlängen von 627,8 nm. Dieser Laser liefert im Pulsbetrieb eine mittlere Leistung von mehreren W. Er erzeugt bei Frequenzen zwischen 10 und 20 kHz Pulse von einer Breite um 50 ns. Derartige Systeme sind technisch einfacher und verläßlicher als die oben genannte Lösung. Von Nachteil ist der relativ große Strahldurchmesser von 20 bis 40 mm, der eine Strahleinkopplung etwas erschwert. Bisher ist nicht geklärt, ob der Pulsbetrieb andere Resultate erbringt als der Dauerstrichbetrieb. Beide Systeme werden von verschiedenen Arbeitsgruppen medizinisch angewendet /4.81-4.82/.

Die zu applizierenden Bestrahlungsstärken liegen zwischen 20 und 600 mW/cm^2 bzw. 15 und 360 J/cm^2. Dabei ist eine möglichst homogene Bestrahlung des tumorbefallenen Organs wünschenswert, weil hierdurch auch multifokale und kleine Tumore mit erfaßbar sind und eine ungenügende Bestrahlung einzelner Tumorbereiche vermieden wird. Zur homogenen Bestrahlung können auf der Haut oder freigelegten Tumoren Laserscanner eingesetzt werden. Auch eine Strahlauffächerung durch eine Linse ist möglich. Um tiefere Tumorschichten zu erreichen, ist eine interstitielle Bestrahlung sinnvoll. Dabei wird eine Faser über eine Biopsienadel in den Tumor eingestochen. Bei der Bestrahlung von Hohlorganen, insbesondere der Blase, kann das Organ mit einer körperverträglichen Flüssigkeit zur Lichtstreuung gefüllt werden /4.83/. Auf diese Weise kann mit Absorptionsverlusten zwischen 30 und 60% eine bis auf wenige Prozent homogene Ausleuchtung erzielt werden.

Große Schwierigkeiten bereitet der photodynamischen Therapie die Dosimetrie, worunter zum einen die Vorhersage der Lichtverteilung im Tumor zu verstehen ist, zum anderen die meßtechnische Kontrolle. Die Lichtstreuung im Gewebe ist ein komplizierter Prozeß, für den unterschiedliche Modelle entwickelt wurden /4.72/.

4.7.3 Fluoreszenzdiagnose

Mit der Entdeckung der tumorselektiven Speicherung von HpD begann die Entwicklung von Diagnosetechniken unter Ausnutzung dieses Effektes. Die visuelle Erkennung gelang zunächst nur bei großen Tumoren, die auch normal betrachtet zu entdecken waren. Um die HpD-Fluoreszenz kleiner Tumorherde, die oft von der Autofluoreszenz überdeckt werden, durch lichtschwache Endoskopie zu erfassen, bedarf es zusätzlicher Hilfsmittel. Neben einer selektiven Anregung mit Strahlung um 400 nm, die üblicherweise von einem Kryptonionenlaser (407, 413 und 415 nm) über eine Glasfaser geliefert wird, muß zusätzlich eine schmalbandige Detektion erfolgen. Besonders bewährt hat sich ein Filter um (690 ± 6) nm (Bild 4.41). Zusätzlich werden hochempfindliche Lichtverstärker, ähnlich den Nachtsichtgeräten, zum Bildnachweis eingesetzt, da das bloße Auge in diesem Wellenlängenbereich nicht empfindlich genug ist. Bei einer Steigerung der Anregungsleistung über 50 mW/cm^2 bleicht HpD im Gewebe aus /4.84/, was die Intensität der Fluoreszenzstrahlung begrenzt. Sensible Nachweismethoden haben deshalb große Bedeutung.

Endoskope, die direkt an eine Fernsehkamera gekoppelt sind, ermöglichen moderne Bildanalysetechniken, wie z.B. digitale Bildverarbeitung. Über Mikroskopie kann die Verteilung von HpD in einzelnen Zellen studiert werden, wobei auch eine zeitaufgelöste Mikrofluoremetrie möglich ist /4.85/. In Fällen hoher Autofluoreszenz und bei niedriger HpD-Konzentration sind zwei Wellenlängen zur Anregung sinnvoll, wobei sich 405 nm (violett) und 450 nm (blau) als geeignet erwiesen haben. Es werden Verfahren der digitalen Bildverarbeitung, wie beispielsweise Differenzbildung von Bildern, angewendet. Damit kann der Kontrast so erhöht werden, daß der endoskopische Nachweis von Carcinoma in situ möglich erscheint.

4.8 Photochemische Wirkungen - Biostimulation

Licht ist lebensnotwendig, und es löst Reize und photochemische Reaktionen aus. Die Frage, wie schwache Laserstrahlung oder anderes Licht auf den Organismus wirken, ist bisher ungeklärt. Der Begriff 'Biostimulation' ist nicht genau definiert; gegenwärtig ist darunter eine photochemische oder andere nichtthermische Wirkung schwacher Strahlung von Lasern oder anderen Lichtquellen zu verstehen.

4.8.1 Laserakupunktur

In China wird die Akupunktur seit etwa 5000 Jahren zur Schmerzlinderung und bei zahlreichen anderen medizinischen Indikationen eingesetzt. Die Erklärungen für die Wirkungsweise sind eher philosophischer Art, sie benutzen abstrakte Begriffe wie 'Energiesysteme', 'Yin' und 'Yan'. Trotz fehlender wissenschaftlicher Grundlagen werden Wirksamkeit und Erfolg der Akupunktur auch in westlichen Ländern anerkannt, und sie findet breite Anwendung.

Bei der Laserakupunktur wird statt der Nadeln ein Laserstrahl benutzt, der so schwach ist, daß keine thermische Wirkung spürbar ist. Das Verfahren wird in den gleichen Fällen eingesetzt wie die klassische Akupunktur mit Nadeln. Klinische Studien gesagen, daß bei vielen Patienten eine sofortige Besserung der subjektiven und objektiven Beschwerden beobachtbar ist. Als möglicher Wirkungsmechanismus werden ATP-Bildung, Enzymaktivierung, Effekte auf chemische Bindungen oder elektromagnetische Phänomene angegeben. Bedauerlicherweise existieren zur Laserakupunktur kaum ernsthafte Veröffentlichungen auf wissenschaftlicher Basis, viele Arbeiten bewegen sich im Bereich von Spekulation und Fiktion.

4.8.2 Untersuchungen zur Biostimulation

Während bei der Laserakupunktur mehr punktförmig bestrahlt wird, findet bei vielen Anwendungen der Biostimulation eine flächenhafte Betrahlung mit Lasern statt. Auch hierzu gibt es nur wenige Arbeiten, die dazu beitragen, den Wirkungsmechanismus aufzuklären. Es liegen jedoch einige Untersuchungen aus dem Bereich der Grundlagenforschung vor, die nachvollziehbare, reproduzierbare Versuchsbedingungen und Parameter angeben. Festzustellen ist, daß die Grundlagenforschung spezifische Laserwirkungen in Bezug auf Biostimulation in vitro festgestellt hat. Jedoch sind die Ergenisse widersprüchlich, und man erhält kein zusammenhängendes Bild. Es ist nicht klar, wie die Ergebnisse von in-vitro-Studien auf der zellulären Ebene auf den Gesamtorganismus zu übertragen sind.

Vor allem bei chronischen Krankheiten, wo eine kausale Therapie nicht mehr bekannt ist, kommt vermehrt Biostimulation mit schwachen Lasern zur Anwendung. Bei einer Verbesserung des Krankheitsbildes wird nicht immer deutlich, ob ein Placeboeffekt, echte Wirkung oder der Zufall dafür verantwortlich waren. Um mögliche Mechanismen und Wirkungen aufzuklären, sollten mehr statistisch abgesicherte Doppelblindstudien im klinischen Bereich durchgeführt werden. Bisher liegt die Biostimulation oft im Bereich einer paramedizinischen Glaubensfrage. Obwohl der Wirkungsmechanismus der Biostimulation am menschlichen Orgamismus bisher noch nicht genügend erforscht ist, sollen im folgenden einige wissenschaftliche Ergebnisse aufgezählt werden, die allerdings nicht immer untereinander übereinstimmen.

Am bekanntesten sind die Veröffentlichungen von Mester zur Heilung von Wunden und Hautgeschwüren. Sie sind in Kapitel 5 zusammengefaßt.

Verschiedene Autoren /4.86 - 4.88/ haben das Verhalten von humanen Fibroblastenzellen nach Bestrahlung mit schwachen He-Ne- und GaAs-Lasern studiert. Es zeigte sich eine Stimulation der Kollagensynthese in vivo und vitro. Bei Bestrahlungszeiten von 15 min mit einem He-Ne-Laser von 1 mW wurde ein vermehrtes Wachstum in vitro bei Leistungsdichten um 10 W/cm^2 beobachtet /4.87/. Vergleichsmessungen mit inkohärentem Licht aus einer Wolframlampe mit einem roten Interferenzfilter (Halbwertsbreite 9 nm) wiesen diesen Effekt nicht aus. Die Ergebnisse sind statistisch relevant, können jedoch von den Autoren nicht erklärt werden. Bei Bestrahlung mit einem Nd:YAG-Laser wird eine Suppression der Kollagensynthese bemerkt /4.89/.

Experimente mit der Strahlung des He-Cd-Lasers wurden an Mäuseeiern im Zweizellstadium durchgeführt /4.90/. Die Entwicklung und Zellteilung wurde verzögert und sogar verhindert. In vergleichbaren Studien an Fibroblastenzellen des Hamsters bei Bestrahlung mit einem Argonlaser /4.91/ ließ sich ein dosisabhängiger cytostatischer Effekt registrieren. Die Behinderung des Wachstums basiert möglicherweise auf Veränderungen der Zellkerne und Chromosomen. Neben positiven Berichten über die stimulierende Wirkung von Laserstrahlung bei der Heilung von Wunden (Kapitel 5) existieren auch eine Reihe von Studien mit negativen Resultaten. Dabei handelt es sich um vergleichende Tierexperimente, die statistisch abgesichert sind.

Bei der Behandlung von Schweinen wurde an 32 Wunden keine klinisch relevante Beschleunigung der Heilung durch die Bestrahlung mit einem He-Ne-Laser festgestellt /4.92/. Ähnliches gilt für Experimente an Meerschweinchen und Ratten nach der Bestrahlung mit einem Argonlaser /4.93, 4.94/. Vergleichende Studien an 42 Patienten ergaben keinen Therapievorteil des He-Ne-Lasers an venösen Ulcera cruris /4.95/. Andere Autoren untersuchten die Wundheilung bei Ratten. Sowohl bei einer Bestrahlung mit dem He-Ne-Laser als auch mit inkohärentem Licht gleicher Wellenlänge /4.96/ ließ sich eine beschleunigte Heilung nachweisen.

Zusammengefaßt läßt sich aussagen, daß weitere Forschungen notwendig sind, um das Anwendungsfeld und die Wirkungsweise von Biostimulation wissenschaftlich zu erforschen und von Spekulation zu trennen. Der bis dato unsichere Erkenntnisstand hat dazu geführt, daß die Food and Drug Administration der USA die Zulassung für paramedizinische Laser zurückgezogen hat.

4.9 Lasereffekte in der Ophthalmologie

Die Nutzung von Lasern in der Ophthalmologie beinhaltet alle Formen der Laser-Gewebe-Wechselwirkung. Bild 4.42 veranschaulicht

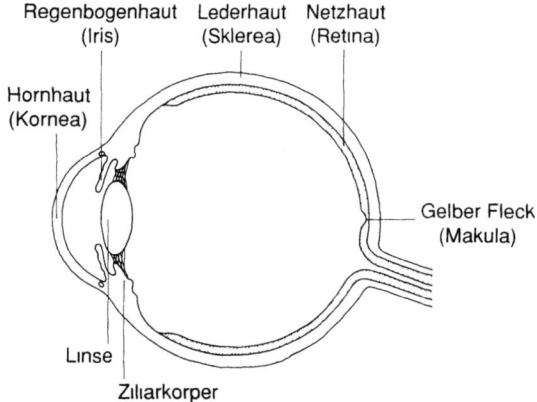

Bild 4.42. Schematischer Aufbau des menschlichen Auges. Einsatzorte des Lasers sind insbesondere die Hornhaut, Teile der Linse und der Netzhaut/Aderhautkomplex; seltener der Glaskörper

den schematischen Aufbau des menschlichen Auges, wobei die wesentlichen Einsatzorte des Lasers die Cornea (Hornhaut), Teile der Linse und die Uvea (stark durchblutete und pigmentierte Gefäßschicht des Auges: Iris und Aderhaut) sind. Daneben, allerdings in weitaus geringerem Maße, findet der Laser Anwendung im Glaskörper.

Die weitaus häufigste koagulative Applikation des Lasers findet als Photokoagulation am Netzhaut/Aderhautkomplex statt. Damit das Laserlicht diese tiefen Schichten des Auges erreicht, muß es sowohl Hornhaut als auch Linse durchdringen. Deshalb sind die Transmissions- und Absorptionseigenschaften von Cornea und Linse von äußerster Wichtigkeit.

4.9.1 Optische Eigenschaften okulärer Gewebe

Absorptionseigenschaften der Cornea

Der niedrigste Absorptionskoeffizient für die Primatencornea liegt in der Größenordnung 1 cm^{-1}; dieser Wert findet sich im Wellenlängenbereich zwischen 800 nm und 1 µm (Bild 4.43). Sowohl zu kürze-

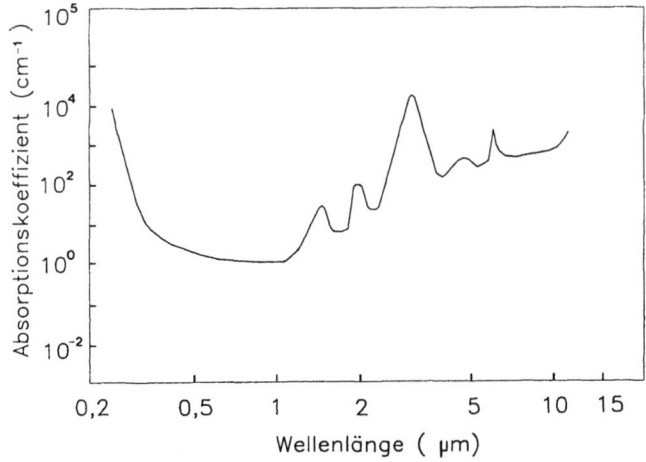

Bild 4.43. Absorptionsspektrum der menschlichen Cornea. Koagulationen der Hornhaut sind nur mit Wellenlängen im mittleren und fernen Infrarot und im fernen Ultravioletten möglich

ren als auch zu längeren Wellenlängen hin steigt die Absorption /4.102/. So nimmt die Transmission der Cornea von 98% bei 700 nm über 90% bei 500 nm auf 80% bei 400 nm und 10 bis 15% bei 300 nm ab. Dieses Absorptionsverhalten wird bestimmt von extrazellulären Matrixanteilen wie Kollagen und Glykosaminoglykane. Zum infraroten Teil des Spektrums hin sinkt die Transmission ebenfalls, wobei hier die Bandenstruktur des Wassers wesentlich zur Absorption beiträgt. Relative Absorptionsmaxima finden sich bei Wellenlängen von 2, 3 und 6 µm.

Absorptionsverhalten von Kammerwasser und Glaskörper

Der Glaskörper ist ein Hydrogel, das zu mehr als 99 % aus Wasser besteht; daneben findet sich ein dreidimensionales Netzwerk von Kollagenfibrillen, in deren Kreuzungspunkte Hyaluronsäuremoleküle (stark hydrophile Glykosaminoglykane) eingelagert sind. Das Kammerwasser hat eine dem Blutplasma verwandte Struktur, jedoch enthält es neben Aminosäuren und Proteinen einen hohen Anteil an Ascorbinsäure. Seine Funktion besteht in der Ernährung von Linse und Hornhaut. Außerdem hält es den intraokularen Druck bei ca. 15 mmHg aufrecht. Das Absorptionsverhalten von Kammerwasser und Glaskörper ist dem der Cornea ähnlich, insbesondere ist die infrarote Flanke ab 1,5 µm mit der Hornhautabsorptionskurve identisch. Im sichtbaren und nahen infraroten Bereich ist ihr Absorptionskoeffizient um mindestens eine Größenordnung kleiner. Dies gilt mit Einschränkungen auch für den ultravioletten Teil, zumindest bis zu Wellenlängen von 200 nm.

Absorptionseigenschaften der Sklera

In den letzten Jahren wurde vielerorts die transsklerale Zyklokoagulation (Bestrahlung des Ziliarkörpers durch intakte Sklera und Konjunktiva hindurch) mit dem Nd:YAG-cw-Laser durchgeführt. Daher ist auch die Transmissionscharakteristik der Sklera von Interesse. Die Sklera hat im Sichtbaren eine wesentlich geringere Transmission als die Cornea, obwohl ihre chemischen Zusammensetzungen sich ähneln.

In der Tat sind die Unterschiede auch eher strukturell bedingt: die Kollagenfaserndurchmesser zeigen eine breite Verteilung in der Sklera, sind jedoch bei der Cornea nahezu uniform, und auch die Abstände der Kollagenfasern untereinander weisen starke Unterschiede auf. Damit entstehen in der Sklera optische Inhomogenitäten in der Größe der Wellenlänge, während diese in der normalen Cornea nur eine Ausdehnung von etwa dem 0,2fachen der Wellenlänge haben. Diese Inhomogenitäten haben eine erhöhte Streuung in der Sklera zur Folge, die bei größeren Wellenlängen abnimmt /4.103/. Die Transmission steigt von 400 bis 1100 nm monoton von weniger als 10% auf 60%, während die Absorption von 40% auf unter 10% sinkt. Das Verhältnis von Transmission zu Reflexion nimmt in diesem Wellenlängenbereich von 0,1 auf 1,4 monoton zu (Bild 4.44).

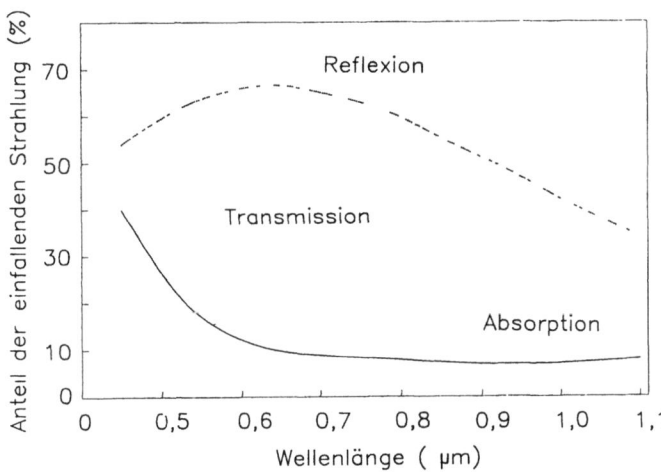

Bild 4.44. Transmission, Reflexion und Absorption der menschlichen Sklerea (nach A. Vogel, pers. Mitteilung 1990)

Damit kann der sich unter der Sklera befindliche Ziliarkörper mit einem hohen Melaningehalt bei Wellenlängen von mehr als 1000 nm koaguliert werden, ohne daß eine nennenswerte Zerstörung skleralen Gewebes auftritt.

Transmissionsverhalten der Linse

Die menschliche Linse besitzt einen nur sehr geringen Stoffwechsel. Wie bereits erwähnt, erfolgt die Ernährung durch Diffusion von Nährstoffen aus dem Kammerwasser. Im Laufe zunehmenden Alters verdichtet sich der Linsenkern zu einem Proteinparakristall, da, im Gegensatz zu anderen Geweben des menschlichen Körpers, größere Stoffwechselprodukte nicht abtransportiert werden können. Dieser Parakristall, auch 'kristalline' Linse genannt, bestimmt die Absorptionseigenschaften der Linse im gesamten Wellenlängenbereich von 300 bis 1500 nm (Bild 4.45). In der Tat besitzt die Linse eine hohe Transmission in diesem Bereich nur beim Neugeborenen, bereits beim Jugendlichen sinkt sie auf 70%, und beim 25jährigen wird das nahe Ultraviolett zu 60 bis 80% absorbiert. Da von dem Parakristall auch im weiteren Leben der kurzwellige Teil des sichtbaren Spektrums stärker absorbiert wird als der langwellige, erscheint der Linsenkern mehr und mehr gelblich, es bildet sich die sogenannte Katarakt (grauer Star). Dies hat wesentliche Konsequenzen für den Einsatz von sichtbarem Laserlicht an der Netzhaut. Gerade beim älteren Menschen, bei dem die Netzhaut koaguliert werden muß (Diabetes, Makularleiden), erweist es sich als vorteilhaft mit längeren Wellen (Farbstofflaser, Krypton-Laser) zu koagulieren. Es ist nicht nur das

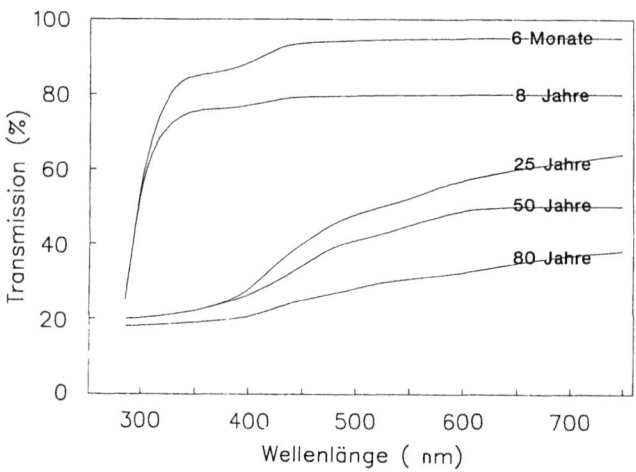

Bild 4.45. Absorption der menschlichen Linse für verschiedene Altersstufen

Absorptionsverhalten der getrübten Linse, das sowohl das Sehvermögen vermindert als auch eine eventuelle Laserkoagulation erschwert. Auch optische Inhomogenitäten innerhalb der Linse steigern ihr Streuverhalten. (Daher hat der graue Star wohl auch seinen Namen erhalten.) Weil sich der Laserspot durch Streuung vergrößert, wird die Laserkoagulation bei zunehmender Katarakt erschwert.

Absorptionseigenschaften der Netzhaut

Die Netzhaut besteht aus neuronalem Gewebe, das im Gegensatz zu anderem Nervengewebe keine Markscheiden enthält. Dadurch wird das neuronale Geflecht im sichtbaren Bereich transparent. Optische Daten im Ultravioletten und Infraroten sind nach Wissen der Autoren in der Literatur nicht verfügbar. In der Makula lutea hauptsächlich, aber auch über die gesamte Retina verteilt, sind gelbe Farbstoffe eingelagert, die der Makula lutea ihren Namen gegeben haben /4.104/. Diese Farbstoffe, deren Absorptionsmaxima zwischen 410 und 490 nm liegen, sind in den inneren Schichten der Netzhaut gelagert. Da ihre Konzentration in der Makula lutea (gelber Fleck = Stelle des schärfsten Sehens) maximal ist, wirkt sich die Koagulation des Sehzentrums mit dem Argonlaser eher nachteilig aus. Deshalb weicht der Augenarzt für diese zentrale Koagulation auf die grüne Linie des Argonlasers (514 nm) oder den Farbstofflaser aus /4.105/. Andere retinale Farbstoffe kommen in den Außensegmenten der Netzhaut vor, insbesondere der Sehpurpur (Rhodopsin). Welche Rolle dieser Farbstoff bei der Photokoagulation der Netzhaut spielt, ist unklar, andererseits ist seine Absorption vernachlässigbar gegenüber der im unmittelbar angrenzenden Melanin des Pigmentepithels.

Absorptionseigenschaften der Uvea

Die Gefäßhülle des menschlichen Auges besteht aus Iris, Ziliarkörper und Aderhaut. Diese Strukturen zeichnen sich alle dadurch aus, daß sie einen hohen Anteil an Melanin enthalten und stark vaskularisiert sind. Damit sind auch ihre optischen Eigenschaften charakterisiert. Melanin ist ein organischer Farbstoff, der von Melanozyten gebildet wird und in Melaningranula (Proteinmakromoleküle in die der Farbstoff eingebaut ist) vorkommt. Das Absorptionsspektrum von Melanin ist in Bild 4.46 dargestellt. Der nächstwichtige Absorptionspartner ist aufgrund seines Gefäßreichtums das Hämoglobin. Dabei ist zwischen dem sauerstoffgeladenen Oxyhämoglobin und dem reduzierten Hämoglobin zu unterscheiden (Bild 4.16).

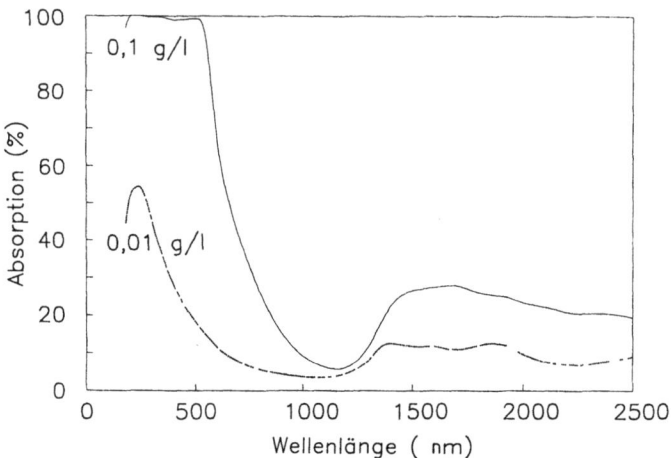

Bild 4.46. Absorptionsspektrum von Melanin

4.9.2 Koagulationseffekte des Netzhaut/Aderhautkomplexes

Ohne Zweifel stellen das retinale Pigmentepithel mit seinem hohen Melaningehalt und die innere Aderhaut mit ihrem Blutreichtum die Schichten dar, in denen sichtbares Licht am stärksten absorbiert wird. In dieser ca. 150 bis 200 μm dicken Schicht wird Lichtenergie in Wärmeenergie umgewandelt. Der Temperaturanstieg hängt sowohl von der applizierten Lichtleistung als auch von der Dauer der Exposition, der Energieverteilung im Laserspot und dem individuellen Pigmentgehalt ab. Modellrechnungen des Temperaturprofils, die ein Ratenprozeßmodell enthalten, wurden erstmals 1947 von Hendriques /4.106/ vorgestellt. Neuere Vorstellungen finden sich bei Alan und

Polhamus /4.107/. Allen Modellen ist gemein, daß ein Wärmetransfer aus dem Koagulationsareal im Pigmentepithel in benachbarte Gewebeschichten stattfindet, der letztlich für die Koagulation der Netzhaut ebenso wie der tieferen Schichten der Aderhaut verantwortlich ist. Dieser Umstand gilt auch als Hauptargument gegen den Einsatz gelber und oranger Wellenlängen des Farbstofflasers /4.108/, weil die Absorptionscharakteristik des Hauptabsorbers Melanin in diesem Bereich eine nur unwesentliche Wellenlängenabhängigkeit aufweist. Temperaturvermessungen zeigen, daß sich nach circa 0,5 s ein Gleichgewicht von Wärmeproduktion am Koagulationsort und Wärmeleitung in umliegendes Gewebe einstellt (Bild 4.47).

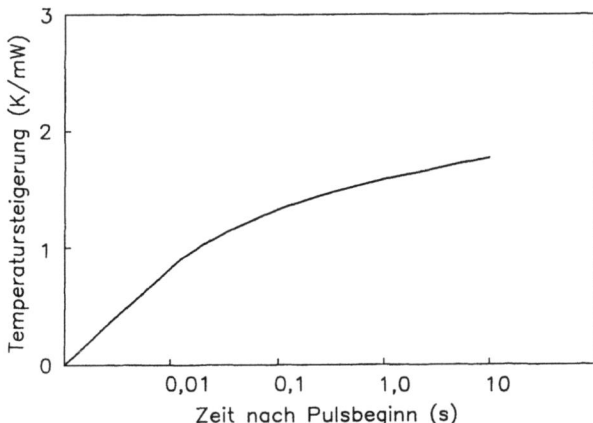

Bild 4.47. Temperaturanstieg in der Fleckmitte eines 20-µm-Laserspots /4.107/

Große Übereinstimmung mit den experimentellen Daten liefern diese Modelle allerdings nur für Expositionszeiten zwischen 10^{-8} und 10 s und für kleine Bestrahlungsflächen (25 µm). Für größere Spots geht das tatsächliche Energieprofil des Laserstrahls beträchtlich ein. Insbesondere die Schädigungsschwelle (minimale ophthalmoskopisch sichtbare Läsion) stimmt für kleine Spots mit der Theorie gut überein (Bild 4.48).

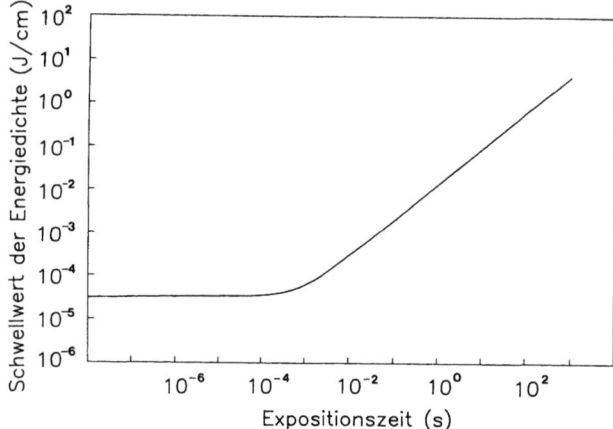

Bild 4.48. Schwellwerte der Energiedichte für minimale beobachtbare Läsionen (25 μm Spot). Die theoretische Kurve stimmt mit experimentellen Werten gut überein /4.107/

4.9.3 Photodisruptive Effekte in der Augenheilkunde

Die Photodisruption wird in der Ophthalmologie fast ausschließlich zur Diszision der getrübten Linsenkapsel angewandt. Dafür wird der gepulste Nd:YAG-Laserstrahl frei hinter die PMMA-Linse fokussiert, um mit einer Mikroexplosion die Kapsel zu zersprengen. Dadurch daß die Plasmaentstehung in der Nähe einer fest-flüssig-Grenze (PMMA-Linse, Glaskörper) stattfindet, verändert sich die Dynamik der Kavitationsblase.

Bei der freien Photodisruption entsteht im Laserfokus ein Plasma mit einer Temperatur von mehr als 10000 K. Dieses Plasma dehnt sich durch die Übertemperatur explosionsartig aus (Kavitationsblase), eine Druckwelle entsteht, die sich zuerst mit Überschallgeschwindigkeit nach 0,1 mm, dann aber mit Schallgeschwindigkeit radial ausbreitet. Etwa ab diesem Abstand kann nicht mehr von einer Stoßwelle gesprochen werden. Die Kavitationsblase expandiert weiter bis die kinetische Energie des Plasmas nach ca. 100 μs in potentielle Energie (Ausdehnung einer Blase gegen den äußeren Druck) umgewandelt ist.

Danach fällt die Blase wieder in sich zusammen, und die verdrängte Flüssigkeit strömt zum Zentrum der Kavitationsblase zurück. Bei diesem Kollaps entstehen hohe Drucke (einige Kilobar) und hohe Temperaturen, die wiederum eine Expansion der Kavitationsblase verursachen. Der Prozeß wiederholt sich einige Male (Bild 4.49) bis der durch Druckwellen abgestrahlte Energieverlust so hoch ist, daß eine erneute Expansion nicht mehr möglich ist /4.109/.

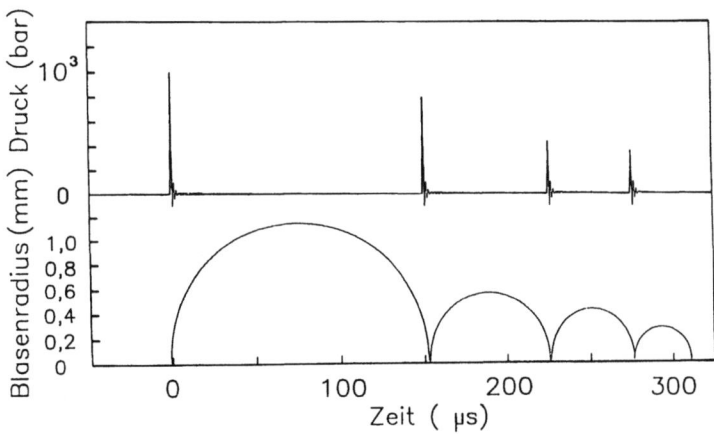

Bild 4.49. Kavitationsblasendynamik /4.109/

Liegt im Bereich der Kavitationsblase (typischer maximaler Durchmesser 1-3 mm) eine feste Grenzfläche, verändert sich jedoch das Bild. Beim Kollaps der Blase kann die umgebende Flüssigkeit nicht mehr von allen Seiten gleichschnell zurückfließen, und es entsteht eine Asymmetrie der Blase, es bildet sich ein sogenannter 'Jet' aus. Dieser Jet kann Schäden an der intraokularen PMMA-Linse nach sich ziehen. In der Tat sieht man an elektromikroskopischen Aufnahmen, daß die Linsenoberfläche Erosionen haben kann, wenn der Durchbruch zu nahe erfolgt.

Die Druckwellen, die bei der ersten Expansion der Kavitationsblase entstehen, zeigen bei einer Laserpulsenergie von 5 mJ (Q-switch) Amplituden von ca. 3000 bar im Abstand von 0,1 mm vom Laserfokus, 300 bar nach 1 mm und immer noch 15 bar in einer Entfernung von 20 mm /4.109/. Trotzdem treten bemerkenswert wenig histologisch nachweisbare Schäden am umliegenden Gewebe auf. Dies liegt vermutlich daran, daß einerseits die Druckwellen nur relativ kurz auf die Gewebe wirken (typisch ca. 50 ns) und durch die Trägheit der Zellkompartimente eine größere Auslenkung gar nicht möglich ist. Andererseits sind die Schallgeschwindigkeits- und Dichteunterschiede zwischen den einzelnen Gewebearten nicht groß genug, um Impedanzsprünge zu erzeugen; daher kann die Schallenergie das Auge verlassen.

Hinsichtlich der Wirkungsweise der Photodisruption bei der Kapseldiszision werden direkte Einflüsse durch das Plasma und die Wirkung der Stoßwelle diskutiert. Da die Läsion in der Größenordnung des Laserfokus' (20 bis 40 µm) liegt, darf jedoch angenommen werden, daß der erste Mechanismus überwiegt und bei der Kapsulotomie in der Tat Material durch die Wirkung des Plasmas verdampft wird.

Kapitel 4

4.1　Chandrasekhar, S.: Radiative Transfer. Oxford University Press, London and New York (1960)
4.2　Van de Hulst: Multiple light scattering tables, formulars and applications. Academic Press, New York (1960)
4.3　Reynolds, L., Johnson, C., Ishimaru, A.: Diffuse reflectance from a finite blood medium: application to the modelling of fiber optic catheters. Appl. Optics 15 (1976) 2059
4.4　Takatani, S., Graham, M.: Theoretical analysis of diffuse reflectance from a two-layer tissue model, IEEE Trans. Biomed. Eng. BME-26 (1979) 656
4,5　Doiron, F., Svaasand, L., Profio, A.: Lasers in medicine and surgery. SPIE 357 (1982) 48
4.6　Wilson, B., Patterson, M.: The physics of photodynamic therapie. Phys. Med. Biol. 31 (1986) 372
4.7　Kubelka, P.: New Contributions to the optics of intensity light scattering materials. J. Opt. Sci. Amer. 38 (1948) 448

4.8 Welch, A., Motamedi, M.: Interaction of laser light with biological tissue. In: Laser photobiology and photomedicine (Herausg.: Martellucci, S. und Chester, A.), Plenum Press, New York und London (1985)

4.9 Kortüm, G.: Reflectance spectroscopy. Springer Verlag (1969)

4.10 Klier, K.: Absorption and scattering in plane parallel turbid media. J. Opt. Soc. Am. 62 (1972) 882-885

4.11 Reichmann, J.: Determination of absorption and scattering coefficients for monhomogenous media. Appl. Optics 12 (1973) 1811

4.12 Wilson, B., Adam, G.: A Monte Carlo model for the absorption and flux distribution of light in tissue. Med. Phys. 10 (1983) 824

4.13 Profio, A., Doiron, D.: Dosimetry considerations in phototherapy. Med. Phys. 8 (1981) 190

4.14 Welch, A., Yoon, G., Gemert van M.: Practical Models for Light Distribution in Laser Irradiated Tissue, Lasers in Surg. and Med. 6 (1987) 488-493

4.15 Scheuplein, R.: A survey of some fundamental aspects of the absorption and reflection of light by tissue. J. Soc. Cosmet. Chem. 15 (1964) 111

4.16 Marynissen, J., Star, W.: Phantom measurement of light dosimetry using isotropic and small aperture detectors. Porphyrin localization and treatment of tumors (Herausg.: Doiron, D., Gormer, C.) Alan R. Liss, Inc., New York, 133 (1984)

4.17 Wilksch, P., Jacha, F., Blake, A.: Studies of light propagation through tissue, Porphyrin localization and treatment of tumors (Herausg.: Doiron, D., Gormer, C.) Alan R. Liss, Inc., New York, 149 (1984)

4.18 Wan, S., Anderson, R., Parrish, J.: Analytical Modelling for the optical properties of the skin in vitro and in vivo Applications. Photochem. Photobiol. 34 (1981) 493-499

4.19 Van Gemert, M., Henning, J.: A model approach to laser coagulation of dermat. vascular lesions. Arch. Dermatol. Res. 270 (1981) 429

4.20 Anderson, R., Hu, J., Parrish, J.: Bioengineering and the skin (Herausg. Marks, R., Payne, P.), Lancaster: MTP, 253 (1981)

4.21 Pederson, G., Mc Cormick, N., Reynolds, L.: Transport calculations for light scattering in blood. Biophys. J. 16, (1976) 199

4.22 Halldörsson, T., Langerhole, J.: Thermodynamic analysis of laser irradiation of biological tissue. Appl. Opt. 17 (1978) 3948

4.23 Wilson, B., Jeeves, W., Lowe, D.: In vivo and post mortem measurements of the attenuation spectra of light in mammalian tissues. Photochem. Photobiol. 43 (1985) 153

4.24 Eichler, J., Knof, J., Lenz, H.: Measurement on the depth of penetration of light (0,34-1,0 m) in tissue. Rad. and Environm. Biophys. 14 (1977) 239

4.25 Wilson, B., Jeeves, W., Lowe, D., Adam, G.: Light propagation in animal tissues in the wavelength range 375- 825 nanometers, Prophyrin localization and treatment of tumors. Herausg.: Doiron, D., Gomer, C.. Alan R. Liss, Inc., New York, 115 (1984)

4.26 Doirion, D., Svaasand, L., Profio, A.: Light dosimetry in tissue: Application to photodynamic therapy, Phorphyrin photosensitization. Herausg.: Kessel, D., Dougherty, T.. New York, Plenum Press, 63 (1983)

4.27 Marynissen, J., Star, W.: Optical dosimetry for direct and interstitial photoradiation therapy of malignant tumors, Phorphyrin localization and treatment of tumors. Herausg.: Doiron, D., Gomer, C.. Alan R. Liss, Inc., New York, 133 (1984)

4.28 Preuss, L., Bolin, F., Cain, B.: Laser in medicine and biology. Proceedings SPIE 357 (1982) 77

4.29 Preuss, L., Bolin, F., Cain, B.: A comment of spectral transmittance in mammalian skeletal muscle. Photochem. Photobiol. 37 (1983) 113

4.30 Kiefhaber, P., Nath, G., Moritz, K.: Endoscopical control of massive gastrointestinal hemorrhage by irradiation with a high power neodymium YAG laser. Proc. Surg. 15 (1977) 104

4.31 Bödecker, V., Rudolph, M., Grotelüschen, B.: Messung der Intensitätsverteilung von YAG-Laserstrahlung im Gewebe. Biomed. Technik 19 (1974) 160

4.32 Wilson, B.C., Jeeves, W.P., Lowe, P.M.: In vivo and post mortem measurements of the attennation Spectra of light in mammalian tissues. Photochem. and Photobiol. 42 (1985) 153-162

4.33 Svaasand, L.O., Ellingsen, R.: Optical properties of human brain. Photochem. Photobiol. 38 (1983) 293-299

4.34 Svaasand, L.O.: Optical dosimetry for direct and interstitial photoradiation therapy of malignant tumors, Porphyrine Localization and treatment of tumors. Alan R. Liss, Inc., New York (1984) 91-114

4.35 Svaasand, L.O., Ellingsen, R.: Optical Penetration in Human Intracranicial Tumors. Photochem. Photobiol. 41 (1985) 73-76

4.36 Anderson, R., Parrish, J.: The optics of human skin. J. Invest. Dermatol. 77 (1981) 13

4.37 Parrish, J., Anderson, R.: Considerations of selectivity in laser therapy. In: Cutaneous laser therapy: Principles and methods, Herausg.: Arndt, K., Noc, J., Rosen, S., John Wiley & Sons Ltd (1983)

4.38 Johnson, C., Guy, A.: Nonionizing electromagnetic wave effects in biological materials and systems, Proc. IEEE, 60, 692 (1972)

4.39 Hendler, E., Crosbie, J., Hardy, J.: Measurement of skin heating during exposure to infrared heating. Project NM 17-01-13-2 of Naval Air Material Center, Philadelphia, Penn., Marx (1957)

4.40 Bayley, Infrared Spectra, Pergamon Press (1963)

4.41 Esterowitz, L., Hoffmann, C., Tran., D., Levin, K., Storm, M., Bonner, R., Smith, P., Leon, M.: Angioplasty with a Laser and Fiber Optics at 2,94 mm. SPIE Vol. Optical and Laser Technology in Medicine 605 (1986) 32

4.42 Barnes, F.: Biological damage resulting from thermals pulses. Laser Application in Medicine and Biology (Herausg.: Wolbarsht, M.), Vol. 2 (Plenum Press) (1974) 211

4.43 Welsch, H., Birngruber, R., Boergen, K.P., Gabel, V.P., Hillenkamp, F.: The influence of scattering on the wave length dependent light absorption in blood. Proc. of the Sympt. Lasers in Medicine and Biology, Neuherberg, June 1977

4.44 Halldörson, T.: Alteration of optical and thermal properties of blood by Nd:YAG Laser irradiation, in: New Frontiers in Laser Medicine and Surgery. Herausg.: K. Atsumi, Excerpta Medica, Amsterdam-Oxford-Princeton

4.45 Svaasand, L., Doiron, D., Dougherty, T.: Tempertature rise during photoradiation therapy of malignant tumors. Med. Phys. 10 (1983) 10-17

4.46 Grossweiner, L.: Optical dosimetry in photodynamic therapy. Lasers in Surg. and Med. 6 (1982) 462-466

4.47 Profio, A., Doiron, D.: Dose measurements in photodynamic therapy of cancer. Lasers in Surg. and Med. 7 (1987) 1-5

4.48 Wilson, B., Patterson, M., Burns, D.: Effect of Photosensitizer concentration in tissue on the Penetration depth of photoactivating light. Laser in Med. Science 41 (1986) 235-244

4.49 Goldman, L., Rockwell, R.: Lasers in medicine. (Herausg.: M.L. Wolbarsht) Gordon and Breach, Science Publ. Inc., 1971

4.50 Hayes, I.L., Wolbarsht, W.L.: Models in pathology - Mechanisms of action of laser energy with biological tissue, Laser application in medicine and biology (Herausg.: M.L. Wolbarsht), Plenum Press, New York - London, Vol. 1, 255 (1971)

4.51 Chato, J.: Heat transfer in bioengineering In: Lectures of advanced heat transfer, 345-415, Univ. of Illinois Press (1969)

4.52 Nishisaka, t., Ozawa, Y., Yonekawa, M.: Analytical Calculation of Temperature Distribution in Biological Tissue under Laser Irradiation. In: New Frontiers in Laser Medicine and Surgery, Editor: K. Aisumi, Excerpta Medica, Amsterdam - Oxford-Princeton, 83 (1983)

4.53 Carlslaw, H., Jäger, J.: Conduction of heat in solids. Chapt. 2 and 10, London-New York, Oxford Univ. Press. 1959

4.54 Eichler, J., Knof, J., Leng, H., Salk, J., Schäfer, G.: Temperature distribution in tissue during laser irra diation. Rad. and Environm. Biophys. 15 (1978) 277

4.55 Hu, C., Barnes, F.e: The thermal-chemical damage in biological material under laser irradiation. IEEE Trans. Biomed. Eng. BME-17 (1970) 220

4.56 Halldörsson, T.: Biophysikalische und apparative Grundla gen der endovesikalen Nd:YAG-Laserapplikation. Urologe A, 20 (1981) 293-299

4.57 Halldörsson, T., Langerholc, J.: Thermodynamic analysis of laser irradiation of biological tissue. Appl. Opt. 17 (1978) 3948-3958

4.58 Svaasand, L.O., Doiron, D., Dougherty, T.: Temperature rise during photoradiation therapy of malignant tumors. Med. Phys. 10 (1983) 10-15

4.59 Müller, G.: Kurs: Laser in der Medizin. Veröffentlichung des Laser Medizin Zentrums Berlin, 1987

4.60 Boulnois, J. : Photophysical Processes in Recent Medical Laser Developments: a Review, Laser in Medical Science 1, (1985) 47-66

4.61 Wood, T.: Lethal effects of high and low temperatures on unicellular organismus, In Advances in Biological Medical Physics, Vol. 4 (1956) 119-165, New York, Academic Press,

4.62 Hu, C., Barnes, F.: The Thermal-Chemical Damage in Biological Material under Laser Irradiation, IEEE Trans. Biomed. Eng., BME-17 (1970) 220-229

4.63 Halldörsson, T., Langerhole, J., Senator, L.: Thermal action of laser irradiation in biological material monitored by egg-white coagulation, Appl. Opt. 20 (1981) 822-825

4.64 Lenz, H., Eichler, J., Salk, J., Schäfer, G.: Experimental hemiglossectomy with an argonlaser. Acta Otolaryngol. 83 (1977) 5289-535

4.65 Srinivasan, R.: Highlights. Lambda Physics 10 (1986)

4.66 Trokel S, Srinivasan R, Braren B: Excimer laser surgery of the cornea. Am J Ophthalmol 96 (1983) 710

4.67 Esterowitz, L., Hoffman, C.A., Kevin, K., Storm, M.: Mid- IR Solid State Laser with Fiber Optics as an Ideal Medical Scalpel. Proceedings of the International Conference on Lasers 68 (1985)

4.68 Seiler T., Bende T., Wollensak J.: Einsatz von fernem UV-Licht zur Photoablation der Hornhaut, Fortschr. Ophthalmol. 83, (1984) 556-558

4.69 Bende T, Kriegerowski M, Seiler T: Photoablation in different ocular tissues performed with an Er:YAG laser. Lasers and Light in Ophthalmol 2 (1989) 263

4.70 Winkler K., Golz B., Laskowski W., Bende T.: Production of photoreactivable lesion in the yeast S. cereviside by irradiation with 193 nm excimer laser light, Photochem. Photophys. 47, (1988) 225-230

4.71 Nuss R.C., Pulfiato C.A., Dehm E.: Uncheduled DNA synthesis following excimer laser ablation of the cornea in vitro, Invest. Ophthalm. Vis. Sci. 28 (1987) 287-294

4.72 Wilson, B., Patterson, M.: The physics of photodynamic therapy. Phys. Med. Biol. 31 (1986) 327-360

4.73 Jocham, D., Staehler, G., Chaussy, C., Unsöld, E., Hammer, C., Löhrs, U., Gorisch, W.: In: Prophyrin localization and treatment of tumors. Editors: Doiron, D. and Gomer, C., Alan R. Liss, Inc., New York (1984) 249-256

4.74 Evensen, J., Moan, J., Hindar, A., Sommer, S.: In: Prophyrin localization and treatment of tumors. Editors: Doiron, D. and Gomer, C., A.R. Liss Inc., New York (1984) 541-562

4.75 Moan, J.: Prophyrins in Tumor Phototherapy. Editors: Anderson, A., Cubeddu, R., New York, Plenum Press (1984) 109-124

4.76 Moan, J., Sommer, S.: Action spectra for hematoporphyrin derivate and photophyrin II with respect to sensibilization of human cells in vitro to photoinactivation. Photochem. Photobiol. 40 (1984) 631-4

4.77 Unsöld, E.: Lasergestützte Fluoreszenzdiagnose und Photoradiotherapie photonsensiblisierter Tumoren. TU Wissenschaftsmagazin, ISBN 3798310033, 9 (1986) 59-63

4.78 Dougherty, T.: Photodynamic therapy (PDT) of malignant tumors. CRC Crit. Rev. Oncol. Hematol. 2 (1985) 83-116

4.79 Udenfried, S.: Fluorescent Assay in biology and Medicine. Academic Press, New York (1962)

4.80 Waldow, S.: Lasers Surg. Med. 5 (1985) 83-94

4.81 Cowled, P., Grace, J., Forbes, I.: Comparison of the efficay of pulsed and continuous-wave red laser light in induction of phototoxity by haematoporphyrin derivate. Photochem. Photobiol. 39 (1985), 115-7

4.82 Doiron, D., Gomer, J.: Prophyrin localization and treatment of tumors. Alan R. Liss, Inc., New York (1984)

4.83 Wilson, B., Muller, P., Yanch, J.: Instrumentation and light dosimetry for intra-operative photodynamic therapy (PDT) of malignant brain tumors. Phys. Med. Biol. 31 (1986) 125-33

4.84 Andreoni, A., Cubeddu, R.: Porphyrins in Tumor Phototherapy. Plenum Press, (Herausgeber: Anderson, A., Cubeddu, R., New York (1984) 137-141

4.85 Jori, G., Perria, C.: Photodynamic Therapy of Tumors and other Diseases. Libreria Progetto, Padova (1985) 259-262

4.86 Bosatra, M., Jucci, A., Olliaro, P., Quacci, D., Sachi, S.: In vitro fibroplast and dermis fibroplast activation by laser irradiation at low energy. Dermatologica 168 (1984) 157-162

4.87 Boulton, M., Marshall, I.: HeNe-Laser Stimulation of Human Fibroplast Proliferation and Attachmet in Vitro. Lasers in Life Sciences 2 (1986) 125 - 134

4.88 Kubasova, T., Kovacs, L., Somasy, Z., Unte, P., Kokai, A.: Biological Effect of HeNe-Laser, Laser in Surg. and Med. 4, 381 (1984)

4.89 Abergel, R., Meeker, C., Dwyer, R.: Nonthermal Effects of Nd: YAG Laser on Biological Functions of Human Skin Fibro plast in Culture. Lasers in Surg. and Med. 3 (1984) 279 - 284

4.90 Lin, T., Chan., C.: Effect of Laser Microbeam Irradiation of the Nuclens on the Cleavage of Mouse Eggs in Culture, Rad. Res. 98 (1984) 549 - 560

4.91 Nakajima, M., Fukuda, M., Kuroki, T., Atsumi, K.: Cytogeniz Effects of Argon Laser Irradiation on Chinese Hamster Cells. Rad. Res. 93, (1983) 598 - 608

4.92 Hunter, J., Leonhard, L., Wilson, R., Snider, G., Dixon J.: Effects of Low Energy Laser on Wound Healing in a Porcine Model. Lasers in Surg. and Med. 3, 385 (1984)

4.93 Mc Canghan, .: Effect of low-dose Argonlaser Irradiation on Rate of Wound Closure. Lasers in Med. and Surg. 5 (1985)

4.94 Jongsma, F., Bogaard, A., van Gemert, M., Hennig, J.: Is Closure of Open Skin Wounds in Rats Accelerated by Argon Laser Exposure? Lasers in Surg. and Med. 3 (1983) 75 - 80

4.95 Pierchalla, P., Anders, A., Tronnier, H.: Klinische Untersuchungen zum Einfluß von Laserlicht niedriger Leistungsdichte auf die Wundheilung beim Ulcus cruris. Akt. Derma tol. 12, (1986) 174 - 176

4.96 Kana, J., Hutschenreiter, G., Haina, D., Waidelich, W.: Effect of Low-Power Density Laser Radiation on Healing of Open Skin Wounds in Rats. Arch. Surg. 116 (1981) 293-296

4.97 Berlien H. P. , Müller, G.: Angewandte Lasermedizin, Ecomed, München, 1988

4.98 J. Boulnois: Photophysical Processes in Recent Medical Laser Developments. Review, Lasers in Med. Sci. 1 (1985) 49-66

4.99 E. Reichel, H. Schmidt-Kloiber, H. Schöftmann, G. Dohr, E. Eherer: Interaction of short laserpulses with biological structures. Opt. and Laser Technology, 19 (1987) 40-43

4.100 P. Teng, N. Nishioka, R. Anderson, T. Deutsch: Acoustic studies of the role of immersion in plasma-mediated laser ablation , IEEE J. of Quantum Electron., QE-23 (1987) 1845-1852

4.101 E. Reichel, H. Schmidt-Kloiber, H. Schöffmann, G. Dohr, R. Hofmann, R. Hartung: Phsikalische Vorgänge bei der laser induzierten Stoßwellenlithotripsie. Lasers in Med. and Surg. (1987) 177-183

4.102 Maher, E: Transmission and absorption coefficients of ocular media of the Rhesus monkey. UASAFSAM- TR-78-32, USAF School of Aerospace Medicine, Brooks, AFBTX

4.103 Vogel A: Die optischen Eigenschaften der Sklera und ihre Bedeutung für die transsklerale Koagulation und die Sklerotomie. Persönliche Mitteilung, 1990

4.104 Snoderly J.: The macular pigment, Invest. Ophthalm. Vis. Sci. 25 (1984) 660-685

4.105 Wollensak J, Seiler T: Der Berliner Farbstofflaser. Klin Mbl Augenheilk 185 (1984) 547

4.106 Henriques F: Studies of thermal injury. Arch Pathol 23 (1947) 489

4.107 Allan R, Polhamus G: Ocular thermal inury from intense light. In: Laser application in medicine and biology (Hrsg: M. Wolbarsht), New York, Plenum 1989

4.108 Birngruber R: Prinzipien der Laserkoagulation. In: Laser in der Ophthalmologie (Hrsg: J. Wollensack), Stuttgart, Enke 1989

4.109 Vogel A, Hentschel W, Holzfuss J, Lauterborn W: Kavitationsblasendynamik und Stoßwellenabstrahlung in der Augenchirurgie mit gepulstem Nd:YAG-Laser. Klin Mbl Augenheilk 189 ,308, 1986

5. Klinischer Einsatz des Lasers

30 Jahre nach der Entwicklung des ersten Lasers sind diese Geräte aus der modernen Naturwissenschaft, Technik und Medizin nicht mehr wegzudenken. Während bei analytischen und diagnostischen Anwendungen Kohärenz und Monochromasie der Laserstrahlung eine wichtige Rolle spielen, steht bei der therapeutischen Nutzung die hohe Energiedichte der Strahlung im Vordergrund. Daneben ist die Wellenlänge des Lasers über die Laser-Gewebe-Wechselwirkung ein wesentliches Applikationsmerkmal.

Ophthalmologie, Hals-Nasen-Ohrenheilkunde, Urologie und Gynäkologie sind die Disziplinen, in denen der Laser am besten akzeptiert wurde, jedoch faßt die Laserchirurgie auch in anderen Teilgebieten der Medizin zunehmend Fuß. Bei jeder weiteren Anwendung müssen folgende Fragen beantwortet werden: Stellt der Einsatz des Lasers eine weniger invasive Alternative zur konventionellen Chirurgie dar? Werden bisher unmögliche Verfahren mit dem Laser möglich? Ist die Laserapplikation effektiver, weniger schmerzhaft, weniger komplikationsbehaftet für den Patienten, einfacher für Operateur und Personal? Verkürzt sich durch die Laseroperation der Krankenhausaufenthalt? Kann damit der höhere Kostenaufwand für das Lasergerät gerechtfertigt bzw. ausgeglichen werden?

Heutzutage werden viele mögliche Laseranwendungen auch in der allgemeinen Chirurgie vorgestellt. Die Literatur zeigt jedoch nur in wenigen Fällen auf, ob diese neuen Applikationen tatsächlich Verbesserungen im oben genannten Sinne bedeuteten. Oft läßt sich eine Antwort auf diese Fragen erst nach längerer Kontrollzeit geben.

Wachstumsraten von 9% pro Jahr zwischen 1987 und 1992 auf dem amerikanischen Markt für medizinische Laser zeigen einen Entwicklungssprung an (Arthur D. Little, unveröffentlichte Daten). Die Zunahme der Fachärzte mit Zugriff auf Laser ist jedoch stark vom Fachgebiet abhängig (siehe Tabelle 5.1).

Tabelle 5.1. Prozentangabe von Fachärzten in den USA mit Zugang zu Lasern (A.D. Little, 1990)

	1985	1988	1990
Ophthalmologie	65	90	95
HNO-Heilkunde	30	45	55
Gynäkologie	20	30	35
Dermatologie	15	25	35
Neurochirurgie	14	20	30
Gastroenterologie	25	40	50
Urologie	7	10	25
Gefäßchirurgie	0	5	10

Eine Vorstellung von Laseranwendungen ist daher immer nur eine Momentaufnahme, in der neben arrivierten Applikationen auch Verfahren beschrieben werden, bei denen der Lasereinsatz zwar möglich ist, die klinische Wissenschaft aber eine endgültige Entscheidung noch nicht getroffen hat. In den folgenden Abschnitten wird eine solche Momentaufnahme versucht, wohl wissend, daß sie schon bald von der explosiven Entwicklung der Lasermedizin überholt sein wird.

5.1 Ophthalmologie

Daß Licht am Auge Verbrennungsschäden verursachen kann, ist seit mindestens 3000 Jahren bekannt. So warnte bereits Sokrates davor, eine Sonnenfinsternis direkt zu beobachten, und riet, sie über reflektierende Medien, wie ruhiges Wasser, zu betrachten. Dieses Wissen zieht sich durch die Antike über das Mittelalter bis in die Neuzeit; für den therapeutischen Einsatz von Licht zeichnet jedoch Meyer-

Schwickerath 1946 verantwortlich. Aufgrund der wenigen Sonnentage in unseren Breiten entwickelte er zusammen mit Technikern der Firma Zeiss in den späten 40er und frühen 50er Jahren Lichtbogen, die lichtintensiv genug waren, um therapeutische Koagulationen an der Netzhaut vorzunehmen. Bereits drei Jahre nach der Entwicklung des Lasers durch Maiman wurde der Rubinlaser von Cambell und Zweng zur Netzhautkoagulation klinisch genutzt.

Nicht von ungefähr fand der erste Lasereinsatz in der Medizin in der Augenheilkunde statt, ist doch das Augeninnere das einzige Organ neben der Haut, das optisch direkt zugänglich ist. In der Ophthalmologie differenziert man die Anwendungen von Lasern nach ihrem Einsatzort: den hinteren Abschnitten (Netzhaut/Aderhaut und Glaskörper) und den vorderen Abschnitten des Auges (Linse, Iris und Hornhaut). Eine andere Unterscheidungsmöglichkeit bestünde darin, die Laseranwendungen nach ihren Wechselwirkungstypen, Photokoagulation, Photodisruption und Photoablation, einzuteilen. Auf Grund der Übersichtlichkeit für den Nichtophthalmologen folgt die Darstellung jedoch der ersten Variante.

5.1.1 Hintere Abschnitte des Auges

Soll Laserlicht den Augenhintergrund erreichen, muß es vorher Kornea, Kammerwasser, Linse und Glaskörper durchdringen (Bild 5.1).

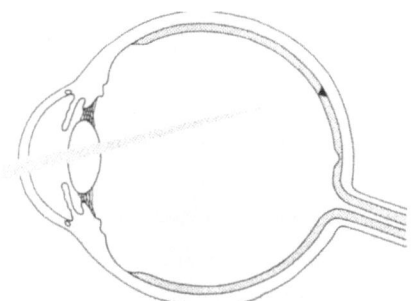

Bild 5.1. Koagulation am Netzhaut/Aderhautkomplex

Sowohl Kammerwasser als auch Glaskörper sind im Wellenlängenbereich zwischen 450 und 1000 nm fast vollständig durchlässig. Die Kornea hat eine mehr als 90%ige Transmission im Bereich zwischen 500 und 800 nm. Im nahen Ultravioletten steigt die Absorption mit abnehmender Wellenlänge, bei 300 nm werden mehr als 90% des Lichtes absorbiert (siehe Abschnitt 4.9). Das Absorptionsverhalten der menschlichen Linse ist altersabhängig: während beim Kind noch der gesamte Wellenlängenbereich zwischen 500 und 800 nm ungehindert durchtreten kann, findet bereits beim 40jährigen und noch stärker beim 80jährigen eine nicht zu vernachlässigende Absorption im gesamten Wellenlängenbereich bis ins nahe Infrarot statt (Bild 4.45).

Von der Erreichbarkeit der Netzhaut her kann somit jeder Laser, der im gesamten optischen Teil des Spektrums strahlt, für die Koagulation des Augenhintergrundes benutzt werden. Während in der Anfangszeit der Laseranwendung der Rubinlaser im Vordergrund stand, galt in den 70er und 80er Jahren der Argonlaser als erste Wahl /5.1/. Mitte der 70er Jahre wurde dann für spezielle Einsätze auch auf den Kryptonlaser (rot) zurückgegriffen, und Anfang der 80er Jahre standen die ersten kontinuierlichen Farbstofflaser zur klinischen Verwendung bereit /5.2/. Neben den Koagulationsanwendungen wird im Glaskörper zunehmend auch der Nd:YAG-Laser zur Photodisruption pathologischer Strukturen eingesetzt /5.3/.

Wenn Licht mit Gewebe wechselwirken soll, muß dieses am Zielort absorbiert werden. Für die Lichtabsorption, sowohl am Augenhintergrund, aber auch in der Iris, stehen vorrangig die Chromophoren Melanin und Hämoglobin, am Augenhintergrund zusätzlich Xanthophyll, zur Verfügung. Daneben liegen mit dem Sehfarbstoff Rhodopsin und Stoffwechselprodukten, wie z.B. Lipofuscin, noch andere Chromophoren vor, deren Rolle für die Netzhaut/Aderhautkoagulation bisher nicht eruiert wurde.

Der für die therapeutische Lichtanwendung am Augenhintergrund wichtigste natürliche Farbstoff ist das Melanin. Es wird von Melanozyten, die sich in der inneren Aderhaut befinden ebenso wie von Pigmentepithelzellen gebildet und liegt in diesen Zellen in perlschnurartig angeordneten Kügelchen, den sogenannten 'Melanosomen', vor. Experimentell hat sich gezeigt, daß die Melanosomen nicht einfache Oberflächenabsorber von Licht darstellen, sondern daß sie als Volumenabsorber funktionieren. Das Absorptionsspektrum von Melanin des Augenhintergrundes ist in Abschnitt 4.9 dargestellt. Melanin absorbiert im gesamten sichtbaren Bereich sehr gut, zeigt aber eine stetig sinkende Absorption zum roten Ende des Spektrums hin. Diese Abnahme ist besonders wichtig, wenn man den potentiellen Einsatz von Lasern betrachtet, die im roten Bereich des Spektrums emittieren (Farbstofflaser, Krypton- und Diodenlaser). Licht dieser Wellenlänge hat am Augenhintergrund eine größere Eindringtiefe als das grüne Licht des routinemäßig verwendeten Argonlasers (Bild 5.2). Es scheint so, als ob das Pigmentepithel und die innerste Schicht der Aderhaut nicht mehr als Lichtbarriere funktionieren. Nicht unerwähnt soll auch der Nutzen des Melanins für die physiologische Aktivität des Auges bleiben. Tritt einmal Licht ins Auge ein und wird auf die Netzhaut abgebildet, so durchdringt es die Netzhaut, löst in der Rezeptorenschicht elektrische Potentiale aus, wird dort aber nicht vollständig absorbiert. Würde das restliche Licht nun auf die weiße Lederhaut fallen, so würde es gestreut, möglicherweise sogar reflektiert werden und in anderen Teilen des Auges weitere Lichtwahrnehmungen erzeugen. Um dies zu verhindern, ist das Auge mit einem hochpotenten Absorber ausgekleidet, den melaninführenden Schichten des Pigmentepithels und der inneren Aderhaut.

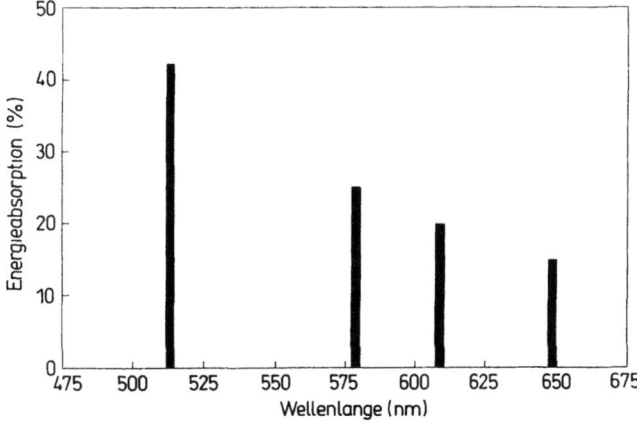

Bild 5.2. Energieabssorption am Augenhintergrund (Pigmentepithel und innere Aderhaut) für verschiedene Laserwellenlängen /4.107/

Der nächsthäufige Absorber am Augenhintergrund ist das Hämoglobin, wobei das sauerstoffgeladene arterielle und das weniger sauerstoffreiche, venöse Hämoglobin unterschiedliche Absorptionsspektren zeigen. Beiden gemeinsam ist, daß um 500 nm ein Absorptionsminimum und zwischen 560 und 590 nm Absorptionsmaxima vorliegen (Bild 4.16). Über 600 nm ist die Lichtabsorption beider Hämoglobine vernachlässigbar. Dieses Absorptionsspektrum hat Konsequenzen für die Koagulation am Augenhintergrund. Will man Licht an Blutgefässen in Wärme umsetzen, wie z.B. beim Verschluß von neugebildeten Gefäßen, dann sollten Wellenlängen um 570 nm verwendet werden.
Soll jedoch eine Koagulation im Hämoglobin auf keinen Fall stattfinden, wie bei Glaskörper- oder Netzhautblutungen, dann sollte im absoluten Minimum, mit Wellenlängen über 620 nm gearbeitet werden.

Am hinteren Pol des Auges, in der Nähe der Stelle des schärfsten Sehens, befindet sich die Makula lutea (gelber Fleck). Diese Gelbfärbung entsteht durch Anhäufung eines Pigmentes, Xanthophyll, das in den mittleren Schichten der Netzhaut liegt. Muß bei einzelnen Erkrankungen der hintere Pol koaguliert werden, so ist eine Wärmeentwicklung im Pigmentepithel oder darunter gewünscht, jedoch soll nicht die mittlere Retina aufgeheizt werden. Deshalb muß diese Koagulation mit Licht durchgeführt werden, das vom Xanthophyll nicht mehr absorbiert wird, d.h. es sind Wellenlängen von über 530 nm notwendig.

Es steht außer Frage, daß diese theoretischen Überlegungen klinisch relevant sind. Jedoch sollte nicht vergessen werden, daß trotz allem der größte Teil der Strahlung im sichtbaren Bereich vom Melanin des Pigmentepithels und der inneren Aderhaut absorbiert wird und daher dort auch die größte Temperatursteigerung entsteht.

Das eigentliche Ziel der Laserkoagulation wird meist indirekt erreicht. In einem ersten, rein physikalischen Prozeß werden am Zielort Temperaturen von mehr als 100 °C erzeugt, und somit wird Eiweiß denaturiert. Als nächster Schritt, mit dem sich der Übergang zu den biologischen Reaktionen vollzieht, wird das zerstörte Gewebe in Fragmenten abtransportiert. Reaktionen des Körpers auf solche Substanzdefekte sind einerseits Narbenbildung, d.h. das zerstörte spezifische Gewebe wird durch unspezifisches Bindegewebe ersetzt. Andererseits entsteht in manchen Fällen, besonders an den Grenzen der Koagulation, eine Proliferation des zuvor vorhandenen spezifischen Gewebes. Beide Effekte sind klinisch erwünscht.

Amotioprophylaxe

Eine erste Gruppe der Anwendungen des Lasers in der Augenheilkunde findet sich bei der Prävention von Netzhautablösungen. In den meisten Fällen kommt es dadurch zur Netzhautablösung, daß durch einen Netzhautriß Flüssigkeit aus dem Glaskörperraum unter die Netzhaut gelangt und so die lockere Verbindung zwischen Netzhaut und Pigmentepithel löst. Ist die Netzhaut bereits abgelöst, ist eine chirurgische Behandlung unerläßlich. Nun kennt die Ophthalmologie jedoch seit vielen Jahrzehnten die Frühform solcher Läsionen, sogenannte 'äquatoriale Degenerationen', aus denen Netzhautrisse oder Löcher entstehen können. Wird eine solche Degeneration bei der augenärztlichen Untersuchung erkannt, so wird um diese Läsion baldmöglichst ein Laserriegel gelegt. Dies bedeutet, daß ringförmig zwei bis drei Reihen von Laserkoagulationen um die Läsion gelegt werden (Bild 5.3a). Typische Expositionsparameter sind: Spotdurchmesser 200 µm, Expositionszeit 0,2 s, Expositionsleistung 200 mW und mehr. In der Regel werden um eine äquatoriale Degeneration 50 bis 100 Laserkoagulationsherde gesetzt. Obwohl den Laserkoagulationsherden eine sofortige verbesserte Haftung zwischen Pigmentepithel und Netzhaut nachgesagt wird, kann es keinen Zweifel geben, daß erst die entstehende Narbe, die Aderhaut, Pigmentepithel und Netzhaut verbindet, eine eventuelle Netzhautablösung wirksam verhindert (Bild 5.3b).

Diabetes

Eine weitere, wahrscheinlich mit die häufigste Anwendung der Lasertherapie am Augenhintergrund stellt die diabetische Retinopathie dar. Sie ist ein Beispiel jener Krankheitsklasse, die man als 'Mikroangiopathie' bezeichnet, d.h. durch Umwandlungen in den Gefäßwänden

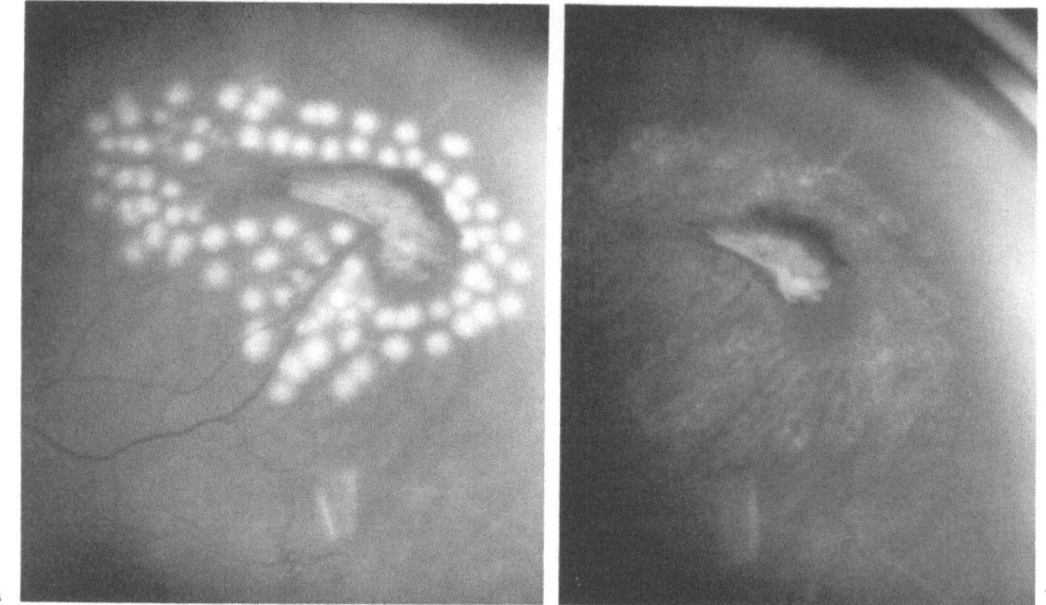

Bild 5.3. Frische Laserkoagulation zur Prophylaxe der Netzhautablösung (a). Nach 2 Wochen entstehen Narben, die für die feste Bindung der Netzhaut an tieferen Schichten verantwortlich sind (b)

wird der Stoffaustausch zwischen Gewebe und Blut erschwert. Als Antwort auf diese Unterversorgung von Gewebe kann man die Anfänge intraretinaler Sprossungen von neuen Kapillaren beobachten (Mikroaneurysmen). Solche überstürzt gebildeten neue Kapillaren können platzen und so zu kleinen intraretinalen Blutungen führen. An anderen Stellen finden sich Exsudate (aus den Gefäßen ausgetretene Flüssigkeit) oder Mikroinfarkte (bei denen kleine Gefäße ganz verschlossen sind). Bereits in diesem Zustand wird heute eine Photokoagulation mit dem Laser oder der Xenonlampe als notwendig angesehen, um den Übertritt in das nächste, sehr viel schwerer wiegende Stadium der proliferativen diabetischen Retinopathie zu verhindern. In diesem Stadium finden, offenbar unter dem Einfluß einer chemischen Stimulation aus der unterversorgten Netzhaut, Gefäßneubildungen statt, die keine der natürlichen Leitstrukturen anerkennen und sowohl intraretinal als auch in den Glaskörperraum hinaus wachsen. Solche Gefäße sind in einem mobilen Organ wie dem Auge besonderen mechanischen Belastungen ausgesetzt und reißen daher

sehr früh ein. Dies führt zu Einblutungen in den Glaskörperraum, was zu einer erheblichen Sehverminderung beiträgt. In der Folge beginnen sich im Glaskörper Stränge und Membranen zu bilden, die die Netzhaut von ihrem Untergrund abziehen (Traktion).
Wie auch bei anderen Mikroangiopathien, gilt es, mit Hilfe der Photokoagulation den Übergang in dieses proliferative Stadium zu verhindern, bzw. nach Eintritt in dieses Stadium die Proliferation zur Rückbildung zu bringen. Die panretinale Photokoagulation, sei es mit dem Laser oder dem Xenon-Lichtbogen, stellt heute die einzige realistische Therapieform dar. Früher wurden nur die Gebiete koaguliert, in denen sich Neovaskularisationen gebildet hatten, heute jedoch wird bereits im präproliferativen Stadium koaguliert, um in der unterversorgten Retina gar nicht erst chemische Stimulation von Gefäßneubildungen zuzulassen.

Zum Wirkmechanismus von Laserkoagulationen bei Mikroangiopathien liegen zwei Hypothesen vor. Es ist bekannt, daß die Aderhaut einen so starken Blutdurchfluß hat, daß der zugeführte Sauerstoff vom umliegenden Gewebe nicht verbraucht wird. Eine Folge davon ist, daß ein hoher Sauerstoffgradient von der Aderhaut über die Netzhaut in den Glaskörper hinein entsteht, der dazu führt, daß das äußere Drittel der Netzhaut mit Sauerstoff fast vollständig von der Aderhaut versorgt wird. Dabei stellt das Pigmentepithel ein wesentliches Diffusionshindernis dar, während die Bruch'sche Membran genügend fenestriert ist. Die eine der beiden Hypothesen nimmt nun an, daß durch Zerstörung des Pigmentepithels, nicht aber der kleinen Aderhautkapillaren, die Diffusion aus der Aderhaut in die Netzhaut erleichtert und daher das Netzhautgewebe besser versorgt wird. Als Folge davon bleibt die chemische Stimulation von Gefäßneubildungen aus. Das konkurrierende Modell geht davon aus, daß in der Rezeptorenschicht und des sie ernährenden Pigmentepithels die Stellen größten Stoffwechselumsatzes liegen. Werden diese Hauptverbraucher ausgeschaltet, so sollte die, wenn auch schlechte Versorgung für den Rest der bestehenden Netzhautzellen ausreichen. Der Kunst des Arztes ist es überlassen, jene Teile der Netzhaut auszuschalten, die zum Sehen am wenigsten benötigt werden. Diese Vorstellung hat dazu geführt, daß mit dem Lichtbogen ebenso wie mit dem Laser die Netzhautperipherie Zug um Zug koaguliert wird, um die Stoffwechsellage im Netzhautzentrum, der Makula zu verbessern. Jedoch soll in der Netzhautperipherie nicht Herd an Herd koaguliert werden, sondern dazwischen sollen noch freie Areale gelassen werden, um wenigstens eine orientierende Wahrnehmung des äußeren Gesichtsfeldes zuzulassen. In jedem Fall muß aber der zentrale Teil des Sehens, mit dem wir "scharf sehen", erhalten bleiben (Bild 5.4).

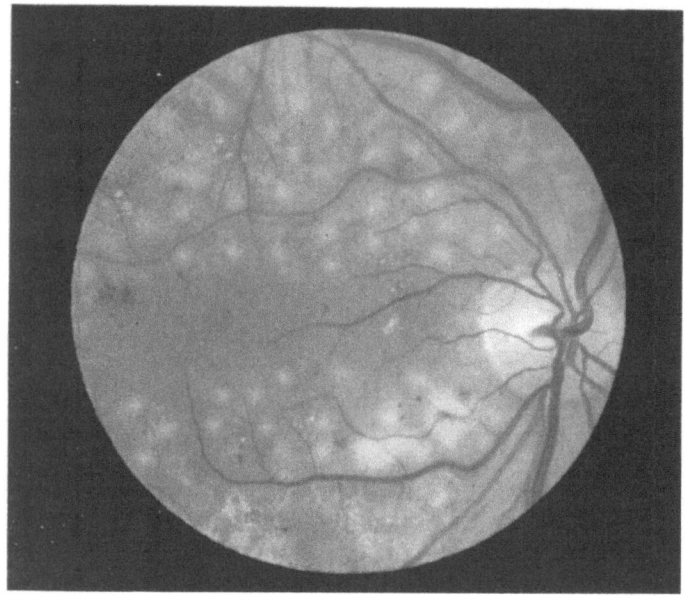

Bild 5.4. Panretinale Laserkoagulation. Die Makula ist von Laserherden ausgesperrt

Typische Werte bei dieser panretinalen Photokoagulation sind: 2000 bis 4000 Koagulationsherde, verteilt auf vier und mehr Sitzungen, Spotdurchmesser 500 bis 200 µm, 0,2 bis 0,5 s, 100 bis 800 mW. Diese Koagulationen können, wenn nicht bereits Glaskörperblutungen oder Linsentrübungen eingetreten sind, alle mit dem Argonlaser durchgeführt werden.

Senile Makularleiden

Diese uneingeschränkte Verwendbarkeit des Argonlasers gilt nicht für ein feuchtes Makularleiden. Beim älteren Menschen findet man häufig eine Verdickung der Bruch'schen Membran und eine Sklerose der inneren Aderhautgefäße. Dadurch wird die Diffusion von Nährstoffen für die Netzhaut aus der Aderhaut erheblich erschwert, und es kommt zur Neubildung von Gefäßen aus der Aderhaut, die unter dem Pigmentepithel liegen. Andere Wirkungsmechanismen, jedoch dasselbe Endergebnis, findet sich oft nach Entzündungen der Aderhaut oder nach Einrissen in der Bruch'schen Membran. In allen diesen Fällen kommt es zu Neovaskularisationen unter dem Pigmentepithel, wobei diese Gefäße zu Blutungen neigen, bzw. undicht sind. In der Folge findet sich eine subretinale Blutung oder ein Ödem der darüber liegenden Netzhaut, die beide zu einem Verlust der zentralen Sehschärfe führen.

Die Laserbehandlung besteht nun darin, diese Gefäßneubildungen einerseits unnötig zu machen, indem eine verbesserte Diffusion aus der Aderhaut erreicht wird, andererseits aber auch die beginnenden Neovaskularisationen so früh wie möglich zu zerstören. Leider liegen solche Gefäßnester häufig in der Nähe der Fovea (Sehgrube), und daher ist ein Gebrauch des Argonlasers nicht indiziert, will man nicht auch die xanthophyllführenden Schichten der Netzhaut zerstören. Um dies zu umgehen, verwendet man heute für derartige Koagulationen den Farbstofflaser oder den Krypton-rot-Laser. Aufgrund der größeren Eindringtiefe kann es jedoch bei Verwendung des Kryptonlasers (649 nm) zu Rupturen dieser Aderhautgefäße und damit zu Aderhautblutungen kommen. Als bester Kompromiß wird heutzutage der Farbstofflaser mit einer Wellenlänge von 620 nm angesehen. Alternativ wird weitverbreitet noch Argonlaserlicht benutzt, wobei mittels eines Grünfilters jedoch nur die Linie bei 514 nm verwendet wird. Um die Neovaskularisationen gezielt zerstören zu können, ist ein Fluoreszenzangiogramm unerläßlich.

Endokoagulation

Während intravitrealer Eingriffe, z.B. bei Vitrektomien oder Fremdkörperentfernungen, muß manchmal eine Koagulation mit dem Laser durchgeführt werden, sei es, um eventuelle Blutungen zu stillen oder spätere Netzhautablösungen zu verhindern. In diesen Fällen kann das

Laserlicht mit einer Glasfaser über ein Handstück ins Auge gebracht werden. Die Handstückspitze wird nahe an das zu koagulierende Netzhautareal herangeführt, und der Laser wird gestartet.

Tumore

Früher, sehr viel häufiger als heute, wurde der Laser zur Bestrahlung von Tumoren des Augenhintergrundes eingesetzt. Dabei handelt es sich fast ausschließlich um maligne Melanome der Aderhaut. Die einfache Phototherapie basiert darauf, daß Tumorzellen durch Hitzeeinwirkung zerstört werden. Da solche Tumore z.T. sehr dick werden (Prominenzen von mehr als 6 mm sind keine Seltenheit), versteht es sich von selbst, daß nur flache Melanome mit dem Laser behandelt werden. Ideal ist dabei die Verwendung des Farbstofflasers, weil rote Strahlung (mehr als 615 nm) zuerst tiefere Schichten des Tumors zerstört und anschließend mit den grünen Linien des Argon-Pumplasers die oberflächlichen Schichten des Tumors koaguliert werden. Für Tumoren von einer Dicke von 2 mm sind dabei bis zu 10 Sitzungen notwendig. Als erster Schritt wird um den Tumor herum ein tiefreichender Riegel gezogen, der die hämatogene Streuung von Tumormetastasen verhindern soll. Danach wird erst der eigentliche Tumor zerstört. Das Endergebnis einer solchen Therapie ist in Bild 5.5 dargestellt. Leider hat sich herausgestellt, daß die Lichttherapie von Tumoren Nebenwirkungen hat: so kommt es gehäuft zu Neovaskularisationen, auch an anderen Teilen des Fundus', und es kann, wie bei allen Laserkoagulationen des Auges, zu Faltenbildung der Netzhaut am hinteren Pol mit erheblichem Sehverlust kommen.

Im Experimentierstadium befindet sich die sogenannte 'photodynamische Therapie' des Aderhautmelanoms. Dabei werden dem Patienten systemisch Hämatoporphyrinabkömmlinge verabreicht, die sich in aktiven Geweben, wie z.B. dem intraokularen Tumor, anreichern, während sie in normalem Gewebe innerhalb von 72 Stunden ausgewaschen werden. Der Tumor wird, wenn genügend Hämatoporphyrin akkumuliert worden ist, mit rotem Licht der Wellenlänge 625 bis 630 nm bestrahlt (rote Linien des Farbstofflasers, Golddampflaser). Unter dieser Bestrahlung spaltet sich das Hämatoporphyrinmolekül auf,

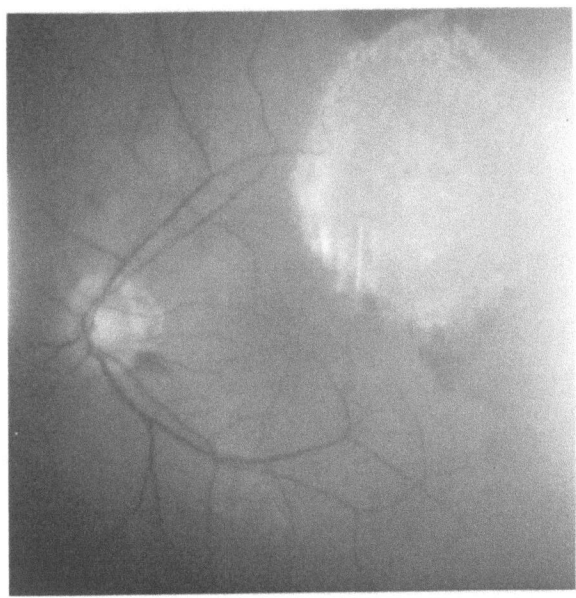

Bild 5.5. Laserkoagulation eines malignen Aderhautmelanoms. Der Tumor befindet sich bereits im Narbenstadium

das sich in der malignen Zelle befindet, und dadurch werden toxische Substanzen frei, die die Tumorzelle von innen heraus zerstören. Diese Nekrosen werden vom Körper im Laufe von Monaten abgebaut.

Glaskörperchirurgie

Photomechanische Effekte werden in den hinteren Abschnitten des Auges seltener angewendet. Die Netzhaut selbst ist dabei nie das Ziel solcher Photodisruptionen, da die entstehenden Schockwellen zur Zerreißung von Gewebe führen und damit Netzhautlöcher verursachen. Dagegen hat sich der gepulste Nd:YAG-Laser, Q-switched oder modelocked, bei der Zertrennung von Glaskörpersträngen oder -membranen bewährt. Dieser Vorgang, der sonst nur bei einer, den Patienten äußerst belastenden Operation (Vitrektomie) erreicht wird, kann jetzt am nicht geöffneten Auge innerhalb von Minuten vollzogen werden /5.3/. Dabei wird durch vorhergehende Farbstoff- oder Argonlaserkoagulationen der Strang oder die Membran gespannt und durch Verschluß von Gefäßen eine Hämostase erreicht. Die anschließenden Photodiszisionen der Glaskörperstrukturen sollten mindestens 4 mm von der Netzhaut entfernt sein, um schädliche Nebenwirkungen, wie Netzhautablösungen oder Netzhautblutungen, zu verhindern.

Bisher noch im Experimentierstadium befindet sich die Zerschneidung von Glaskörperstrukturen mit Hilfe der Photoablation. Wurden diese Stränge bei der Vitrektomie bisher mit mechanischen Schneidwerkzeugen durchtrennt, wobei regelmäßig ein Zug auf die Netzhaut angewendet wurde, so kann jetzt dieses Gewebe berührungsfrei durchschnitten werden. Das Laserlicht wird über eine Glasfaser auf dem üblichen Weg in den Glaskörperraum gebracht, was die Anwendung eines 193-nm-Excimerlasers verhindert. Alternativ wird zur Zeit mit dem Er:YAG-Laser oder mit dem Excimerlaser mit 308 nm experimentiert. Dabei hat die infrarote Laserstrahlung sicherlich gewisse Vorteile, da das 308-nm-Licht bekannte retinotoxische Eigenschaften besitzt /5.4/.

5.1.2 Vordere Abschnitte des Auges

Die zahlenmäßig häufigsten Erkrankungen der vorderen Abschnitte des Auges sind die Katarakt (grauer Star) und das Glaukom (grüner Star). Beim Glaukom ist der hydrostatische Druck im Auge erhöht, da ein Ungleichgewicht zwischen Kammerwasserproduktion im Ziliarkörper und Kammerwasserabfluß im Kammerwinkel besteht (Bild 5.6). Als Folge dieses erhöhten intraokularen Druckes entstehen Defekte am Sehnervenkopf, was sich für den Patienten als Gesichtsfeldausfall bemerkbar macht. Somit kommen zwei Therapieprinzipien in Frage: einerseits die Verminderung der Kammerwasserproduktion durch ziliarkörperzerstörende Maßnahmen, anderseits die Verminderung des Abflußwiderstandes durch Eingriffe am Trabekelwerk. Beide Behandlungsprinzipien können mit dem Laser durchgeführt werden.

Bei der Katarakt handelt es sich um eine Trübung der Linse, wobei es zur Prävention dieser Linsentrübung eine Therapie bisher nicht

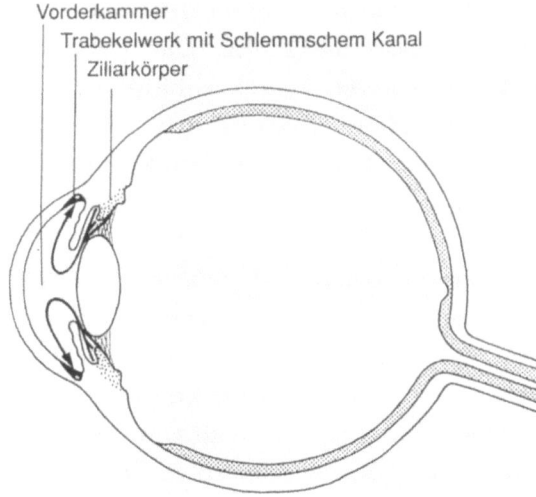

Bild 5.6. Kammerwasserdynamik im menschlichen Auge. Die Produktion von Kammerwasser im Ziliarkörper und die Drainage über das Trabekelwerk stellen ein Gleichgewicht dar, das den intraokularen Druck gewährleistet

gibt. Während sich chirurgische Verfahren der Linsenentfernung mit Hilfe der Photoablation noch im experimentellen Stadium befinden, hat der gepulste Nd:YAG-Laser zur Behandlung des Nachstars seinen festen Platz gefunden.

Die Photoablation der Hornhaut hat ihre ersten klinischen Studien hinter sich, in denen gezeigt wurde, daß mit dem Excimerlaser (193 nm) refraktiv chirurgische Eingriffe zuverlässig durchgeführt werden können. Neben diesen Eingriffen am Auge selbst werden CO_2- oder Argonlaser routinemäßig zur Behandlung von Lidtumoren (Xanthelasmen, Fibrome, Hämangiome) eingesetzt.

Glaukom

Beim Weitwinkelglaukom, bei dem in aller Regel die Abflußkanälchen im Trabekelwerk zugesetzt sind, kann mit Hilfe der Lasertrabekuloplastik der Abflußwiderstand verringert werden. Dabei wird von innen das Trabekelwerk mit Laserherden belegt, deren Narben kontrahieren und dadurch die Abflußwege wieder erweitern. Der Laserstrahl (Argon-, Farbstofflaser) wird über ein Kontaktglas, das einen Spiegel enthält, entweder direkt auf das Trabekelwerk oder aber unmittelbar anterior davon fokussiert. Typische Laserparameter sind: Fleckgröße 50 µm, Expositionszeit 0,2 s, Leistung 0,5 bis 1 W, Koagulationsanzahl 50 bis 100. Die Leistung des Lasers wird so eingestellt, daß gerade noch keine Gasblase am Koagulationsort entsteht. Die Behandlung kann wiederholt werden. Die Erfolgsquote liegt, abhängig vom Glaukomtyp, zwischen 50 und 90%, 6 Wochen postoperativ. Nach 3 Jahren waren immerhin noch 40 bis 70% der Glaukome druckreguliert /5.5/.

Beim Engwinkelglaukom wird der Kammerwinkel durch eine nach vorne verlagerte Iris verlegt. Häufig kann der Kammerwinkel erweitert werden, wenn eine Iridektomie, d.h. ein Loch in die Iris, gemacht wird, durch das das Kammerwasser in die Vorderkammer einfließen kann, ohne die Iris nach vorne drücken zu müssen. Solche Iridotomien oder Iridektomien können mit verschiedenen Lasern bewerkstelligt werden, wobei die YAG-Iridotomie mit dem gepulsten Nd:YAG-Laser heute die Methode der Wahl ist. Schon ein bis zwei Photodisruptionen können dem Kammerwasser aus der Hinterkammer den Weg freimachen. Um das Zuheilen dieser Iridotomie zu verhindern, wird das Gebiet um die YAG-Iridotomie gerne mit einem Argon-Laser-Koagulationsherd belegt. Dieses Verfahren der Laseriridotomie ersetzt weitgehend die chirurgische basale Iridektomie, mit Ausnahme jener Fälle, bei denen sich die Iris sehr nahe an der Hornhautrückfläche befindet. Dann muß bei Einsatz des Nd:YAG-Lasers mit einem mechanischen Schaden am Hornhautendothel gerechnet werden.

Die direkte Verödung des pigmentierten Ziliarkörpers gelingt mit dem Laser nur in wenigen Fällen, da der Ziliarkörper von der Iris verdeckt ist. Alternativ kann jedoch die Ziliarkörperkoagulation (Zyklophotokoagulation) durch Bindehaut und Sklera hindurch erfolgen, wenn Wellenlängen benutzt werden, für die die Sklera nicht stark absorbiert. Für Licht des Nd:YAG-Lasers (Dauerstrich) findet für eine solche transsklerale Applikation nur eine Absorption von 10 bis 20% in der Sklera statt, während 55 bis 75% den Ziliarkörper erreichen; der Rest geht durch Streuung verloren /5.6/. Die Fleckgröße an der Sklera beträgt üblicherweise 600 µm, die Bestrahlungsleistung beträgt 20 W und die Expositionszeit 0,2 s. Es werden 20 bis 40 Koagulationsherde angebracht, und die Behandlung läßt sich noch mehrere Male wiederholen.

Katarakt

In der modernen Kataraktchirurgie wird der getrübte harte Linsenkern mechanisch zertrümmert und anschließend mit dem weichen Linsencortex abgesaugt. Dabei wird sorgfältig darauf geachtet, daß der hintere Teil der Linsenkapsel mit der Linsenaufhängung (Zonulafasern) nicht beschädigt wird. Als optischer Ersatz wird anschließend eine Kunststofflinse implantiert.

Als schonenderes Verfahren zur Linsenkernzertrümmerung wird die Photoablation des Linsenkerns angesehen. Erste experimentelle Phakophotoemulsifikationen wurden mit dem Excimerlaser (308 nm) /5.7/ und mit dem Er:YAG-Laser /5.8/ mit Hilfe von Glasfasern durchgeführt.

Die verbliebene hintere Linsenkapsel kann sich wieder eintrüben und so den sogenannten 'Nachstar' erzeugen. Die Methode der Wahl der Nachstarbehandlung ist heute die Nachstardiszision mit dem gepulsten Nd:YAG-Laser /5.9/. Mit einigen wenigen Laserimpulsen (2 bis 5 mJ pro Puls) kann eine optische Lücke geschaffen werden, ohne die Barrierefunktion der Linsenkapsel wesentlich zu beeinträchtigen (Bild 5.7). Wichtig für den Erfolg der Nachstardiszision ist, daß der opti-

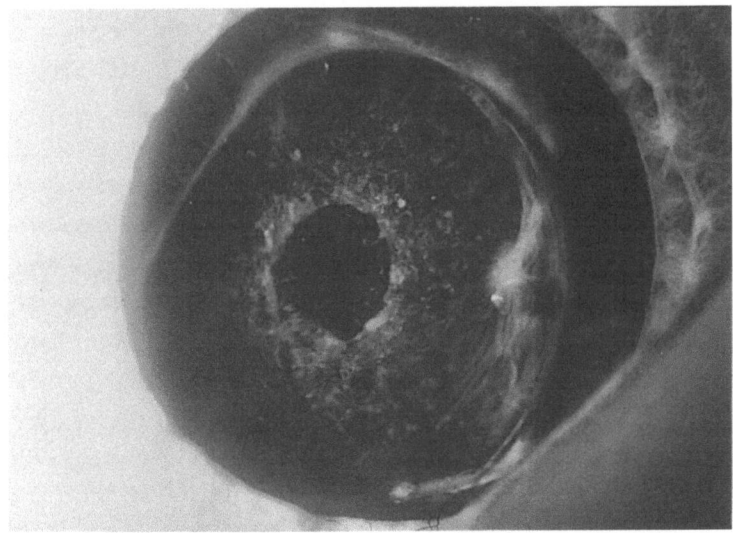

Bild 5.7. YAG-Laser Kapsulotomie. Es entsteht eine optische Lücke, die das Sehen in der Regel erheblich verbessert

sche Durchbruch knapp hinter der zu sprengenden Kapsel liegt. Deshalb ist ein Zielstrahl (He-Ne-Laser) notwendig, dessen Fokus genau im Fokus des Nd:YAG-Lasers oder um eine definierte Distanz davor liegt. Manche Lasergeräte haben eine variable, aber kalibrierbare Brennpunktverschiebung dieser beiden Laser. Die Nachstardiszision mit dem Nd:YAG-Laser stellt eine gewaltige Verbesserung der Therapie dar, da sie in vielen Fällen eine bulbuseröffnende Operation mit all ihren Komplikationen ersetzt.

Refraktive Hornhautchirurgie

Die vielleicht neueste Anwendung der Laser in der Ophthalmologie stellt die Photoablation der Hornhaut dar. Bislang wurde die Photoablation nur mit dem Excimerlaser der Wellenlänge 193 nm durchgeführt, jedoch steht im Experiment bereits der Er:YAG-Laser zur Verfügung. Dieses stark expansive Feld beinhaltet zur Zeit drei verschiedene Eingriffe: Exzision von schmalen Streifen cornealen Gewebes (Laserkeratektomie), ähnlich der Keratotomie mit dem Diamantmesser, Glättung der Hornhautoberfläche nach chirurgischen Interventionen und Veränderung der äußeren Hornhautoberfläche durch flächige Abtragung (Laserkeratomileusis), die der Hornhaut eine neue Form gibt. Während die ersten beiden Applikationen sich bereits in der klinischen Routine als erfolgreich erwiesen haben, wird die dritte Methode zur Zeit noch klinisch untersucht.

Die Laserkeratektomie wird derzeit hauptsächlich zur Astigmatismuskorrektur eingesetzt /5.10/. Dabei werden Entlastungsexzisionen durchgeführt, die eine Abflachung der Hornhaut im Meridian senkrecht zu den Exzisionen und eine Aufwölbung senkrecht dazu zur Folge haben (Bild 5.8). Dieses Verfahren besitzt gegenüber der Inzisionstechnik mit dem Diamantmesser den Vorteil einer sehr genau einstellbaren Exzisionstiefe, einer Größe von der der refraktive Effekt sehr kritisch abhängt. So kann bei einer Exzisionstiefe von 90% eine Astigmatismuskorrektur von 2 dpt erwartet werden, während bei 95%ger Einschnittiefe der Effekt bereits 4 dpt beträgt. Vergleicht man die Reproduzierbarkeit der Laserexzisionen mit der von Diamantmesserinzisionen, so steht eine Varianz von 4% beim Laser der

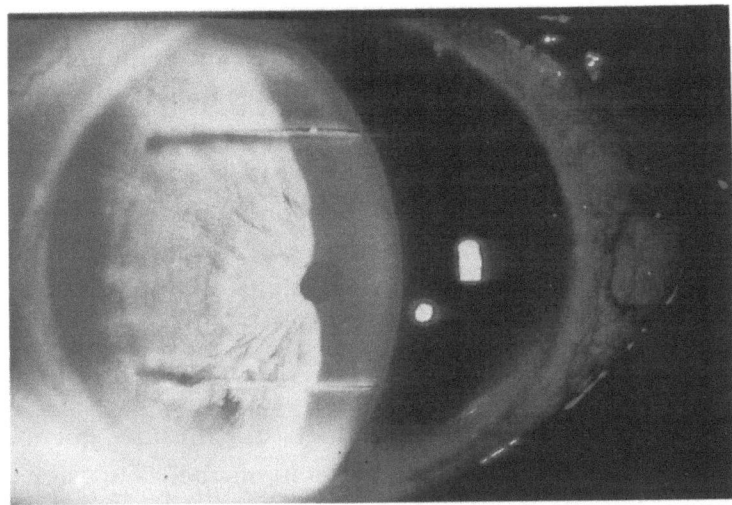

Bild 5.8. Keratektomie mit dem Excimerlaser zur Astigmatismuskorrektur

von 10% beim Diamantmesser gegenüber. Auch gekrümmte Laserexzisionen sind reproduzierbar möglich. Dazu wird eine Maskentechnik angewendet, die das Problem des beweglichen Auges bei einem festen Laserstrahl löst (Bild 5.9). Die bisher zur Verfügung stehenden Excimerlaser arbeiten mit einer Energiedichte von 150 bis 500 mJ/cm^2, und es werden Repetitionsfrequenzen von 20 bis 30 Hz benötigt. Für eine 90%ge Exzision sind unter diesen Voraussetzungen 250 bis 1000 Laserpulse nötig.

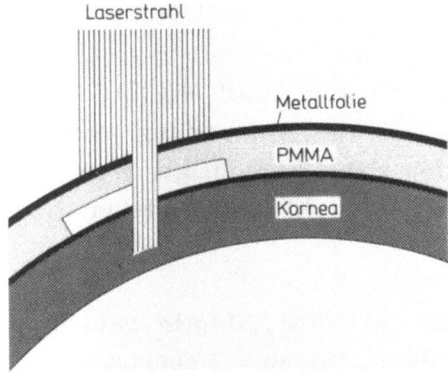

Bild 5.9. Kontaktmaskentechnik zur Laserkeratektomie
(PMMA = Kontaktlinse)

Bei der flächigen Ablation zur Oberflächenglättung wird ein Immersionsverfahren verwendet, wobei sich die Flüssigkeit in den Vertiefungen der rauhen Oberfläche ansammelt und diese daher vor der Strahlung geschützt werden. Wird nun mit einem Laserstrahl des Durchmessers 2 bis 3 mm das rauhe Areal bestrahlt, so werden nur die aus dem Flüssigkeitssee emporragenden Erhöhungen abgetragen; damit wird eine so genaue Nivellierung erzielt, wie sie mit anderen Methoden (Hokeymesser oder Rotationsfräsen) nicht erreicht wird. Typische Anwendungen sind Glättung der Hornhaut nach Pterygium-Operationen oder bei der bandförmigen Hornhautdegeneration /5.11/.

Die wohl interessanteste Anwendung stellt jedoch die direkte Formveränderungen der Kornea im Sinne einer Abflachung bei Kurzsichtigkeit oder Aufwölbung bei Weitsichtigkeit dar. Dabei müssen die zentralen 5 mm der Hornhaut so abgetragen werden, daß eine neue optische Oberfläche mit den gewünschten optischen Eigenschaften ensteht. Das Verfahren, 'Laserkeratomileusis' oder 'PRK' (photorefractive keratectomy), wurde bisher an mehr als 5000 Patienten eingesetzt. Die Erfolgsquote lag bei der Korrektur der Kurzsichtigkeit bis zu -7 dpt bei 90%. Nebenwirkungen, wie z.B. Halos bei Nacht, konnten durch größere Ablationszonen drastisch vermindert werden. Komplikationen sind selten, Vernarbung kommt in weniger als 3% der Fälle vor, solange nur geringe bis mäßige Myopien korrigiert werden. Sie können auch in einer zweiten Sitzung mit dem Laser entfernt werden. Das Verfahren wurde 1991 von der FDA in den USA zur Phase III (mehrjährige Kontrolle an 1400 Patienten) zugelassen.

5.2 Gynäkologie

Bisher wurden in der Gynäkologie CO_2-, Argon- und Nd:YAG-Laser eingesetzt. Wie bei anderen Disziplinen, ist die Anwendung von Lasern gegenüber konventionellen Methoden dann berechtigt, wenn die Komplikationen reduziert werden können oder Krankheitsdauer bzw. Kostenaufwand geringer sind.

Der CO_2-Laser kommt im TEM_{00}- oder im TEM_{01}-Mode zum Einsatz, je nachdem ob eine zentrale oder mehr flächige Energiekonzentration im Laserspot gewünscht wird. Die CO_2-Strahlung wird entweder über ein Operationsmikroskop mit Mikromanipulator direkt fokussiert (übliche Fokuslänge 30 bis 40 cm), über Endoskope (Kolposkop, Hysteroskop, Laparoskop) oder mit sogenannten 'Handstükken', meist Hohlleitern, an den Applikationsort gebracht. Der Nd:YAG-Laser wird meist mit gekühlten Fasern und/oder Saphirhandstücken verwendet, während der Argonlaser häufig über die einfache Glasfaser direkt appliziert wird.

Die Laseranwendung in der Gynäkologie hat folgende Schwerpunkte:
1. Dystrophien und Neoplasien der Vulva
2. Verschiedene Läsionen im Vaginalbereich
3. Intraepitheliale Neoplasie der Cervix uteri
4. Intrauterine Operationen
5. Intraabdominale Operationen
6. Operationen an der Brust.

5.2.1 Bereich der Vulva

Im Vordergrund steht hierbei der Einsatz des CO_2-Lasers bei der vulvären intraepithelialen Neoplasie (VIN, Morbus Bowen, Morbus Paget) aber auch bei hyperplastischen und gemischten Formen der Vulvadystrophie. Diese Veränderungen finden sich hauptsächlich bei Frauen nach der Menopause, jedoch bemerkten Baggish und Dorsey /5.12/, daß fast ein Drittel ihrer Patientinnen unter 30 Jahre alt waren. Während früher eine Vulvektomie mit konsekutiven schweren emotionalen Komplikationen durchgeführt wurde, ist man heute dazu übergegangen nur eine oberflächliche Vulva-Skinektomie vorzunehmen.

Nach histologischer Abklärung eines Probeexzidates wird mit Flächenleistungen um 1000 W/cm^2 eine Oberflächenvaporisation mit einer Abtragungstiefe von bis zu 3 bis 4 mm unter Sichtkontrolle mit dem Operationsmikroskop und Mikromanipulator vorgenommen. Dabei ist darauf zu achten, daß im Gesunden reseziert wird. Die Exzision wird mit einem kleinerem Spot (typisch 1 mm) durchgeführt, während die Blutstillung mit dem defokussierten Laserstrahl erfolgt. Der Eingriff wird in allgemeiner Anaesthesie durchgeführt. Der Vorteil des Lasereinsatzes liegt in einer 90%igen Erfolgsrate bei minimaler Narbenbildung.

Daneben kommt der Laser bei der Exzision von Condylomata accummata zum Einsatz (siehe 5.3 Urologie). Auch bei der Entfernung oder Marsupialisation von Bartholinischen Zysten können CO_2- oder Nd:YAG-Laser Verwendung finden.

5.2.2 Vaginalbereich

Neben der Behandlung von Condylomata, Narbengranulomen, Scheidensepten und Zysten ist die CO_2-Laserablation die Therapie der Wahl bei vaginalen intraepithelialen Neoplasien (VAIN). Auch hier wird die oben genannte CO_2-Lasertechnik mit dem Operationsmikroskop angewendet. Es ist allerdings zu beachten, daß, insbesondere bei älteren Frauen, die Vaginalhaut atrophisch dünn sein kann. Die Heilungsraten liegen wie bei Vulvaepithelbehandlungen in der Grössenordnung von 90%.

5.2.3. Cervix uteri

Der Muttermund (Cervix) stellt den Übergang von Scheide (Vagina) zur Gebärmutter (Uterus) dar. Dabei ist die Portio (äußerer Teil) von Plattenepithel, der Cervixkanal von zylindrisch schleimbildendem Epithel ausgekleidet (Bild 5.10). Der Übergang dieser beiden Epithelien ineinander stellt eine kritische Zone dar, da hier die Mehrzahl der Cervixkarzinome vorkommt. Während früher der Altersgipfel der cervikalen intraepithelialen Neoplasie (CIN) bei 40 Jahren lag, findet er sich heute bei Frauen zwischen 20 und 30 Jahren. Die Früherkennung und -behandlung von CIN hat hohe epidemiologische Bedeutung. Die CIN wird in drei Stufen (I bis III) histologisch nach dem Schweregrad der Dysplasie eingeteilt. Bei CIN I der Portio kommt analog zu den intraepithelialen Neoplasien von Vulva und Vagina (VIN, VAIN) eine quadrantenweise Epithelablation mit dem CO_2-Laser zur An-

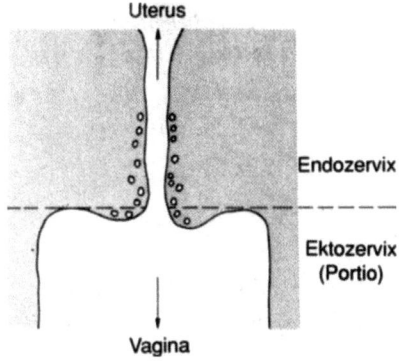

Bild 5.10. Cervix uteri. Schematische Darstellung

wendung. Bei CIN II und III der Portio ebenso wie bei CIN des Ekto-Endocervixgrenzbereiches oder der Endocervix muß eine Cervixexzision durchgeführt werden. Diese Cervisexzision (Konisation) wird heute als Kombination von herkömmlicher und Laserchirurgie unter Lokalanaesthesie durchgeführt /5.13/. Dabei wird eine zirkuläre Laserinzision 8 bis 18 mm tief (Bild 5.11) mit dem fokussierten Laser (Fokusdurchmesser 0,5 mm, 30 bis 50 W Dauerstrich) angebracht. Das so entstandene zylinderförmige Exzidat mit dem Durchmesser von 1 bis 1,5 cm wird mit speziell beschichteten Häckchen fixiert und dann am oberen Ende mit dem Skalpell scharf abgetrennt. Die darauf folgende Blutstillung erfolgt mit dem defokussierten Laserstrahl (Fokusdurchmesser 2 mm).

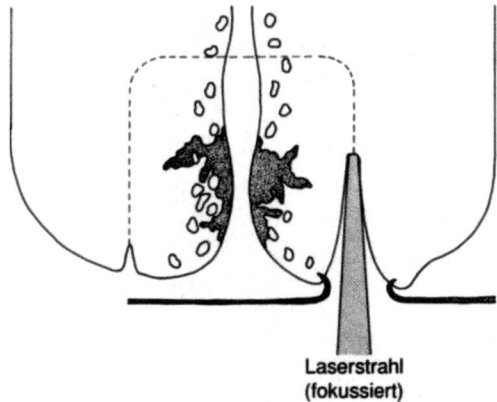

Bild 5.11. Laserexzision bei CIN II und III. Die senkrechte zylindrische Dissektion wird mit dem Laser durchgeführt, während die Horizontale scharf mit dem Skalpell präpariert wird

Mit diesem Verfahren werden deutlich weniger CIN-Residive (6 bis 8% gegenüber 12 bis 50% bei herkömmlicher Konisation) verzeichnet, es tritt ein nur geringer Blutverlust auf, und es kommt nur sehr selten zu Narbenstrikturen. Neben der CIN stellt auch das invasive Cervixkarzinom eine relative Indikation für den Lasereinsatz (Nd: YAG-Laser) mit dem Vorteil eines blutarmen Vorgehens dar.

5.2.4 Intrauteriner Lasereinsatz

Die Applikation von Nd:YAG-, Ar- oder CO_2-Laser in der Gebärmutter ist mit dem Hysteroskop möglich. Indikationen für den Nd:YAG-Lasereinsatz liegen bei persistierenden intrauterinen Blutungen, submukösen Myomen und Uterussepten oder -synechien vor.

Bei therapieresistenten schweren Menorrhagien /5.14/ wird unter Spülen des Uterusinneren mit 0,9% NaCl-Lösung das Endometrium mittels des freien Faserendes im Abstand 2 bis 3 mm mit dem Nd:YAG-Laser einer Leistung um 50 W-Dauerstrich koaguliert. Die Erfolgsrate liegt bei über 90% nach einer Behandlung und über 95% nach zwei Behandlungen. Mit dem Laser wird dadurch ein großer Eingriff durch einen kleinen endoskopischen Eingriff ersetzt.

Die blutarme Entfernung von gestielten intrauterinen Myomen ist mit geringen Leistungen (15 W cw) mit dem Nd:YAG- oder Argonlaser möglich.

Uterussepten ebenso wie Uterussynechien können mit dem Nd:YAG-Laser und Kontaktspitzen oder dem freien Faserende (400 µm) entfernt bzw. gelöst werden. Auch hier wird ein größerer Eingriff durch einen kleinen mit blutarmem Vorgehen ersetzt /5.15/.

5.2.5 Intraabdominale Laseroperationen

Hierbei werden Operationen mit dem Laparoskop und solche an offenen Abdomen unterschieden. Anwendungen finden sich bei der Behandlung der Endometriose und in der Sterilitätschirurgie.

Endometrioseherde können sowohl mit dem CO_2-Laser (0,5 mm Fokus) mit Dampfabsaugung /5.16/ als auch mit dem Nd:YAG-Laser-Laparoskop /5.17/ durchgeführt werden, wobei die Verwendung des Nd:YAG-Lasers Vorteile bringt.

Die Sterilitätschirurgie ist die Domäne des CO_2-Lasers, obwohl vereinzelt auch der Nd:YAG-Laser zum Einsatz kommt. Bei der Salpingolyse werden peritubäre Adhäsionen gelöst, um ein freies Lumen im Eileiter zu gewähren. Bei Verwachsungen können neue Eileiteröffnungen (Salpingostomie) erzeugt werden. Darüberhinaus sind sogar Reimplantationen der Tuben am Uterus und Reanastomosen erfolgreich vorgenommen worden. Beim polyzystischen Ovarsyndrom wurden mehrere Schnitte in die hyperfibrotische Kapsel mit dem Nd:YAG-Laser gemacht. Innerhalb weniger Tage kam es zu spontanen Eisprüngen. Die Vorteile der Laseranwendung bei diesen mikrochirurgischen Eingriffen liegen in der Blutarmut des Eingriffes und der gleichmäßigen Schnittcharakteristik.

Der Nd:YAG-Laser kann zur sicheren Sterilisation eingesetzt werden, in dem laparoskopisch die Eileiter auf einem ca. 1 cm langen Stück koaguliert werden /5.18/.

5.2.6. Laseroperationen an der weiblichen Brust

Auch hier ist der CO_2-Laser das Instrument der Wahl, obwohl bei größeren Läsionen (Tumoren) der Nd:YAG-Lasereinsatz erfolgversprechend ist. Bei chronischen Brustabszessen wird das infizierte Segment en bloc exzidiert oder die Abszeßhöhle eröffnet und ihre Innenschicht vollständig abladiert. Über einer Drainage wird die Wunde geschlossen.

Bei der Exzision von Tumoren hat der Laser den Vorteil, daß das Tumorbett noch abladiert werden kann (CO_2-Laser) und damit ein blutarmer Eingriff gesichert und eine Zerstörung von eventuellen Tumorzellen des Exzisionsbettes erreicht werden. Neben der Tumorentfernung wird der CO_2-Laser auch dazu benutzt, die axillären Lymphknoten zu veröden, ohne benachbarte Venen und Nerven übermäßig zu belasten /5.19/.

In der Gynäkologie hat hauptsächlich der CO_2-Laser seinen festen Platz gefunden und sein Einsatz wird bei zunehmend mehr Operationen befürwortet. Die Vorteile des Lasers liegen dabei in der genauen Exzision, der flächenhaften Ablation und Blutarmut des Eingriffs /5.20, 5.21/. Weitere Anwendungen eröffnen sich dem Laseroperateur mit der Entwicklung neuer fiberoptischer Systeme.

5.3 Urologie

In der Urologie findet der Laser für die Therapie aller harnableitenden Organe Verwendung: Nierenbecken, Harnleiter (Ureter), Harnblase, Harnröhre (Urethra) und äußere Genitalien (Bild 5.12). Obwohl Zystoskope für den CO_2-Lasereinsatz vereinzelt benutzt wurden, wird der CO_2-Laser hauptsächlich am äußeren Genital eingesetzt. Andererseits findet dort auch der Nd:YAG-cw-Laser klinische An-

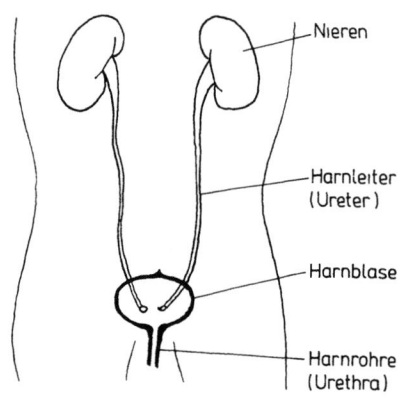

Bild 5.12. Schematische Darstellung der harnableitenden Organe

wendung. Die Erfolge bei der Ar-Laseranwendung bei Harnröhrenstrukturen sind eher zurückhaltend zu beurteilen. Harnblasentumoren werden schon seit längerer Zeit mit Ar- und Nd:YAG-cw-Lasern koaguliert, andererseits ist hier auch die photodynamische Therapie mit Erfolg klinisch angewandt worden. Bei Harnleiter- ebenso wie Nierenbeckenharnsteinen gelangt in neuester Zeit die laserinduzierte Stoßwellenlithotripsie zur Anwendung.

5.3.1. Äußere Genitale

Die häufigsten venerischen Warzenbildungen der Anal- und Genitalregion sind die Condylomata acumminata. Diese benignen Epitheliome müssen wegen des Infektions-, aber auch des Entartungsrisikos früh behandelt werden. Die Laserkoagulation findet entweder in lokaler Anästhesie oder Vollnarkose statt. Dabei haben sich sowohl der CO_2-Laser als auch der Nd:YAG-cw-Laser bewährt. Ein Problem bei der Behandlung stellt das Rezidiv, insbesondere bei intraurethraler Ausdehnung der Condylomata.

Baggish /5.22/ behandelte mehr als 200 Fälle mit dem CO_2-Laser mit einer Rezidivrate von weniger als 8%. Dabei zeichnete sich diese Behandlung durch eine schnelle und narbenarme Heilung aus. Rosemberg /5.23/ berichtet über die Behandlung von 22 Patienten mit intraurethraler Ausbreitung von Condylomata acumminata, wobei 87% schon nach einer Behandlung rezidivfrei waren. Keine einzige Harnleiterstenose durch Narbenstrikturen trat auf.

Ebenfalls eine geringe Rezidivrate wird bei der Behandlung mit dem Nd:YAG-Laser erzielt /5.24/, die in der Regel in Lokalanästhesie erfolgt. Es stellt sich jedoch die Frage, ob die große Eindringtiefe der 1060-nm-Strahlung nicht zu tiefen Koagulationen führt, die bei solch' oberflächlichen Läsionen gar nicht notwendig erscheinen.

Bei malignen Penistumoren scheint die Nd:YAG-Lasertherapie bis zum Tumorstadium T_2 allen anderen Therapieformen, insbesondere der Penisteilamputation, überlegen zu sein. Damit kann ein verstümmelnder Eingriff umgangen werden, und es sollen keine nennenswerten Funktionseinbußen auftreten /5.25/. Für den gezielten und erfolgreichen Eingriff ist jedoch eine genaue Klasseneinteilung des Tumors notwendig. Bei T_1-Tumoren wird der gesamte Tumor 5 mm im Gesunden bestrahlt, bis eine homogene weiße Nekrosefläche entsteht. Typisch sind Leistungen von 40 W und Fleckgrößen um 600 µm. Bei T_2-Tumoren wird der Tumor lokal chirurgisch exzidiert, anschließend werden Tumorgrund und -rand gleich wie bei T_1-Tumoren koaguliert. Zusätzlich werden lokale Lymphknoten chirurgisch entfernt. Die Abheilungszeit beträgt bis zu drei Monaten.

5.3.2. Blasentumore

Blasentumore zeichnen sich unter anderem dadurch aus, daß sie in den meisten Fällen nach Entfernung zu Rezidiven neigen. Dabei ist bisher nicht klar, ob es sich ursächlich um multifocale Tumore handelt (wenigstens zum Zeitpunkt der Entdeckung) oder ob durch die Resektion selber, häufig eine transurethrale Resektion (TUR), Abklatschmetastasen gesetzt werden.

Andererseits durchsetzen diese Tumore zum Teil früh die Blasenwand, und daher ist eine Resektion nur dann als erfolgreich anzusehen, wenn sie den Tumor zerstört, die Blasenwand dabei nicht perforiert und die anliegenden Gewebe des Intestinaltraktes nicht schädigt.

Klinisch haben sich bisher nur der Nd:YAG-cw-Laser und, weniger häufig, der Ar-Laser durchgesetzt. Eine photodynamische Therapie von multifocalen Tumoren, aber auch ihre Diagnose (siehe Abschnitt 4.7.3) ist als Ergänzung zur Koagulationsbehandlung sinnvoll.

Die bisher publizierten Daten /5.26/ vergleichen eine lokale Rezidivrate nach Laserkoagulation von weniger als 5% mit der nach konventioneller TUR von 40 bis 60%. Offensichtlich liegt der Vorteil der Laserkoagulationstechnik in einer ausgezeichneten Sicht, die eine vollständige Resektion möglich macht. Die guten optischen Verhältnisse werden durch die unblutige Koagulation erereicht.

Kleine Tumore mit einem Durchmesser von weniger als 1,5 cm können mit dem Laser alleine koaguliert werden. Bei größeren, mehr exophytisch wachsenden Tumoren wird der Tumorbasisrand zuerst laserkoaguliert, danach wird die Geschwulst bis auf Wandniveau elektroreseziert (TUR) und anschließend das Tumorbett nochmals gelasert. Nach einer Woche wird eine Kontrollbiopsie durchgeführt. Diese Therapie kann mit adjuvanter Chemotherapie kombiniert werden. Typische Bestrahlungsleistungen sind 30 bis 40 W bei einer Expositionszeit von 2 bis 4 s.

Frank und Mitarbeiter /5.27/ verglichen Ar-, CO_2- und Nd:YAG-Laserkoagulationen und zeigten, daß der Argonlaser nur bei sehr oberflächlichen Läsionen benutzt werden kann. Dieser Empfehlung folgend, wurden oberflächliche Karzinome und Karzinome in situ der Harnblase mit einem 5W-Ar-Laser und einer Fleckgröße von 200 µm koaguliert. Bei 11 von 18 Patienten wurden keine lokalen Rezidive nachgewiesen /5.28/.

Bei all diesen transurethralen Behandlungen wird unter lokaler Anaesthesie mit dem starren Zystoskop gearbeitet, in das eine flexible Glasfaser eingeführt und dessen Ausgang auf das Gewebe fokussiert wird. Dieses Vorgehen hat den Vorteil, daß der Patient intra- und postoperativ relativ schmerzfrei und eine postoperative Katheterisierung nicht notwendig ist.

Noch nicht in der klinischen Routine ist die photodynamische Therapie der (multifokalen) Blasentumore, jedoch sind die präklinischen Versuche durchaus vielversprechend. Dabei wird nach ausreichender HPD-Gabe (siehe Abschnitt 4.7) Laserlicht mit Wellenlängen um 630 nm dispergiert, um eine möglichst homogene Ausleuchtung der gesamten Blase zu erreichen. Es werden Ar- gepumpte Farbstofflaser oder der Golddampflaser benutzt, um eine Intensität von 50 bis 200 mW/cm^2 zu erzeugen. Zur Lichtdispersion wird eine Zerstreuungskugel um das Faserende gelegt oder die gesamte Blase mit einem trüben Diffusionsmedium gefüllt. Daneben kann die Fluoreszenz des

HPD unter blau/violett-Bestrahlung dazu benutzt werden, kleine Tumore auszumachen.

5.3.3 Laserlithotripsie von Harnsteinen

Harnsteine ebenso wie Gallensteine können mit Hilfe von Laserpulsen im Mikrosekundenbereich zerkleinert werden, ein Verfahren, das weltweit an mehr als 1500 Patienten mit Erfolg durchgeführt wurde. Eingesetzt werden gepulste Farbstofflaser (Faserdicke 200 µm) oder gütegeschaltete Nd:YAG-Laser (Faserdicke 600 µm).

Zeitaufgelöste Spektren, die während der Steinzertrümmerung auf genommen wurden, zeigten, daß bei der Absorption des Laserpulses (typisch 50 bis 100 mJ) an der Steinoberfläche ein Plasmafunken entsteht, der Stoßwellen von einigen 100 bar erzeugt. Ob die Steinzertrümmerung hauptsächlich durch die Stoßwelle oder die Kavitationsblase erfolgt, ist bislang noch nicht geklärt. Sicher hingegen ist, daß selbst bei längerer Belastung nur Schäden in der Schleimhautschicht entstehen und darüberhinaus auch Steine im unteren Drittel des Harntraktes zerkleinert werden können, die mit den herkömmlichen Lithotripter aufgrund der Abschirmung durch die Beckenknochen nicht erreicht werden.

5.4 Neurochirurgie

Im Gegensatz zu anderen Disziplinen gilt für den Einsatz von Lasern in der Neurochirurgie, daß bisher kaum allgemein anerkannte absolute Indikationen für die Laserchirurgie erschlossen wurden. Zwar werden Kohlendioxid-, Argon- und Nd:YAG-cw-Laser schon seit Ende der 60er Jahre im experimentellen und präklinischen Bereich angewendet, jedoch scheint ihr routinemäßiger klinischer Einsatz zur Zeit noch auf wenige "Laserneurochirurgen" und wenige Indikationen begrenzt zu sein.

Der überwiegend eingesetzte Laser ist auch heute noch der CO_2-Laser. So wurden bei fast 1000 Laseroperationen an der Universitätsklinik für Neurochirurgie Graz zu 81% der CO_2-Laser, zu 18% der Nd:YAG-cw-Laser und nur zu 3% der Argonlaser benutzt /5.30/.

Grob läßt sich die Anwendung der beiden meistgebrauchten Laser folgendermaßen charakterisieren: mit dem CO_2-Laser wird über die Photovaporisation Gewebe geschnitten und vaporisiert; dies geschieht in der Regel in Kombination mit dem Operationsmikroskop. Mit dem Nd:YAG-cw-Laser wird dagegen die Koagulation von arteriellen und venösen Gefäßen, aber auch die von Gewebe, intendiert. Da das Nd:YAG-Licht mit einer Glasfaser transportiert werden kann, wurde dieser Laser schon früh in Verbindung mit Endoskopen eingesetzt.

Frühe experimentelle Arbeiten zeigen, daß mit dem CO_2-Laser Gewebe mittels Photovaporisation schonend entfernt werden kann. Die Nekrosezone reicht ca. 300 µm in das angrenzende Gewebe, umgeben von einem etwas größeren ödematösen Gebiet. Beim Vergleich verschiedener Chirurgiemethoden fiel auf, daß 2 mm vom Koagulationsziel entfernt der Temperaturanstieg beim CO_2-Laser nur 8 °C betrug, verglichen mit 15 °C bei der bipolaren Kauterung und 110 °C mit dem monopolaren Kauter /5.31/. Während mit dem bipolaren Kauter auch größere Gefäße verschlossen werden konnten, gilt dies für den CO_2-Laser nur für kleinere Gefäße (Venen bis 0,5 mm Durchmesser). Alle diese Aspekte deuten darauf hin, daß der CO_2-Laser ein ideales Instrument für präzise Eingriffe am zentralen Nervensystem darstellt. Im Gegensatz zum CO_2-Laser können mit dem Nd-YAG-cw-Laser Arterien bis zu 2 mm Durchmesser okkludiert werden. Darüberhinaus kann mit dem Nd:YAG-Laser selektiv das Gefäßnetz koaguliert werden, weil das Absorptionsverhältnis von Blut : Hirngewebe etwa 100:1 beträgt /5.32/. Inwieweit Laser, seien es CO_2-, Nd:YAG- oder Argonlaser, zur Behandlung von Aneurysmen oder zur Erstellung von Endzuend-Anastomasen zweier Gefäße taugen, wird noch präklinisch geprüft (siehe Abschnitt 5.9).

Übereinstimmend wird als eine der wenigen absoluten Indikationen für den Einsatz des CO_2-Lasers der intramedulläre Tumor des Rückenmarks angesehen /5.33/. Dabei kann der Tumor vaporisiert werden, ohne zusätzliche neurologische Ausfälle zu produzieren. Vor der Verwendung des Nd:YAG-Lasers am Rückenmark oder in der Nähe von Hirnnerven wird ausdrücklich gewarnt.

Akustikusneurinome und Kleinhirnbrückenwinkeltumore können sowohl mit dem Argonlaser als auch mit dem CO_2-Laser schonend entfernt werden /5.34/.

Bei Operationen von Meningeomen hat sich der CO_2-Laser bewährt. Mit Leistungen bis zu 250 W wird der Tumor zuerst ausgehöhlt. Anschließend werden die noch bestehenden tumorösen Randteile nach innen geschlagen und dann dort vaporisiert /5.35/. Es wird berichtet, daß der Blutverlust ebenso wie das mechanische Trauma für die angrenzenden gesunden Gewebe mit dem Laser erheblich geringer seien, als dies mit konventionellen Methoden möglich ist. Müssen stark vaskularisierte Meningeome entfernt werden, so bietet sich der Nd:YAG-cw-Laser an (bis 100 W). Auch die kombinierte Verwendung von Nd-YAG-Laser (Hämostase) und CO_2- Laser (Vaporisation) ist möglich. Die Verkürzung der Operationszeit um 1 bis 2 Stunden und die Verringerung des Blutverlustes sind wesentliche Vorteile. Sind solche Tumore in den Sinus sagittalis eingebrochen, wird zuerst der Tumor außerhalb des Sinus exzidiert und danach mit dem Nd:YAG-Laser die Infiltrationszone bestrahlt. Durch die Streuung des infraroten Lichtes und seine große Eindringtiefe wird der Tumorrest durch die intakte Sinuswand erreicht, was zur Schrumpfung und zum späteren Abbau des tumorösen Gewebes führt. Dieses Verfahren kann eine Sinusplastik überflüssig machen /5.33/.

Für Operationen von Tumoren im oder am Hirnstamm ist der CO_2-Laser das Instrument erster Wahl. Ein endoskopischer Lasereinsatz intravaskulär (Atereosklerose) oder intraventrikulär befindet sich noch in der Erprobungsphase.

Zusammenfassend kann festgehalten werden, daß der CO_2-Laser in der Neurochirurgie meistenteils eingesetzt wird zur atraumatischen Entfernung von Tumoren und bei allen gutartigen Prozessen der Mittellinienstruktur des Großhirns, der Schädelbasis, des Hirnstammes und des Rückenmarks. Dagegen findet der Nd-YAG-cw-Laser hauptsächlich Anwendung bei großen, stark vaskularisierten Tumoren und zur Erzeugung von Hämostase vor anderen Eingriffen. Der Argonlaser kann zur Behandlung von Gefäßmißbildungen dienen.

5.5 Dermatologie

Bis auf wenige Ausnahmen ist die Dermatologie heute noch die Laserdomäne des Argonlasers und CO_2-Lasers. Der Farbstofflaser ebenso wie der Nd:YAG-Laser spielen hier bisher noch eine untergeordnete Rolle.

Naevus flammeus

Im Vordergrund der dermatologischen Argonlasertherapie stehen oberflächliche Mißbildungen des Gefäßsystems, insbesondere der Naevus flammeus. Er tritt bei weniger als 1% der Lebendgeburten auf und ist, insbesondere wenn er im Gesicht und großflächig vorkommt, zum Teil sehr entstellend. In wenigen Fällen ist der Naevus flammeus gekoppelt mit anderen Mißbildungen (z.B. Sturge-Weber-Syndrom).

Alle früheren Versuche, wie Bestrahlung mit ionisierender Strahlung, Kryotherapie, Elektrokauterung oder chemischer Verödung waren eher unbefriedigend. Deshalb wurde den Patienten das Leiden als unbehandelbar dargestellt und zu einem dichten Make-up geraten. Histologisch handelt es sich um gehäuft auftretende, dilatierte Kapillaren. Einige Untertypen sind histologisch klassifiziert worden, der Übergang zum Hämangiom ist fließend.

Da sich die Naevi in ihrer Farbe sehr unterscheiden (bedingt durch variablen Hämoglobin- und Melaningehalt) und auch die Reaktion auf die Laserkoagulation sehr unterschiedlich ausfällt, empfiehlt es sich, an einem Randstück des Naevus eine Testkoagulation durchzuführen (wir benutzen ein Areal von 2 x 2 mm^2). Dabei steigert man bei konstantem Spotdurchmesser (0,4 bis 1,0 mm) die Laserleistung, bis eine bleibende Weißfärbung auftritt; typische Werte liegen für 0,5 s Expositionszeit bei 0,5 W. Nach einem Monat wird dieses Testfeld auf Rekanalisierung und Narbenbildung kontrolliert und erst nach einem weiteren Monat ein zweites Feld bestrahlt. Die Behandlung ist langwierig und verlangt sowohl vom Patienten als auch vom Arzt Geduld. Überstürztes Vorgehen vergrößert das Risiko unkontrollierter Narbenbildung und Pigmentverschiebungen. Obwohl in der Praxis häufig Kinder vorgestellt werden, ist gerade bei diesen Patienten die Erfolgsaussicht am geringsten. Andererseits kann bei Mißerfolg einige Jahre später ein zweiter Versuch unternommen werden. Auch verschwinden kindliche kapilläre Hämangiome spontan noch bis zum 5. Lebensjahr.

Die klinische Erfahrung zeigt, daß die besten Ergebnisse bei Erwachsenen mit stark gefärbten Naevi erzielt werden können. Bei ihnen kann mit 60 bis 80%iger Wahrscheinlichkeit ein exzellenter Verlauf erwartet werden mit einer Narbenbildung in weniger als 10% der Fälle.

Von der Geräteseite her kann mit Handstücken oder im Gesicht mit der Spaltlampe gearbeitet werden. In jedem Fall ist sorgfältig auf den Schutz der Augen des Patienten und Therapeuten zu achten (Laserbrille!).

Obwohl das Licht des Argonlasers von Hämoglobin gut absorbiert wird (siehe Kapitel 4), darf vom Einsatz des Farbstofflasers mit einer Wellenlänge von 570 bis 590 nm eine selektivere Wirkung erwartet werden. Erste klinische Ergebnisse liegen vor und zeigen eine 78%ige Erfolgsrate. Bei 828 Patienten (12000 Sitzungen) fanden sich in keinem Fall Narben oder Pigmentverschiebungen /5.36/.

Beim kavernösen Hämangiom oder anderen tiefreichenden Läsionen muß eine Wellenlänge mit größerer Eindringtiefe gewählt werden, deren Koagulationswirkung bis zu 6 mm in die Tiefe reicht. In diesen Fällen sind mit dem Nd:YAG-Laser ansprechende Ergebnisse erzielt worden, zur klinischen Routine in der Dermatologie gehört dieser Laser jedoch noch nicht.

Andere Anwendungen

Für den Einsatz des CO_2-Lasers bietet sich die Entfernung aller exophytisch wachsenden Exkreszenzen an. Dabei wird wiederum von der Photovaporisation Gebrauch gemacht, indem Schicht für Schicht des zu entfernenden Gewebes abgetragen wird. Da kleine Gefäße mit obliteriert werden, bleibt das Operationsfeld trocken; karbonisiertes Material wird zwischen den Applikationen abgewischt. Eine Absaugvorrichtung zur Entfernung von Rauch- und Gewebepartikeln ist hilfreich. Angewendet wird dieses Verfahren bei Fibromen, präkanzerösen Keratosen, Basaliomen, Mb. Bowen etc.. Über gute Ergebnisse wurde bei der Behandlung von Läsionen der Mundschleimhaut, z.B. bei Leukoplakien, berichtet /5.37/. Klinisch ist jedoch noch nicht bewiesen, ob diese relativ aufwendige Technik tatsächlich bessere Resultate liefert als herkömmliche Methoden.

Gesichert ist dagegen die Nützlichkeit von CO_2-Laser und Argonlaser bei der Beseitigung von Tätowierungen (Bild 5.13) /5.38/. Dabei ist darauf zu achten, daß nur solche Areale evaporisiert werden, die zwischen Spannungslinien der Haut liegen. Auch diese Technik kann Narbenbildung nicht verhindern, jedoch treten Keloide nur in weniger als 10 % der Fälle auf /5.37/. Nach der Laserung werden topisch Steroide und Antibiotika aufgebracht. Das Verfahren kann schmerzhaft sein.

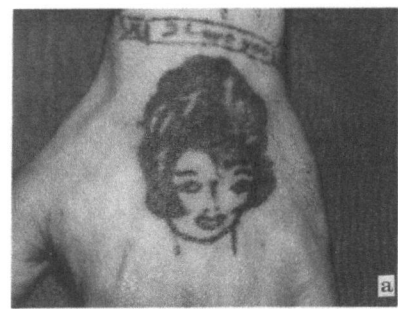
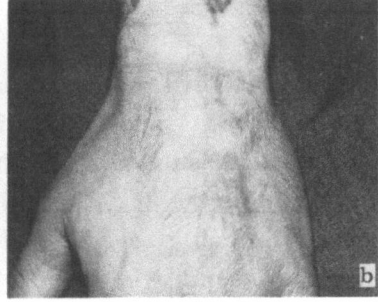

Bild 5.13. Entfernung einer Tätowierung mit dem CO_2-Laser (Quelle: Prof. Dr. Nürnberger, Berlin)

Zusammenfassend läßt sich sagen, daß die Lasertherapie in der Dermatologie noch in den Anfängen steht. Insbesondere durch den Einsatz der Photoablation mit dem Excimerlaser (308 nm) oder dem mittleren Infrarot-Laser (Er:YAG-Laser) sollten sich neue Indikationen erschließen.

5.6 Gastroenterologie

Schon 1973 berichteten Nath und Mitarbeiter über die endoskopische Laseranwendung /5.39/. Der Lasereinsatz im Verdauungstrakt ist an das flexible Endoskop gebunden. Dies mag der Grund dafür sein, daß der CO_2-Laser hier noch kaum Verwendung gefunden hat, sondern die Gastroenterologie eine Domäne des Nd:YAG-Lasers (cw), gelegentlich des Argonlasers ist. Zur Zeit finden sich zwei Hauptindikationen für den Lasereinsatz: die Blutstillung, hauptsächlich im oberen Gastrointestinaltrakt, und die Rekanalisation bei malignen und benignen Stenosen des gesamten Gastrointestinaltraktes.

Daneben werden andere Indikationen, wie z.B. Rezidivprophylaxe bei Rektumadenomen, Papillotomie bei Papillenadenom und Laserlithotripsie von Gallensteinen, berichtet.

5.6.1 Blutstillung

Blutungen im oberen Verdauungstrakt kommen vor bei Ulcera, aus Mallory-Weiss-Läsionen, bei Ösophagusvarizen und bei Angiodysplasien /5.40/. Möglichst wird nur eine leichte Sedierung bzw. Analgesie für den Eingriff angestrebt. Obwohl der Nd:YAG-Laser heute wegen seiner größeren Eindringtiefe und der Möglichkeit, auch grössere Gefäße zu koagulieren, wesentlich häufiger eingesetzt wird, birgt auch der Argonlaser (5 bis 10 W) seine Vorteile. Beispielsweise kommt eine Perforation nicht vor, während diese Gefahr beim Nd:YAG-Laser (100 W) besteht. Andererseits soll die größere Narbenzone vor Blutungsrezidiven besser schützen. Angestrebt wird eine Gewebedistanz von 0,5 bis 1,5 cm. Die Blutungsquelle wird mit dem Endoskop aufgesucht, freigespült und begutachtet. Danach wird zirkulär von außen nach innen die Läsion mit Laserherden umstellt (Argonlaser: bis zu 100 Herde, Nd:YAG-Laser: bis zu 50 Herde).

Bei Blutungen aus Ulcera (Forrest Ia/Ib) konnte durch Koagulation mit dem Nd:YAG-Laser die Operationshäufigkeit von 85 auf 10 bis 20% gesenkt werden, gleichzeitig fiel die Letalität von 15 auf 10%. In vielen Fällen konnte durch den Lasereinsatz eine Notoperation vermieden werden, auch wenn oft nur eine passagere Blutstillung zu erreichen war /5.41/.

Im allgemeinen wird der Lasereinsatz bei Oesophagusvarizen als nur wenig hilfreich angesehen.

5.6.2 Rekanalisierung

Der Nd:YAG(cw)-Laser ist in den letzten Jahren zum festen Bestandteil eines therapeutischen Konzeptes bei der Rekanalisation maligner, aber auch benigner Stenosen des oberen und unteren Gastrointestinaltraktes. Dabei ist bis zum Tumorstadium $T_2 N_0 M_0$ (Invasion der Mukosa) ein kuratives Ergebnis erreichbar. Aufgrund der geringen Lebenserwartung (10 bis 25% nach 1 Jahr) /5.42/ kann allerdings nur eine palliative Zielsetzung im Vordergrund stehen. Vergleicht man jedoch die Risiken alternativer Operationsverfahren (Operationsletalität von 2 % bei 60-jährigen bis 20 % bei über 80-jährigen), bedingt durch gravierende Begleiterkrankungen, erweist sich die Laserbehandlung als risikoarmes Operationsverfahren.

Distal beginnend wird das Tumorgewebe evaporisiert (bis zu 20000 J pro Sitzung) und das so geschaffene Lumen von ca. 1 cm mit Ballonkathedern oder Bougies erweitert. Wiederholungen in 2- bis 4-tägigen Abständen folgen, und eine engmaschige Kontrolle über mehrere Wochen ist notwendig.

Rekanalisation wird in 80 bis 100% der Fälle erreicht, und als Erfolg wird angesehen, wenn die Dysphagie aufgehoben ist. Sehr viel länger als bei alleiniger Bougierung hat die Rekanalisierung mit dem Laser Bestand, jedoch kann bei expansivem Tumorwachstum bereits nach mehreren Wochen eine Restenosierung auftreten. In solchen Fällen wird eine radioaktive Substanz (z.B. Iridium 192) in das geschaffene Lumen eingebracht und im Stenosebereich einige Minuten belassen. Oft muß diese Bestrahlung wiederholt werden /5.43/. Bei langstrekkiger Oesophagusstenose (meist peptisch bedingt) ist in vielen Fällen trotzdem eine operative Intervention notwendig.

Beim stenosierenden Dickdarm- und Rektumkarzinom kann in den meisten Fällen ein palliativ-chirurgischer Anus praeternaturalis vermieden und Symptomfreiheit von Anaemie, Obstruktion und schmerzhafter Stuhlentleerung erreicht werden.

5.6.3 Andere Anwendungen

In besonderen Fällen von Rezidiven zuvor chirurgisch entfernten Rektumadenomens (daher Diagnose histologisch gesichert) kann die Koagulation der Polypenbasis in Erwägung gezogen werden. Dafür ist wiederum der Nd:YAG-Laser besonders geeignet, jedoch wird auch von einem Einsatz des CO_2-Lasers im Rektum berichtet /5.42/. Unter Verwendung einer Kontakttechnik können mit dem Nd:YAG Laser ebenfalls interne Hämorrhoiden ektomiert werden. Vorteile der Laserapplikation sind signifikant reduzierter postoperativer Schmerz, weniger Narbenbildung und verbesserte Kontinenz /5.44/.

Gallensteine lassen sich mit Hilfe der Laserlithotripsie (Nd:YAG-, Farbstofflaser) über ein Choledochoskop oder perkutan unter Ultraschallkontrolle zerkleinern und dann entfernen. Inwieweit diese Technik der konventionellen Gallenblasenchirurgie überlegen ist, wird noch erforscht.

5.7 Hals-Nasen-Ohrenheilkunde

In der klinischen Praxis werden zur Zeit vier Lasertypen (CO_2-, Argon-, Nd:YAG- und Farbstofflaser) verwendet, ablative Laser (Excimer, Er:YAG) befinden sich im Erprobungsstadium.

5.7.1 Larynx

Die bedeutendste Anwendung des Lasers in der HNO-Heilkunde stellt die Mikrochirurgie am Kehlkopf (Larynx) dar, für die der CO_2-Laser das Instrument der Wahl ist. Andere ablative Laser sollten jedoch aufgrund der leichteren Handhabbarkeit mittels Fasern (z.B. Er:YAG) auf die Dauer überlegen sein. Bereits 1976 wurde gezeigt, daß mit dem CO_2-Laser maligne und benigne Läsionen der Stimmbänder schonender als mit konventionellen Methoden entfernt werden können /5.45/.

Bei den benignen Läsionen des Larynx gehören Stimmbandknötchen, rezidivierende Larynx-Papillomatose und Stenosen zu den Indikationen, bei denen der CO_2-Laser heute routinemäßig eingesetzt wird. Voraussetzung dafür ist der freie Zugang zum Kehlkopf über ein starres Laryngoskop (Bild 5.14). Probleme treten dann auf, wenn eine allgemeine Anaesthesie obligat ist, da die Anaesthesiegase sich ent-

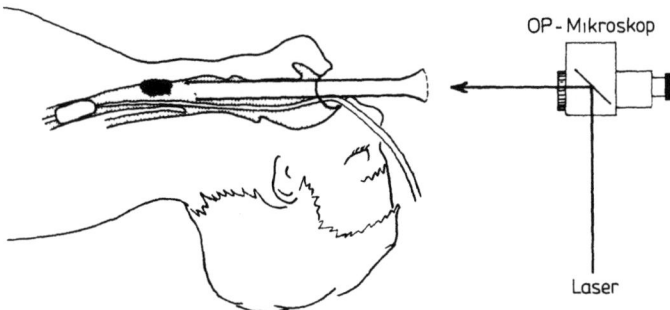

Bild 5.14. Direkte Laryngoskopie zur Mikrochirurgie des Kehlkopfes (Nach Boenninghaus, H.-G.: Hals-Nasen-Ohrenheilkunde, Springer-Verlag, Berlin 1980)

zünden können. Obwohl die tiefen Atemwege mit einem Ballonkatheter abgetrennt sind, muß der Tatsache Rechnung getragen werden, daß sich im OP-Feld explosive Gasmischungen befinden können. Größtmögliche Sicherheit wird mit einer Metallrohrintubation und Jet-Ventilation erreicht. Es werden zwei verschiedene Vorgehensweisen beschrieben: entweder wird (nach Biopsie) die Läsion abladiert, bis ein gesundes Gewebebett am Exzisionsgrund erscheint, oder der Laserstrahl wird als Skalpell verwendet und die pathologische Veränderung in toto im Gesunden exzidiert. Bei dieser zweiten, wegen der histologischen Begutachtung möglichst vorzuziehenden Methode werden niedrige Leistungsdichten 1000 bis 2000 W/cm^2 bei kurzen Laserpulsen verwendet. Zum Schutz tiefer liegender Strukturen wird ein nicht-reflektierender Spatel unter das zu behandelnde Stimmband geschoben.

Klinische Ergebnisse zeigen, daß sowohl bei erworbenen als bei auch angeborenen Stenosen /5.46, 5.47/ die Lasertechnik konventionellen Methoden überlegen ist, was Genauigkeit, Erhaltung normalen Gewebes, Nachblutungen und postoperatives Ödem anbetrifft. Jedoch bleibt auch hier das Rezidiv durch narbige Umwandlungen ein Problem.

Bei der rezidivierenden Papillomatose finden sich virusbedingte Warzen, die schwere Auswirkungen auf die Stimme haben, aber auch zu gefährlichen Atemwegsobstuktionen führen können. Da sie oft schon in der Kindheit auftreten, wird diese Erkrankung auch 'juvenile Papillomatose' genannt. Wegen der intraoperativen Hämostase ist der Lasereingriff genauer und schonender für das gesunde Gewebe. Andererseits ist auf Grund der viralen Genese die Rezidivrate nicht geringer als nach konventioneller Entfernung. Allerdings reduziert sich die Anzahl der später notwendigen Tracheostomien mit all ihren unerfreulichen Nebenwirkungen von 25 auf 2% /5.48/.

60% der laryngealen Karzinome sind glottische Karzinome, die an den Stimmbändern auftreten. Neben Radiotherapie und Chordektomie stellt insbesondere bei T_1-Tumoren die endoskopische Laserexzision eine gute Alternative dar. An ausgewählten Patienten war in 89% die Laserexzision, teilweise in Kombination mit einer Radiotherapie, erfolgreich /5.49, 5.50/. Dabei ist zu bemerken, daß bei dieser Therapie soweit wie möglich die natürlichen laryngealen Funktionen erhalten werden. Die Grenzen des endoskopischen laserchirurgischen Vorgehens sind dann erreicht, wenn das Karzinom sich extralaryngeal ausgebreitet hat. Bei tieferen tracheobronchialen Tumoren wird der Nd: YAG-Laser zur symptomatisch-palliativen Therapie bei Obstruktionen mit Erfolg eingesetzt /5.51/.

5.7.2 Nase, Nasopharynx, Mundhöhle

Hauptindikationen für die Lasertherapie sind gefäßreiche Tumore, wie Hämangiome und Papillome, aber auch präkanzeröse Veränderungen der Schleimhaut. Die Vorteile des an ein OP-Mikroskop adaptierten CO_2-Lasers liegen wiederum in der blutarmen, präzisen und dadurch zuverlässigen Resektion der Läsionen. Alternativ kann für Hämangiome oder hämorrhagische Teleangiektasien auch der Argonlaser eingesetzt werden /5.52/. Auch bei chronischem Nasenbluten (z.B. bei Mb. Osler) kann man eine schonende Koagulation durchführen; eine andere Laserbehandlung kann die blutige Conchotomie bei chronisch geschwollenen Nasenmuscheln im Fall von Rhinopathia vasomotorica ersetzen /5.52b/. Bei Arbeiten an nicht direkt einsehbaren Stellen, insbesondere im Nasopharynx, wird der Laserstrahl mit reflektierenden Spiegeln an die richtige Stelle gebracht.

Als neueste Anwendung des Lasers in der HNO-Heilkunde soll noch die laserinduzierte Zertrümmerung von Speichelsteinen angesprochen werden. Die herkömmliche Speichelsteinextraktion mittels Gangschlitzung führt häufig zu Rezidiven, Gangektasien und chronischer Sialadenitis (Speicheldrüsenentzündung). Die in Lokalanästhesie durchgeführte Lithotripsie kann diese Komplikationen weitgehend verhindern, insbesondere treten keine Wundprobleme, wie Narbenstrukturen, aufsteigende Infektionen und Speichelfisteln mehr auf.

5.7.3 Ohr

Am Mittelohr wurde bisher hauptsächlich der Argonlaser zur Stapedektomie eingesetzt /5.53/. Ursprünglich mit der Vorstellung verwendet, die postoperative Hochtonschwerhörigkeit zu vermeiden, zeigten jedoch Nachkontrollen, daß die audiologischen Ergebnisse nicht signifikant besser waren. Verantwortlich dafür sollen hochfrequente Geräusche großer Amplituden sein, wie sie beim Verkochen von Gewebe entstehen /5.54/.

5.8 Biostimulation

Während bei fast allen anderen therapeutischen Anwendungen von Lasern die thermische Wechselwirkung mit Gewebe im Vordergrund steht, handelt es sich beim Einsatz von Soft- und Mid-Lasern um eine 'athermische' Wirkung. Bei diesen Lasern wird eine niedrige Leistungsdichte verwendet.

Unter 'Soft-Lasern' versteht man im wesentlichen den He-Ne-Laser mit kontinuierlicher Emission von weniger als 10 mW, wobei die bestrahlte Fläche optisch oder durch scanning vergrößert wird. Bei der sogenannten 'Laser-Akupunktur' wird das Laserlicht fokussiert.

Bei den 'Mid-Lasern' handelt es sich meist um etwas stärkere He-Ne- oder Halbleiterlaser. Der Name 'Mid-Laser' deutet an, daß die Geräte eine mittlerer Leistung aufweisen.

Biostimulation findet bei einer großen Anzahl unterschiedlicher pathologischer Zustände des Körpers Anwendung. Ein derart breites Behandlungsfeld gibt eher zu einer kritischen Haltung Anlaß. Da bei den meisten der Anwendungen eine Stimulation biologischer Stoffwechselvorgänge postuliert wird, muß die Wirkung der Laserstrahlung in zellulären Prozessen begründet sein, d.h. es muß absorbierende Moleküle geben, die Stoffwechselschlüsselpositionen einnehmen (z.B. Enzyme) und deren Aktivität gesteigert wird. So glaubt Warnke

/5.55/, daß Flavinenzyme, die im nahen Infrarot absorbieren, mit Hilfe von Diodenlaserstrahlung angeregt werden und so die ATP-Bildung, u.a. in den Mitochondrien, gesteigert wird. Zurecht weisen andere Autoren /5.56/ jedoch darauf hin, daß die Absorptionsmaxima solcher Enzyme Halbwertsbreiten in der Größenordnung von 10 nm haben. Bei einer solchen Bandbreite des Wirkungsspektrums erzeugt aber auch das Sonnenlicht bereits eine effektive Leistungsdichte von 1 mW/cm^2. Demnach hätte eine Lasertherapiesitzung wellenlängenspezifisch eine ähnliche Wirkung wie eine gleichlange Exposition an Sonnenlicht. Gleichzeitig hat jedoch die breitbandige Bestrahlung den Vorteil, auch andere Enzymkaskaden zu stimulieren, deren Absorptionsbanden in anderen Wellenlängenbereichen liegen.

Die immer wieder angeführte angeblich vorteilhafte kohärente Licht-Gewebewechselwirkung findet für den betrachteten Wellenlängenbereich und die Körpertemperatur erst bei Intensitäten von mehr als $2 \cdot 10^{11}$ W/cm^2 statt. Die Softlaser liegen also um mindestens 13 Größenordnungen unterhalb dieser Schwelle, während die Mid-Laser immerhin noch zehnmal zu niedrige Impulsleistungen aufweisen.

In der Literatur werden der Biostimulation folgende therapeutische Wirkungen zugeschrieben: Modifikation der Geweberegeneration und Schmerzreduktion. Die Entscheidung über die Wirksamkeit eines Therapeutikums kann sicher nur mittels Doppelblindstudien gefällt werden. Tatsächlich sind solche Doppelblindstudien bemerkenswert selten durchgeführt worden, sowohl von Befürwortern als auch von Gegnern der athermischen Lasertherapie, dagegen liegen mehrere einfach kontrollierte Arbeiten vor.

Die Wirkung auf schlecht heilende Ulcera oder die postoperative Wundheilung wird durch kontrollierte Studien eher in Frage gestellt /5.57, 5.58/. So fand auch Santoianni /5.59/ in einer kontrollierten Studie keine signifikanten Gruppenunterschiede nach vierwöchiger He-Ne-Laserbehandlung. Dagegen berichtet Mester /5.60/ über hohe Abheilraten bei therapieresistenten Ulcera.

Eine Reihe von Arbeiten zeigt positive Einflüsse auf die Schmerzsymptomatik bei postzosterischen Neuralgien /5.61, 5.62/, aber auch abnehmende Beschwerden bei rezidivierenden Herpes-simplex-Affektionen unter Lasertherapie /5.61, 5.63/. Plazebokontrollen in Studien liegen jedoch unseres Wissens nicht vor.

Ein außerordentlich widersprüchliches Bild bietet sich auch bei der Behandlung von Erkrankungen des rheumatischen Formenkreises. Bei Patienten mit Tendinopathien erzeugte Gärtner /5.64/ bereits nach kurzer Zeit (Minuten) Schmerzfreiheit durch Laserbehandlung, während Falkenbach /5.65/ keine akut analgetische Wirkung fand. Auch Seichert /5.66/ fand Therapieerfolge, jedoch waren Verum- und Placeboeffekte gleich hoch.

Alles in allem gibt es zweifellos reproduzierbare Therapieerfolge mit Hilfe der Lichtbestrahlung. Inwieweit diese positiven Auswirkungen laserspezifisch sind, läßt sich aus der klinischen Literatur nicht ableiten. Die wenigen placebo-kontrollierten Studien sprechen eher gegen die spezifische Wirkung von Soft- und Mid-Lasern.

5.9 Gefäßchirurgie

In den letzten 15 Jahren hat sich die Gefäßchirurgie stark gewandelt durch Einführung der Ballondilatation /5.67/, anderer Rekanalisierungsverfahren mit und ohne Laser, der intraarteriellen Fibrinolyse /5.68/ und mikrochirurgischer Methoden zur Anastomosen- und Bypassbildung.

Laser werden eingesetzt zur:

1. Rekanalisierung verschlossener Arterien
2. Gewebeverschweißung von Gefäßwänden
3. Revaskularisierung des Myokards.

5.9.1 Rekanalisierung

Für die intravasale Rekanalisierung werden naturgemäß nur Laserstrahlungen verwendet, die mittels Fasern zum Applikationsort gebracht werden können: Argonlaser, Nd:YAG-Laser und Excimerlaser (308 nm) (Bild 5.15). Wurden anfangs hauptsächlich Fasern mit offenen Enden benutzt, so wurde mit zunehmender Erfahrung dieser Weg zugunsten von Ballonkathetern verlassen, bei denen das Faserende entweder mit Saphierkugeln oder Metallkappen abgeschlossen wird. Der Ballonkatheter hat den Vorteil, die Faser in der Gefäßmitte zu halten und die Perforationsrate durch Exzentrizität zu vermindern /5.69/. Daneben verhindert der Ballon den Blutfluß am Zielort des Lasereinsatzes. Nach der Rekanalisierung kann dann das Lumen noch dilatiert werden. Der Saphierabschluß besitzt den Vorteil einer Fokussierbarkeit des Laserstrahls und, aufgrund des höheren Schmelzpunktes, einer längeren Lebensdauer. Daneben läßt er eine direkte Laser-Gewebewechselwirkung zu, mit der Vorstellung einer geringeren thermischen Schädigung der Gefäßwand. Endet die Faser mit einer Metallkappe, wird dort eine Maximaltemperatur von bis zu 500 °C erreicht. Mit dieser Kappe wird dann in direktem Kontakt Gewebe verdampft.

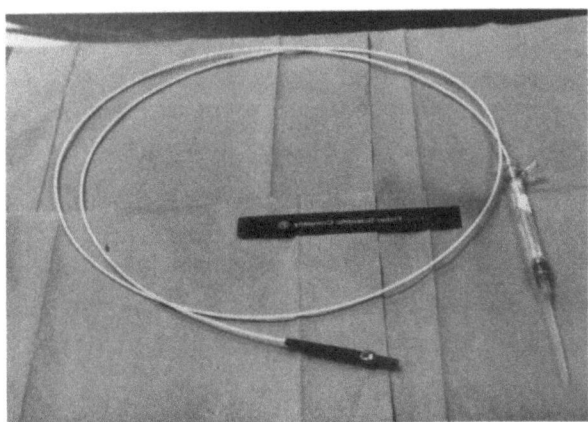

Bild 5.15. Laserkatheter zur Gefäßrekanalisierung (Excimerlaser)

Indikationen für die Laserrekanalisierung peripherer Arterien (Bild 5.16), z.B. der A. femoralis, sind Obstruktionen der Stufe IIb (Claudicatio intermittens) bis IV (Gangän). Die Rekanalisierung wird unter röntgenologischer, Ultraschall- oder endoskopischer Kontrolle vorgenommen. Eine allgemein anerkannte Technik der Wahl hat sich bisher nicht etablieren können.

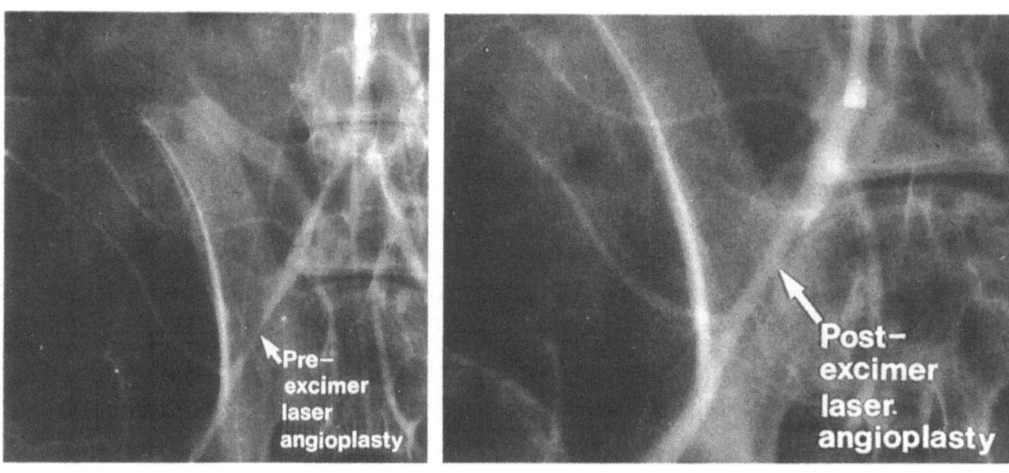

Bild 5.16. Rekanalisierung eines Gefäßes mittels eines Excimerlasers (308 nm)

Die Ergebnisse peripherer und koronarer Laserekanalisierung müssen sich an denen von V. saphena-Bypass-Operationen messen: hier liegen die Durchgängigkeiten bei 60 bis 75% nach 5 Jahren. Rekanalisierungen mit Nd:YAG-Lasern führten zu einer Perforationsrate um 10%; nach einem Jahr zeigte sich eine Durchgängigkeit der operierten Arterien von über 80% bei insgesamt 50 Patienten /5.70/. Neuere Resultate /5.71/ weisen aus, daß die Durchgängigkeit nach 6 bis 12 Monaten nach Excimer- und Nd:YAG-Laserrekanalisierung vergleichbar ist und bei 70% liegt. Intraoperative Komplikationen sind Gefäßperforation, Aneurysmata und direkter Wiederverschluß des operierten Gefäßes.

5.9.2 Gefäßwandverschweißung

Zur Verschweißung von Gefäßwänden zum Zwecke der Anastomosenbildung können CO_2-, Nd:YAG- oder Argonlaser eingesetzt werden. Vorteile der Laserschweißung gegenüber Nahtfixation sind: verkürzte Ligaturzeiten und geringeres Gefäßtrauma. Durch die Hitzeeinwirkung findet eine Verklebung der Kollagenbestandteile der Gefäßwand statt. Okada zeigt, daß spätpostoperativ intravasale Druckspitzen bis zu 300 mmHg toleriert werden /5.72/. Bei Verwendung des CO_2-Lasers wird bei kleinem Laserfleck mit einer Leistung von 20 bis 80 mW und Expositionszeiten von 30 bis 150 s gearbeitet, wobei der Strahl langsam entlang der Nahtlinie bewegt wird. Wakasch /5.75/ berichtet von 250 durchgeführten Laserverschweißungen bei Anastomosen von Gefäßen mit 2,5 bis 3 mm Durchmesser. Die Durchgängigkeit lag nach 6 Monaten bei 96%, vergleichbar der nachvernähter Arterien. Die Häufigkeit späterer Aneurysmata jedoch lag mit 7% deutlich unter der vernähter Gefäße (13 %).

5.9.3 Revaskularisierung des Myocards

Obwohl durch Koronarangiographie und koronare Bypasschirurgie die koronare Herzkrankheit der Therapie zugängig geworden ist, ist bei einer Reihe von Patienten diese Therapie aus verschiedenen Gründen nicht indiziert. In solchen Fällen können mit dem CO_2- oder Excimerlaser (308 nm) Kanäle zwischen Endocard und Epicard im ischämischen Gebiet geschaffen werden, durch die sich das Herz selbst versorgen kann (Bild 5.17). Dabei werden im kontinuierlichen Betrieb mit einem 0,17-mm-Fleck und 12,5 cm Brennweite 10 bis 12 Kanäle im ischämischen Gebiet am unterkühlten und ruhigen Herzen erzeugt. Postoperativ sind die Herzenzyme mehrere Tage erhöht. Die Mortalitätsrate dieser Patienten war in der Nachkontrollzeit (3 Monate bis 3 Jahre) null /5.74/. Ob sich dieses Verfahren routinemäßig durchsetzen kann, läßt sich zur Zeit noch nicht absehen, jedoch sind die bisherigen Erfolge durchaus vielversprechend.

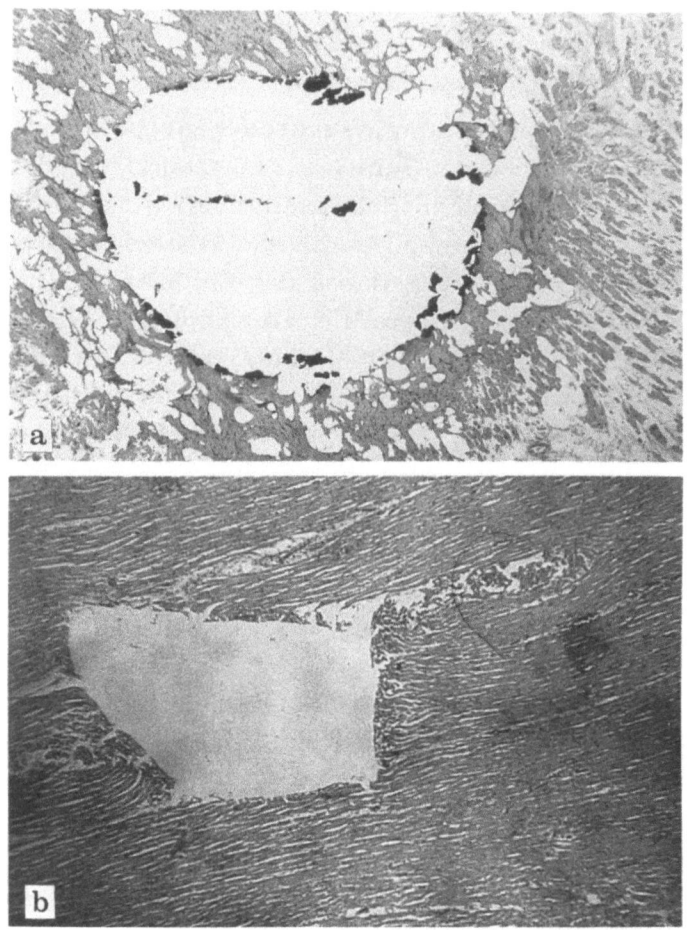

Bild 5.17 Vergleich der Myocardresektion mit dem Argonlaser (a) und dem 308-nm-Excimerlaser (b)

5.10 Andere Laseranwendungen

5.10.1 Orthopädie

Sowohl Knochen als auch Knorpel können mit dem CO_2-Laser geschnitten werden. In neuester Zeit werden auch der Er:YAG- und Ho:YAG- Laser dazu benutzt.

Klinisch wurden bereits mehrere hundert Patienten intraarticulär (innerhalb des Gelenkes) am Kniegelenk, Schultergelenk, Ellbogen und Sprunggelenk mit dem CO_2-Laser operiert /5.75/. Schwere Komplikationen traten nicht auf. Insbesondere bei Meniskusproblemen scheint die Laserchirurgie Vorteile zu besitzen, da ein atraumatisches und berührungsloses Schneiden möglich ist. Jedoch trat postoperativ in fast allen Fällen ein subkutanes Emphysem auf, das wohl mit der Gasspülung des Gelenkes während der Operation in Zusammenhang steht.

Alternativ zu den bisherigen Verfahren der chirurgischen Behandlung des Bandscheibenvorfalles wurde die perkutane Laser-Diskektomie vorgeschlagen und experimentell untersucht /5.76/. Vorteile sollen in einer geringen Traumatisierung der paravertebralen Muskulatur, des Bandapparates und der Nervenwurzeln bestehen. Die ersten klinischen Erfahrungen mit dem Nd:YAG-Laser zeigen, daß eine erhebliche Verkürzung des stationären Aufenthaltes ermöglicht wird und der Eingriff in Lokalanästhesie durchgeführt werden kann (Laser Medizinzentrum Berlin, persönliche Mitteilung).

5.10.2 Abdominalchirurgie

Wurde anfänglich meist der CO_2-Laser in der allgemeinen Chirurgie verwendet, so hat seit 1985 der Nd:YAG-Laser seine Aufgaben in zunehmendem Maße übernommen. Dies liegt vermutlich daran, daß neben einer besseren Blutstillung die Handhabung der glasfasergeführten Strahlung mit Handstücken im Operationssaal einfacher ist. Daneben wird die störende Rauchentwicklung weitgehend reduziert.

Obwohl die Leberteilresektion als Standardverfahren angesehen wird, liegt die Mortalität nach solchen Operationen bei 5 bis 40% /5.77/. Postoperative Komplikationen sind Leberversagen, Blutungen und Infektionen, wobei diese Komplikationen in direktem Zusammenhang mit intraoperativen Blutungen und dem Ausmaß nektrotischen Lebergewebes stehen. Deswegen wurden schon früh Laser eingesetzt /5.78/. Der Nd:YAG-Laser (Handstücke) kann über 80% der Blutgefäße während einer Leberresektion koagulieren, lediglich die großen Gefäße müssen ligiert werden. Zu den Indikationen für den Lasereinsatz gehören maligne und benigne Tumore, Zysten und Abszesse /5.79/. Bei der anatomischen Leberteilresektion wird segmentweise vorgegangen, entsprechend der natürlichen Leberunterteilung. Dies und die koagulative Wirkung des Lasers garantieren einen geringen Blutverlust und minimieren das Risiko einer postoperativen Nachblutung. Obwohl das Konzept der Leberteilresektion mit dem Laser vieles für sich hat, stehen klinische Studien noch aus.

Oberflächliche Lebertumore können mit dem CO_2-Laser evaporisiert werden. Dazu wird eine Leistungsdichte von ca. 0,25 W/cm^2 verwendet.

Ähnlich wie bei der Leber, kann der Nd:YAG-Laser auch an der blutreichen Milz eingesetzt werden. Bezüglich Blutverlust und Operationsdauer ist ihm eindeutig der Vorzug vor dem CO_2-Laser zu geben /5.80/. Leider liegen auch hierzu noch keine klinischen Studien vor.

5.10.3 Pulmologie

Das Bronchialkarzinom ist mit die häufigste Krebstodesursache. Nur 30% aller diagnostizierten Patienten werden einer Resektion zugeführt. Bei diesen liegt die 5-Jahres-Überlebensrate bei nur 25%, die Strahlentherapie weist eine noch schlechtere Prognose auf. Dabei scheint das lokale Tumorrezidiv von größter Bedeutung zu sein, da in diesem Fall die mittlere Überlebenszeit dann nur noch 3 bis 4 Monate beträgt. Daher gilt es in erster Linie diesem zu begegnen.

Der Nd:YAG-Laser wurde Ende der 70er Jahre zur Rekanalisierung tracheobronchialer Tumore eingeführt /5.81/. Sowohl starre als auch flexible Bronchoskope sind in Gebrauch, in denen die Glasfaser im CO_2-gekühlten Katheter geführt wird. Nur endobrachiale sichtbare Strukturen können entfernt werden, dadurch ist die therapeutische Wirkung der alleinigen Laserexzision hauptsächlich palliativ zu beurteilen. Die unter Atemnot leidenden Patienten sind jedoch rasch beschwerdefrei. Trotzdem bleibt das Problem des in die Bronchuswand einwachsenden Tumorrestgewebes, das neuerdings mit einer endobronchialen Kleinraumbestrahlung (Iridium 192) erreicht wird /5.82/. Dadurch kann die Lungenfunktion klinisch relevant verbessert werden. Die Überlebenszeit steigt von 3 Monaten nach alleiniger Lasertherapie auf 5,5 Monate an. Neben dem Bronchialkarzinom können auch benigne Tumore, die Stenosen hervorrufen, mit Erfolg behandelt werden /5.83/.

5.10.4 Dentologie

Die frühen Laseranwendungen trugen rein experimentellen Charakter und zeigten letztlich, daß Rubin-, CO_2 - oder Nd:YAG-Laser zur Bearbeitung von Zahnhartsubstanzen nicht in Frage kommen /5.84, 5.85/. Aufgrund der pulpaschädigenden Temperaturentwicklung können diese Laser lediglich zu zahntechnischen Arbeiten eingesetzt werden /5.86/.

Erst neuerdings wurde eine neue therapeutische Applikation mit dem Excimerlaser (308 nm) erschlossen /5.87/. Dabei wird zur Wurzelbehandlung der Zentralkanal mit der durch eine Faser geleiteten 308-nm-Strahlung aufbereitet (Bild 5.18). Es zeigte sich, daß die ge-

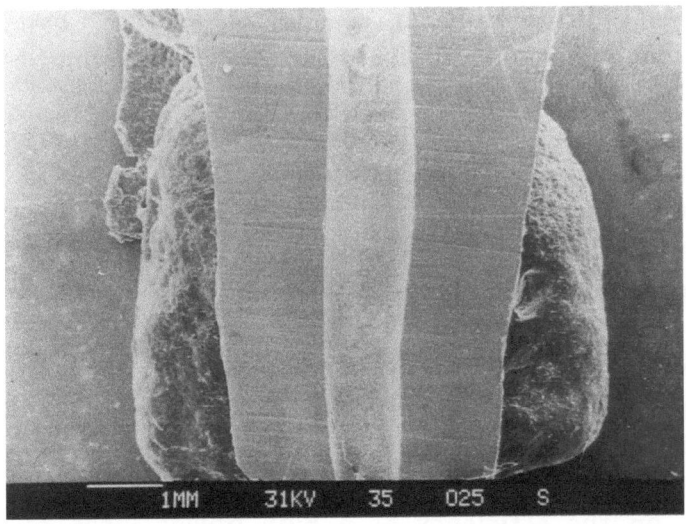

Bild 5.18. Aufnahme eines mit dem Excimerlaser aufbereiteten Wurzelkanals

fürchtete Schmierschicht, die bei herkömmlichen Verfahren immer entsteht und einen guten Kontakt von Wurzelfüllung und Zahn verhindert, bei dieser Lasermethode nicht existiert. Erste präklinische Anwendungen sind erfolgreich verlaufen (Liesenhoff 1990, persönliche Mitteilung).

Kapitel 5

5.1 L'Esperance F: Ophthalmic lasers: photocoagulation, photoradiation, and surgery, Mosby, St. Louis, 1983

5.2 Wollensak J, Seiler T: Der Berliner Farbstofflaser. Klin. Mbl. Augenheilk. 185 (1984) 547

5.3 Fankhauser F, Kwasniewska S: Die Anwendung des im photodisruptiven Betrieb arbeitenden Lasers am hinteren Augensegment. In: Laser in der Ophthalmologie. (Hrsg.: J. Wollensak). Enke, Stuttgart 1988

5.4 Sliney D: Laser phakoemulsification - considerations of safety and effectiveness. Lasers and Light in Ophthalmology (1990, accepted)

5.5 Parrish R: Argon laser trabeculopasty - clinical aspects, contraindications and complications. In: Laser in der Ophthalmologie (Hrsg.: J. Wollensak). Enke, Stuttgart 1988

5.6 Becker U, Seiler T, Wollensak J: Dauerstrich Nd:YAG-Laserzyklokoagulation. In: Laser in der Ophthalmologie (Hrsg.: J. Wollensack). Enke, Stuttgart 1988

5.7 Puliafito C, Steinert R, Deutsch T, Hillenkamp F: Excimer laser ablation of the cornea and the lens, Ophthalmology 92 (1985) 741

5.8 Bende T, Kriegerowski M, Seiler T: Photoablation in different ocular tissues performed with an Er:YAG Laser, Laser Light Ophthalmol. 2 (1989) 263

5.9 Fankhauser F, Roussel P, Steffen J, van der Zypen E, Chrenkova A: Clinical Studies on the efficiency of a high power laser radiation upon some structures of the anterior segment of the eye. Int. Ophthalmol. Clin. 3 (1981) 129

5.10 Seiler T, Bende T, Wollensak J: Astigmatismuskorrektur mit dem Excimerlaser. Klin. Mbl. Augenheilk. 191 (1987) 179

5.11 Seiler T, Bende T, Wollensak J: Laserchirurgie der Hornhaut. Fortschr. Ophthalmol. 84 (1987) 513

5.12 Baggish M, Dorsey J: CO_2-laser for the treatment of vulvar carcinoma in situ. Obstet Gynecol 51 (1981) 371

5.13 Wright V: Carbondioxide laser surgery for cervical intraepithelial neoplasia. Laser Surg. Med. 4 (1984) 145

5.14 Feste J: YAG-Laser considered ideal tool for treating intreatable menorrhagia. Laser Practice Report 1 (1986) 10

5.15 Gallinat A, Lüken R, Möller C: Die Nd:YAG Laserapplikation in der gynäkologischen Endoskopie. Laser Brief (1989) 14

5.16 Feste J: Laser laparascopy: A new modality: Fertil. Surg. 41 (1984) 74

5.17 Lomano J: Photocoagulation of early perlvis endometrosis by the Nd: YAG-Laser through the laparascopy. J. Repr. Med. 30 (1985), 77

5.18 Bailer P: Tubensterilisation durch Laserkoagulation. Fortschr. Medizin 43 (1983) 1977

5.19 Ansanelli V: Radical axillary lymph mode dissection with CO_2-laser. In: Lasers in General Surgery (Ed. S. Joffe), S. 34, Williams u. Wilkins, Baltimore 1989

5.20 Carnuth J, Mc Kenzie A: Medical Lasers - Science and clinical practice. Hilger Ltd, Bristol 1986

5.21 Heckmann U: Laser in der Gynäkologie. In: Angewandte Lasermedizin (Ed. Berlien P, Müller G), Ecomed, Landsberg (1989)

5.22 Baggish M: Carbon dioxide laser treatment for condyloma accuminata veneral infections. Obstet. Gynecol. 55 (1980) 711

5.23 Rosemberg S: The use of CO_2-laser in urology. Lasers Surg. Med. 3 (1983) 152

5.24 Dann T, Pensel J, Hofstetter A: Die Behandlung von Condyloma accuminata mit dem Nd:YAG Laser. Laser 3 (1986) 121

5.25 Rothenberger K, Hofstetter A, Pensel J, Keiditsch E: Nd:YAG Laser-Behandlung maligner Tumoren des Penis. Fortschr. Med. 100 (1982) 1806

5.26 Hofstetter A, Böwering R, Frank K, Keiditsch E: Laserbehandlung von Blasentumoren. Dtsch. Med. Wochensch. 105 (1980) 1442

5.27 Frank F, Keiditsch E, Hofstetter A, Pensel J, Rothenberger K: Various effects of the CO_2 the Nd:YAG and the argon laser irradiation on bladder tissue. Lasers Surg. Med. 2 (1982) 89

5.28 Smith J, Middleton R: Bladder cancer. In: Lasers in Urologic surgery. Yearbook medical publishers (Ed.: Smith J.), Chicago, 1985

5.29 Deutsch T: Medical application of lasers. Physics today (1988) 56

5.30 Ascher P: Ten years of laser neuro surgery - a review. Lasers in Medicine, SPIE Proceedings 712 (1987) 228

5.31 Lombard G, Benedi F, Tealdi S, Ponzio R: Thermal effects on human nervous tissues under electro- and laser surgery. J. Neuro Surg Sci 26 (1982) 265

5.32 Wharen R, Anderson R, Sheithauer B, Sunel T: The Nd:YAG Laser in neurosurgery. J. Neurosurg 70 (1981) 531

5.33 Jani K: Lasers in neurosurgery: A review. Lasers Med Surg. (1983) 217

5.34 Powers S, Edwards M, Boggan J, Pitts L: Use of argon surgical laser in neurosurgery. J. Neurosurg 60 (1984) 523

5.35 Strait T, Robertson J, Clark W: Use of the CO_2-laser in the operative management of intracranical meningiomas. Neurosurgery 10 (1982) 464

5.36 Strempel H: Farbstofflaser zur Behandlung des Naevus flammens. Vortrag gehalten auf dem internat. Symposium "Laser in Dermatology". Ulm 1989. vorgestellt: Neue Ärztlich 199 (1989) 6

5.37 Seipp W, Haina D, Seipp V: Laser in der Dermatologie. In: Angewandte Lasermedizin (Hrsg: Berlien AP, Müller G) Ecomed, Landsberg 1989 , Kapitel III-3.10.1

5.38 Apfelberg D, Maser M, Lash H: Comparison of argon- and CO_2- laser treatment of decorative tatoos. Ann Plast Surg 14 (1985) 6

5.39 North G, Gorisch W, Kiefhaber P: First laser endoscopy via fibre optic transmission system. Endoscopy 5 (1973) 208

5.40 Joffe S.: Applications in gastrointestinal bleeding S. 173, in: Lasers in General Surgery (Hrsg. S. Joffe) Williams and Wilkins, Baltimore 1989

5.41 Kiefhaber P, Kiefhaber K, Huber F, Nath G: Endoscopic Nd:YAG laser coagulation in gastrointestinal hemorrhage. Endoscopy 18 (1986) 46

5.42 Knutz H, Schweger W, May B: Einsatz des Nd:YAG in der Gastroenterologie. Med Welt 40 (1989) 264

5.43 Semler P: Tumortherapie im Gastrointestinaltrakt mit einer Kombination von Laserstrahl und Bestrahlung in "afterloading"-Technik. In: Angewandte Lasertechnik (Hrsg. Berlien P, Müller G), Ecomed, Landsberg 1989, Kapitel III - 3.6.1

5.44 Sankar M: Contact Nd:YAG laser hemorrhoidectomy. In: Lasers in General surgery (Ed: Joffe S), Williams and Wilkins, Baltimore 1989. Kapitel 13

5.45 Strong M, Jako G, Vonghan C, Healy G, Polanyi T: The use of the CO_2-laser in otolaryngology. A progress report, Trans Am Acad Ophthalmol Otolaryngol 82 (1976) 595

5.46 Duncavage J, Ossof R, Tookill R: Carbon dioxide laser management of laryngeal stenosis. Ann Otol Rhinol Laryngol 94 (1985) 565

5.47 Holinger L: Treatment of severe subglottic stenosis without tracheotomy: a preliminary report. Ann Otol Rhinol Laryngol 91 (1982) 407

5.48 Dedo H, Jackle R: Laryngeal papilloma: Results of treatment with the CO_2-Laser and podophyllum. Ann Otol Rhinol Laryngol 91 (1982) 425

5.49 Blakeslee D, Vonghan C, Shapshay S: Excisional biopsy in the selective management of T 1 glottic cancer: a three year follow-up Study. Laryngoscop 94 (1984) 488

5.50 Ossof R, Sisson G, Shapshay S: Endoscopic management of selected early vocal cord carcinoma. Ann Otol Rhinol laryngol 94 (1985) 560

5.51 Beamis J, Shapshay S: Nd:YAG laser therapy for tracheobronchial disorders. Head Neck Surg 75 (1984) 173

5.52 Parkin J, Dixon J: Argon laser treatment of head and neck vascular lesions. Otolaryngol Head Neck Surg 93 (1985) 211

5.52b Lenz H, Eichler J: Endonasale Chirurgie mit dem Argonlaser, Laryng. Rhinol. Otol. 63, 534-540, 1984

5.53 Perkins R: Laser stapedotomy for otosclerosis. Laryngoscope 90 (1980) 228

5.54 Thoma J: Experimentelle Untersuchungen zur Anwendbarkeit von Laserlicht zum Zweck der Stapedotomie. Habilitationsschrift FU Berlin 1986

5.55 Warnke U: Der Diodenlaser. Dt. Ärztebl. 84 (1987) B-2044

5.56 Schnitzer W, Seichert N: Lasertherpie - eine kritische Betrachtung der sogenannten SOFT- und MID-Laserbehandlung. Med Welt 39 (1088) 1531

5.57 Siebert W, Seichert N, Siebert B, Wirth J: Arch. Orthop. Trauma Surg. 106 (1987) 358

5.58 Kana J, Hutschenreiter G, Haina P, Waidelich W: Arch. Surg. 116 (1981) 293

5.59 Santoianni P, Monfrecola G, Martellota D, Ayala F: Photodermatol. 1 (1984) 245

5.60 Mester E, Mester A F, Mester A: The biomedical effects of laser application. Laser Surg Med. 5 (1985) 31

5.61 Hachenberger-Wildner I, Michels H: Ärztl Kosmetol 11 (1981) 142

5.62 Calderhed G, Ohshiro T, Itoh E, Okata T, Kato Y: The Nd:YAG and GaAlAs-Lasers: A comparative analysis in pain therapy. Laser Tokyo 81, Intergroup Corp Tokyo

5.63 Chlebarov S: Ärzte-Forum für physikalische Therapie 1 (1986) 8

5.64 Gärtner Ch: Arthritis und Rheuma 8 (1986) 27

5.65 Falkenbach A, Brech A, Bühring M: Z Phys Baln, Med Klin 16 (1987) 316

5.66 Seichert N, Schöps P, Siebert W, Schnizer W, Liebesweister R: Therapiewoche 37 (1987) 1375

5.67 Grüntzig A, Hopff H: Perkutane Rekanalisierung arterieller Verschlüsse mit einem neuen Dilationskatheder. Dtsch Med Wschr 99 (1974) 2502

5.68 Lammer J, Pilger E, Justich E, Neumayer K, Scheyer H: Fibrinolysis in chronic arteriosclerotic occlusions: Intrathrombotic injections of streptokinase. Radiology 157 (1985) 45

5.69 Nordstrom L, Castaneda-Zuniga W, Grewe D, Schoster J: Laser-enhanced transluminal angioplasty: The role of coaxial fibre placement. Sem Intervent Radial 3 (1986) 47

5.70 Lammer J, Karnel F: Percutanous transluminal laser angioplasty with contact probes. Radiology 168 (1988) 733

5.71 Vorträge beim International Congress on Lasers and Interventions in Vascular Diseases, Februar 90, Scottsdale, AZU. Zusammengestellt in: Medical Laser Industry Report (Ed: Moretti M.), Penn Well, Missions Vilja, CA, 4 (1990) 3

5.72 Okada M, Shinizu K, Ikuta H: An alternative method of vascular anastomosis by Laser: Experimental an clinical study. Lasers Surg Med 7 (1987) 240

5.73 Wukasch D, Morris J, Mueller J: Laser vessel welding, Abstract: 21st Annual Meeting Society of Thoracic Surgerons, Sept. 1987

5.74 Mirkoseini M, Cayton M: Lasers in Cardiothoracic Surgery. In: Lasers in general surgery (Ed. Joffe S), Williams and Wilkins, Baltimore 1989, Kapitel 21

5.75 Smith C, Johansen E, Vangness T, Yamagudi K, Mc Eleney E: Does success of arthroscopic laser surgery in the knee joint warrant its extension to "non-knee" joints? SPIE Proceedings 712 (1987) 214

5.76 Johansen E, Smith C, Vangsness T, Mc Eleney E, Yamagudi K: Comparison of percutaneous laser discectomy with other modalities for the treatment of herniated lumbar discs and cadaveric studies of percutaneous laser discectomy. SPIE Proceedings 712 (1987) 218

5.77 Sisto M, Vogt D, Herman R: Hepatic resection in 128 patients: A 24 year experience. Surgery 102 (1987) 846

5.78 Fidler J, Hoeter H, Polyani T et al.: Laser surgery in exsangemiating liver injury. Ann Surg 181 (1975) 74

5.79 Joffe S: Liver resection. In: Lasers in general surgery, Kapitel 9. Williams and Wilkins, Baltimore 1989

5.80 Schröder T, Foster J, Brackett K, Joffe S: Splenic resection with the CO 2 laser and the contact Nd:YAG scalpel. Lasers Med Sci 1 (1986) 293

5.81 Toy L, Personne C, Colchen A, Vourch G: Bronchoscopic management of tracheals lesions using the Nd:YAG Laser. Thorax 36 (1981) 175

5.82 Macha H: New technique treatment of occlusive and stenosing tumors of the trachea and main bronchi: Endobrachial irradiation by high dose iridium 192 combined with lasercanalisation. Thorax 42 (1987) 511

5.83 Dumon J, Reboud E, Garbe L, Ancomte F, Meric B: Treatment of tracheobronchial lesions by laser photoresection. Chest 81 (1982) 278

5.84 Gordon T: Single-surface cutting of normal tooth with ruby laser. I Am Deut Ass 74 (1967) 398

5.85 Schulte W, Klaus H, Flach A, Geisbett: Lasereffekte an Zahn-

hartsubstanzen - Mikroskopische Untersuchungen. Deutsch Zahnärztl Z 20 (1965) 289
5.86 Stern R, Sogunaes R: Laser inhibition of dental caries suggested by first test in vivo. J Am Dent Ass 85 (1972) 1085
5.87 Liesenhoff T, Lenz H, Seiler T: Wurzelkanalaufbereitung mit Excimer-Laserstrahlen. Zahnärztliche Welt-ZWR 98 (1989) 1034

Stichwortverzeichnis

Abbildungsgleichung 28
Abdomalchirugie 315
Ablation, siehe Phoptoablation
Absaugung 144
Absorption 5
Absorptionskoeffizient 173, 183, 189, 226, 240
Adapter, Mikroskop 135
Aderhaut 254, 270
Aderhautmelanom 279
ADP 22
Akupunktur 126
Albedo 177
Alexandritlaser 90
Amotioprophylaxe 273
Angioplastie 74
Angioplastie, Geräte 137
Aorta 229
ArF-Laser 71
Argonionenlaser, allgemein 20, 66, 101
Argonionenlaser, medizinischer 119
Astigmatismus 284
Au-Laser 75
Auge 3
Auge, Gefährdung 151
Auge, hintere Abschnitte 269
Auge, optische Eigenschaften 152

Auge, vorderer Abschnitt 280
Augenlinse 252, 283
Austrocknung 218
Äußere Genitale 283
Ballon 139
Bestrahlung 155
Bestrahlungslaser 120
Bestrahlungsstärke 155
Bestrahlungszeit 215, 220
Beta-Karotin 190
Bilirubin 190
Biopsie 133
Biostimulation 121, 213, 245, 308
Blasentumore 294
Blut, optisches Verhalten 194
Blutfluß 209
Blutstillung 302
Blutzirkulation 207
Bohren, Gewebe 222
Brechungsindex 4, 28, 179
Brennfleck 19
Brewster-Winkel 26, 65
Bronchoskop 112
Brust 291
Burst-mode 105
Cavity dumping 27
Cervis uteri 288
Chirurgische Laser 108

CO-Laser 61
CO2-Laser 55, 108, 139, 143
CO2-Laser, Ablation 230
Cornea, Absorptionsspektrum 249
Cu-Laser 75
Dauerstrichbetrieb 108, 120
Denaturierung 214
Dentologie 317
Dermatologie 299
Dermis 188
Detektoren 148
Dezibel (dB) 40
Diabetes 272
Diagnosefaser 139
Dichte 199
Diffusionskonstante, thermische 199
Diffusionstheorie 175, 196
DIN-Normen 150
Diodenlaser, siehe Halbleiterlaser
Divergenz 13, 18, 99, 127
DNA 188
Dosimetrie 195
Drehspiegel 25
Druckwellen 141, 234, 257
Durchbruch, laserinduzierter 233
Edelgas-Ionenlaser 66
Eindringtiefe, optische 175, 192, 203, 216, 226, 240
Eindringtiefe, thermische 204, 208
Eiweiß 215
Emission, spontane 8
Emission, stimulierte 6
Endokoagulation 277
Endolaser 102
Endoskop 45, 129

Endoskopische Systeme 134
Endotracheale Schläuche 147
Epidermis 186
Erbiumlaser 88
Erbiumlaser, Ablation 231
Etalon 21
Excimerlaser 70, 107, 137
Excimerlaser, Ablation 232
Fabry-Perot 21
Farbstoff, sättigbarer 25
Farbstofflaser 21, 91, 104, 252
Faser, optische 36, 74, 116, 120, 129, 243
Feldstärke 233
Festkörperlaser 81
Filter 31, 103
Fluoreszenz 93
Fluoreszenzdiagnose 244
Fokussierlinse 112
Fokussierung 18, 233
Frequenz 2
Frequenzvervielfachung 22, 86
GaAs 97
Gallensteine 140
Ganäkologie 286
Gasflasche, CO2-Laser 109
Gaslaser 55
Gastroenterologie 302
Gauss-Verteilung 17
Gaußscher Strahl 18
Gefäßchirurgie 310
Gefäßwandverschweißung 313
Gerätebuch 160
Gewebe, optische Eigenschaften 171
Gewebe, thermische Eigenschaften 197
Gewebeschäden, thermisch 218

Gewebsschichten 206
Gitter 21
Glaskörper 250, 272
Glaskörperchirurgie 279
Glaslaser 85
Glaukom 107, 281
Gleichgewicht, thermisches 7
Goldlaser, siehe Au-Laser
Grenzdurchmesser 156
Grenzwerte 154
Grundmode 17
Güteschaltung 84
Güteschaltung, siehe Q-switch
Halbleiterlaser 96
Hals-Nasen-Ohren 305
Handstück 111, 141
Haut 154
Haut, optische Eigenschaften 168
Hautpigmente 190
He-Cd-Laser 70
He-Ne-Laser 20, 62
He-Ne-Laser, Biostimulation 121
HF-Laser 78
Hirnstamm 298
Holmiumlaser 89, 90
Hornhaut 281
Hot-tip 140, 142
HpD 196, 237
Hämangiom 281, 299
Hämoglobin 190, 215, 241
IEC-Normen 150
Infrarotlaser 55, 108
Insulin 215
Intensität 13
Interferenzfilter 33
Intraabdominale Operationen 291
Inversion 9
Ionenlaser 66

IR-Laser 137
Iridotomie 282
Jet-Ventilation 148
Justierbrille 165
Jährliche Unterweisung 168
Kammerwasser 250, 281
Kapsulotomie 283
Karbonisierung 217
Karzinom 238
Katarakt 280, 283
Katarakt, photochemischer 152
Kavitation 140, 257
KDP 22, 26, 86
Keratektomie 285
Koagulation 219
Koagulationslaser 113
Koagulationszone 216
Kohärenz 7, 13
Kontaktglas 105
Kontaktmethode 133, 142
Konvergenzwinkel 105
KrF-Laser 71
Kristall, elektrooptischer 26
Kryptonionenlaser 67, 104
Kubelka-Munk-Theorie 175
Kupferlaser, siehe Cu-Laser
Larynx 305
Laser-Endoskop 129
Laser-Kristall 81, 116
Laserakupunktur 126, 245, 308
Laserbereiche 166
Laserdioden, Biostimulation 123
Laserkatheter 311
Laserklassen 156
Laserplasma 234
Lebensdauer 8
Leistungsdichte 212
Lichtausbreitung, Modelle 171

Lichtgeschwindigkeit 2
Lichtleiter 116, 129
Lichtleitfaser, siehe Faser
Lichtquanten 3
Lichtverstärkung 7
Lidtumore 281
LiNbO3 26
Linse 19, 28
Lithotripsie 235, 296
Lithotripsie, Geräte 140
Materialien, optische 30
MedGV 150, 159
Melanin 187, 254
Melanozyten 270
Metalldampf-Laser 75
Mikroangiopathie 272
Mikromanipulator 112, 135
Mode locking, siehe Modenkopplung
Moden 15, 61, 65, 110
Moden, axiale 21
Modenblende 16
Modenkopplung 27, 86
Modulationsfrequenz, Biostimulation 127
Modulator 26, 34
Monochromasie 13
Monomode 16
Monte-Carlo-Methode 178
Multimode 16
Mundhöhle 307
Mutagenität, UV 232
Myocard 131
MZB-Werte 155
N2-Laser 80
Nachstar 281
Naevus flammeus 299
Narkose-Zubehör 147

Nase 307
Nd-Laser 81, 141
Nd-Laser, Ablation 231
Nd-Laser, gepulst 105
Nd-Laser, kontinuierlich 107
Neodym-Koagulationslaser 113
Neodymlaser, siehe Nd-Laser
Neovaskularisation 277
Netzgerät 108, 114, 120
Netzhaut 103, 253, 254, 270
Netzhautablösung 274
Neurochirugie 296
Nichtlineare Wirkung 210
Nierensteine 140
Ohr 308
Okuläres Gewebe 249
Operationsmikroskop 42, 111, 129
Operationssaal 166
Ophalmologische Laser 101
Ophthalmologie 101, 248, 268
Optische Dichte 161
Optische Dosimetrie 195
Optische Koeffizienten 173
Orthopädie 314
Oxyhämoglobin 190
Panretinale Laserkoagulation 276
Pepsin 215
Photoablation 74, 78, 204, 213, 224, 227, 230
Photochemische Wirkung 210
Photodioden 149
Photodisruption 211, 233
Photodisruption, Auge 256, 282
Photodynamische Therapie 75, 208, 295
Photokeratitis 152
Photon 4
Photosensibilisierung 237

Pigmente 193
Pigmentepithel 254, 271
Pikosekungen 27
Plancksches Wirkungsquantum 4
Pockelszelle 26, 35, 84
Polarisation 4, 26, 35, 64
Prisma 20, 28, 62, 143
Pulmologie 316
Pulsauskopplung 27
Pulsbetrieb 109, 205
Pulsdauer 212
Pulse 14
Pumpen 7, 83
Q-switch 23, 25, 84, 86
Ramanverschiebung 24, 231
Rauchentwicklung 145
Reflexion, Gewebe 172, 179
Reflexionsgrad, Metalle 31
Refraktive Hornhautchirurgie 284
Reiztherapie 126
Rekanalisierung 303, 311
Resonator 14
Retina, siehe Netzhaut
Rezeptorenschicht 271
Rhinopathia vasomotorica 307
Rhodamin 95, 104
Riesenpulse 25
Rubinlaser 89, 269
Rückstreuung 185, 206
Saphirspitze 142
Scanner 124
Schichten 31
Schneidelaser 108
Schneiden, Gewebe 222
Schnittrand 223
Schockwellen, siehe Druckwellen
Schutz, Laserstrahlen 150
Schutzbrille 161

Schutzmaßnahmen 157
Schutzstufe 162
Schwächungskoeffizient 174
Sehfähigkeit 153
Senile Makulaleiden 276
Siedepunkt 219
Sklera 250
Sonne 3
Spaltlampe 51, 103, 261
Spektralfarbe 3
Spektrum, elektromagnetisches 2
Spezifische Wärmekapazität 198
Spiegel 11, 31
Spiegelgelenkarm 143
Spülung 144
Stand-by 109
Stickstofflaser, siehe N2-Laser
Stoßwellem, siehe Druckwelle
Strahlablenker 34
Strahlenschutz 150
Strahlenschutzbeauftragte 169
Strahlführungssystem 110
Strahlradius 17
Strahltaille 18
Strahlung, elektromagnetische 2
Strahlungsmeßgeräte 148
Stratum Corneum 186
Streukoeffizient 173, 183, 189
Streuung 171
Superpulse 59, 109
TEA-Laser 60, 71, 79
TEM-Moden 15
Temperaturverteilung 201
Thermische Daten 198
Thermische Nekrose 214
Thermische Wirkung 210
Tiefenschärfe 19
Transmssionsgrad 162

Transport-Theorie 172
Transportgleichung 178
Tryptophan 187
Tumor 196, 237
Tumor, Auge 278
Tyrosin 187
Tätowierung 301
Ulbricht'sche Kugel 149
Urologie 292
UV-Laser 70, 87, 137
UV-Stahlung, Auge 151
UV-Strahlung 3
Uvea 253
Vaginalbereich 288
VDE-Normen 150
Verbrennung 218
Verdampfen 217
Verdampfungswärme 199, 222
Verkohlung 218
VGB-93 150
Vulva 287

Warnlampen 167
Warnschilder 167
Wasser 193, 226
Wellenleiterlaser 58, 111
Wellenlänge 2, 62, 66, 74, 78, 155, 162
Wellenlänge, Laser 56
Wellenlängen-Selektion 20
Wirkung, Strahlung 210
Wirkungsquerschnitt 6
Wärmeausbreitung, Gewebe 198
Wärmeleitfähigkeit 199
Wärmeleitung, Gewebe 198
Wärmeleitungsgleichung 200
XeCL-Laser 71
XeF-Laser 71
Xenonlampe 274
YAG 81
YAG-Laser, siehe Nd-Laser
Ziliarkörper 107, 282

Biomedizinische Technik
Herausgeber: H. Hutten

1 Diagnostik und bildgebende Verfahren

1991. Etwa 230 S. Geb. in Vorbereitung. ISBN 3-540-52537-8

Inhaltsübersicht: Bioelektrische Verfahren. – Meßverfahren und Meßgeräte in der inneren Medizin. – Labordiagnostik: Mehrkanalanalysatoren, Gas- und Hochleistungsflüssigkeitschromatographie, Hämatologie. – Röntgentechnik. – Magnetresonanztomographie. – Ultraschall (bildgebendes Verfahren). – Nuklearmedizin, Szintigraphie. – Thermographie.

2 Therapie und Rehabilitation

1991. Etwa 230 S. Geb. in Vorbereitung. ISBN 3-540-52538-6

Inhaltsübersicht: Medizintechnische Einbauten, Betriebstechnik und Funktionsabläufe in OP-Abteilungen und Intensivstationen. – Chirurgische Geräte und Instrumente. – Anästhesieverfahren, -geräte, -überwachung, Beatmungsverfahren, -geräte, -überwachung, Herz-Lungen-Maschinen. – Infusionssysteme. – Blutreinigungssysteme. – Herzschrittmacher. – Funktionelle Stimulation. – (Extremitäten, Motorik). – Funktionelle Stimulation (sonstige Anwendungen). – Technische Hilfen für Behinderte. – Elektrotherapie und Thermotherapie. – Ultraschall in der Therapie. – Drucktherapie.

3 Signal- und Datenverarbeitung Medizinische Sondergebiete

1990. XVI, 290 S. 124 Abb. Geb. DM 128,– ISBN 3-540-51638-7

Inhaltsübersicht: Medizinische Informatik. – Bildverarbeitung. – Patientenüberwachung. – Datenverbundsysteme. – Telemetrie und Datenübertragung. – Notfallmedizin – Reanimationsgeräte, Transportvorrichtungen, Ausstattung von Rettungsmitteln. – Apparative Überwachung in der Schwangerschaft, während der Geburt und in der Neugeborenenperiode. – Dentalmedizinische Technik. – Audiologische Technik. – Medizintechnik in der Ophthalmologie.

4 Technische Sondergebiete

1991. Etwa 230 S. Geb. in Vorbereitung. ISBN 3-540-52539-4

Inhaltsübersicht: Mikroskope: Lichtmikroskope, Elektronenmikroskope, Operationsmikroskope. – Endoskope und deren Anwendung. – Laser in der Medizin. – Strahlentherapie, Strahlenschutz. – Meßwertwandler in der Medizin. – Biomaterialien. – Ergonomie. – Elektromagnetische Verträglichkeit. – Krankenhaustechnik: Rechtsvorschriften und Normen.

(Koproduktion mit Verlag TÜV Rheinland, Köln)

Springer-Verlag
Berlin
Heidelberg
New York
London
Paris
Tokyo
Hong Kong
Barcelona

J. Eichler, H.-J. Eichler

Laser

Grundlagen, Systeme, Anwendungen

1990. XIV, 391 S. 192 Abb. 51 Tab.
(Laser in Technik und Forschung)
Brosch. DM 58,– ISBN 3-540-52187-9

Grundkenntnisse über Physik und Technik des Lasers gehören heute zum Basiswissen beinahe eines jeden Ingenieurs.

Dieses grundlegende Lehrbuch liefert dazu nicht nur eine fundierte Einführung in dieses Grundlagenwissen, sondern informiert darüber hinaus über Eigenschaften der verschiedenen Lasertypen, über Bauformen, optoelektronische Komponenten, Strahlführung und -charakterisierung. Auf verständliche Weise werden auch moderne Entwicklungen wie Röntgen- und Elektronenlaser beschrieben.

Bei der Darstellung der vielfältigen Lasersysteme und in einer Übersicht gehen die Autoren auf die vielfältigen Anwendungen des Lasers in Technik, Wissenschaft und Medizin ein.

Der mathematische Anspruch des Buches wurde so gewählt, daß es sich nicht nur für Studenten der Physik und Ingenieurwissenschaften an Technischen Universitäten und Fachhochschulen eignet, sondern auch demjenigen ein Selbststudium ermöglicht, der sich aus allgemeinem Interesse in die Grundlagen des Lasers einarbeiten möchte.

Springer-Verlag
Berlin
Heidelberg
New York
London
Paris
Tokyo
Hong Kong
Barcelona

MIX
Papier aus verantwortungsvollen Quellen
Paper from responsible sources
FSC® C105338

If you have any concerns about our products,
you can contact us on
ProductSafety@springernature.com

In case Publisher is established outside the EU,
the EU authorized representative is:
**Springer Nature Customer Service Center GmbH
Europaplatz 3, 69115 Heidelberg, Germany**

Printed by Libri Plureos GmbH
in Hamburg, Germany